新疆植物组培新技术的研究应用

——以花卉、沙棘为例

赵英 廖晴 程平 张志刚 著

中国环境出版集团·北京

图书在版编目（CIP）数据

新疆植物组培新技术的研究应用：以花卉、沙棘为例/
赵英等著. —北京：中国环境出版集团，2022.7
ISBN 978-7-5111-5209-1

Ⅰ. ①新… Ⅱ. ①赵… Ⅲ. ①植物组织—组织培养—
研究—新疆 Ⅳ. ①Q943.1

中国版本图书馆 CIP 数据核字（2022）第 130678 号

出 版 人 武德凯
责任编辑 范云平
责任校对 薄军霞
封面设计 彭 杉

出版发行 中国环境出版集团
（100062 北京市东城区广渠门内大街 16 号）
网 址：http:www.cesp.com.cn
电子邮箱：bjgl@cesp.com.cn
联系电话：010-67112765（编辑管理部）
发行热线：010-67125803，010-67113405（传真）
印 刷 北京中科印刷有限公司
经 销 各地新华书店
版 次 2022 年 7 月第 1 版
印 次 2022 年 7 月第 1 次印刷
开 本 787×1092 1/16
印 张 25
字 数 430 千字
定 价 120.00 元

编委会

主　编：赵　英

副主编：廖　晴　程　平　张志刚

编写组：赵　英　廖　晴　程　平　张志刚　郑新国

韩晓燕　赵一卓　赵　昕　孔德智　秦普秋

　　植物组织培养（简称组培）技术可保持原有品种的优良性状，与扦插技术相结合，是在短期内迅速扩繁，获得大量良种、品种苗木的唯一途径和方法。本书以新疆花卉、沙棘（主要是沙棘）为例，对多年组培研究成果进行了总结。

　　沙棘（*Hippophae rhamnoides* Linn）属胡颓子科沙棘属植物，是一种落叶灌木、小乔木或乔木，一般高 1～10 m，分布于我国云南的云南沙棘，一些林分树高可达 20 m，胸径近 2 m，树龄 200 年左右。沙棘雌雄异株，单性花，总状花序。沙棘分布广，种子和叶片的生物有效成分十分丰富，共有 7 个种和 8 个亚种，除高加索沙棘、喀尔巴阡山沙棘、溪生沙棘和鼠李沙棘 4 个亚种外，其余种和亚种在我国均有分布。

　　本书中的研究人员主要针对沙棘在遗传改良及品种选择、育种、引种、杂交、繁育等诸多方面，通过不同技术手段系统、全面地开展了多点实验，筛选、培育出了一批沙棘品种（良种），建立了一套较为完善的繁育体系。我们将 20 多年的沙棘研究成果集成此书，提供给社会，供大家学习交流，对于沙棘产业的发展和推动新一阶段的研究有着一定意义和参考价值。在花卉部分，选取了具有重要的观赏价值和经济价值的盆栽品种和切花品种。

　　参与编著本书的主要作者都是多年来从事沙棘、花卉组培的专家、技术人员，他们在国内组培工作的某一方面承担着主要的研究任务，所撰写的内容都是亲身实践的成果，应该说，这些成果代表了国内同领域的先进水平。其中相当部分的研究成果有我们的独到之处，但有些成果与国内外的研究还有一定差距，需要我们今后继续深入研究。在本书的成书过程中，我们以严肃认真的态度编撰每一个章节，严把质量关。但限于水平，难免有不当或错误之处，希望读者批评指正。

作者在此要特别感谢中国林业科学研究院林业研究所二级研究员张建国所长和段爱国研究员，新疆林业科学研究院二级研究员李宏副院长，新疆博林科技发展有限责任公司总经理郑新国，以及新疆沙棘研究中心韩晓燕、赵一卓、孔德智、秦普秋、赵昕等人的共同参与撰写，在大家的协助下，历经几年完成了这本书。此外，还有其他参与人员——褚亚楠等同志的付出，在此一并致谢。

赵　英

2022 年 6 月

目 录

下篇　沙棘组培技术

上 篇

花卉组培技术

第1章

白掌的组培快繁工艺优化

白掌又名白鹤芋，是天南星科多年生草本植物，其叶片肥厚，叶色浓绿；花苞白色，形似白帆，寓意美好；花期长，较耐阴。白掌可以抑制人体呼出的废气如氨气和丙酮等，同时还可过滤空气中的苯、三氯乙烯和甲醇等有害气体，净化室内空气，它的高蒸发速率可以防止鼻黏膜干燥，使患病的可能性大大降低，是优良的盆栽和切花品种，具有重要的观赏价值和经济价值。白掌通常以分株法繁殖，但其繁殖系数过低，难以满足商品化生产的要求，大规模生产主要采用组织培养法繁殖，此法繁殖速度快，并可全年生产。本研究旨在优化白掌组培快繁工艺，减少生根培养环节，为工厂化育苗节本增效。

1.1 材料与方法

1.1.1 外植体处理和消毒

在晴天，选择无病虫的健康植株，将 2 个白掌品种剥去外层苞叶，放在自来水下冲洗 2 h，在超净工作台上用无菌水清洗 2 次，用 75% 的酒精消毒 30 s，然后用 0.1% 的升汞溶液消毒 8～10 min，再用无菌水冲洗 6 次，剥取长 1.0 cm 左右的顶芽和侧芽茎段置于诱导培养基中培养。

1.1.2 茎尖及侧芽诱导

以 MS 为基本培养基，食用白糖 30 g/L，卡拉胶 7 g/L，pH 5.8，6-BA 的梯度为 0.5 mg/L、1.0 mg/L、1.5 mg/L、2.0 mg/L，NAA 的梯度为 0.2 mg/L、0.4 mg/L，并设 MS 空白为对照，共 9 个处理。每瓶接 1 个外植体，10 瓶为 1 个重复，设 3 个重复。40 d 后调查不定芽的萌发率和愈伤块。

1.1.3 不定芽的增殖

以 MS 为基本培养基，食用白糖 30 g/L，卡拉胶 7 g/L，pH 5.8，6-BA 的梯度为 0.5 mg/L、1.5 mg/L、2.5 mg/L，NAA 的梯度为 0.1 mg/L、0.3 mg/L，共 6 个处理。每瓶接 10 个不定芽，5 瓶为 1 个重复，设 3 个重复。30 d 后调查其增殖率。

1.1.4 生根培养

以 1/2MS 为基本培养基，食用白糖 20 g/L，卡拉胶 7 g/L，活性炭 1.5 g/L，pH 5.6。不同阶梯的 NAA、IBA 浓度共 9 个处理。每瓶接 10 个不定芽，5 瓶为 1 个重复，设 3 个重复。50 d 后调查其生根数、根长。

1.1.5 培养方法

将消毒处理好的外植体接入诱导培养基，40 d 后将诱导出的小芽和愈伤块转接到增殖培养基上，培养 30 d 左右，芽苗基部和愈伤组织上长出大量的不定芽，当不定芽长到 2.5 cm 左右时，转接到生根培养基上。培养条件为：培养温度（25±1）℃，光照每天 12 h，光照强度为 2 000 lx。

1.2 结果与分析

1.2.1 不定芽和愈伤组织的诱导

将白掌茎尖和侧芽接种到诱导培养基中，15 d 左右茎尖和侧芽萌动、增粗、伸长、基部膨大，30 d 左右不定芽形成，其基部出现愈伤组织。从表 1-1-1 可看出，各处理对不定芽的形成和愈伤组织的形态有很大的影响。所有处理都能萌发出不定芽，但长势差别较大，当 6-BA 为 0～1.0 mg/L 时，长势弱或一般；当 6-BA 为 1.5～2.0 mg/L 时，则长势较好，苗粗壮。所有处理均能长出愈伤，但随着 6-BA 和 NAA 浓度的提高，愈伤块也同步增大，以处理 8 和处理 9 的愈伤块最大。综合来看，以处理 4 和处理 8（MS + 6-BA 1.5 mg/L + NAA0.2～0.4 mg/L）表现最佳，长势好，芽苗粗壮，为最佳的芽苗诱导培养基。

表 1-1-1　不同处理对白掌不定芽和愈伤组织诱导的影响

处理	6-BA/（mg/L）	NAA/（mg/L）	愈伤块大小	不定芽萌发率/%	芽长势状况
1	0	0	+	85.3	生长缓慢
2	0.5	0.2	++	100	生长细弱
3	1.0	0.2	++	100	生长一般
4	1.5	0.2	+++	100	长势好，粗壮
5	2.0	0.2	+++	100	长势较好，粗壮
6	0.5	0.4	++	100	生长细弱
7	1.0	0.4	+++	100	生长一般
8	1.5	0.4	++++	100	长势好，粗壮
9	2.0	0.4	++++	100	长势较好，粗壮

1.2.2　不定芽的增殖

将诱导出的小芽和愈伤块转接到增殖培养基上，培养 30 d 左右，小芽基部和愈伤组织上长出大量的不定芽。从表 1-1-2 可看出，不同处理的白掌其增殖能力和芽苗长势有很大差异。在白掌的增殖过程中，在 NAA 浓度保持不变的情况下，随着细胞分裂素 6-BA 浓度的升高，白掌的增殖系数先升高后降低；在 6-BA 浓度保持不变的情况下，NAA 质量浓度为 0.3 mg/L 时的增殖系数比 NAA 质量浓度 0.1 mg/L 时高。从丛生芽长势看，当 6-BA 质量浓度达到 2.5 mg/L 时，其苗长势较细弱，叶片薄弱、色淡。以 MS + 6-BA 1.5 mg/L + NAA 0.3 mg/L 培养基上增殖系数最高，为 4.8，苗势较好，是白掌的最佳增殖培养基。

新疆植物组培新技术的研究应用——以花卉、沙棘为例

表 1-1-2　不同处理对白掌不定芽增殖的影响

处理	6-BA/（mg/L）	NAA/（mg/L）	增殖系数/（株/丛）	丛生芽长势
1	0.5	0.1	2.5	叶片舒展，苗壮，叶色浓绿
2	1.5	0.1	4.6	叶片舒展，苗较壮，叶色浓绿
3	2.5	0.1	3.5	叶片舒展，苗一般，叶色稍淡
4	0.5	0.3	3.0	叶片舒展，苗较壮，叶色浓绿
5	1.5	0.3	4.8	叶片舒展，苗壮，叶色浓绿
6	2.5	0.3	4.0	叶片薄弱，苗徒长，叶色淡

1.2.3　生根培养

当丛生芽长到 2.5 cm 左右时，可接入生根培养基中，在生根培养基中 20 d 左右就有根眼出现，第 50 天调查其生根数、根长和生根率。从试验中发现 NAA 诱导的根主根较多，粗壮，而 IBA 诱导的根须根较多，细长。当 NAA 和 IBA 配合使用时，能达到优势互补之目的，主根粗而壮，须根多而长，苗势旺盛。以处理 8 和处理 9 表现最好，生根率达到 100%，生根数达到 4.7～5.1 条，根长达到 3.7～4.2 cm，是白掌生根的最佳培养基。

表 1-1-3　不同处理对白掌生根的影响

处理	NAA/（mg/L）	IBA/（mg/L）	生根率/%	每株生根数/条	根长/cm
1	0.1	0	85.5	2.1	2.6
2	0.3	0	100	3.4	3.5
3	0.5	0	100	4.2	3.6
4	0	0.2	78.2	1.8	3.0
5	0	0.4	100	2.9	3.4
6	0	0.6	100	4.0	4.5
7	0.1	0.2	93.2	3.6	2.5
8	0.3	0.4	100	4.7	3.7
9	0.5	0.6	100	5.1	4.2

1.3 讨论与结论

本试验对 2 个白掌品种进行组培快繁研究,其最佳的诱导培养基为 MS+6-BA1.5 mg/L+NAA0.2～0.4 mg/L, 长势好, 芽苗粗壮；最佳增殖培养基为 MS+6-BA1.5 mg/L+NAA 0.3 mg/L, 苗势好, 增殖系数达到 4.8；最佳生根培养基为 1/2MS+NAA0.3～0.5 mg/L+IBA 0.4～0.6 mg/L, 生根率达到 100%, 生根数达到 4.7～5.1 条, 根长达到 3.7～4.2 cm。试验中还发现, 当增殖苗长到 40 d 左右时, 苗基部开始发根, 当培养到 60 d 时, 根已经长到 3 cm 左右, 可直接将增殖苗炼苗种植, 省去了生根培养阶段。因此在实际生产中, 当增殖苗达到一定数量时, 延长组培苗在增殖培养基上培养时间, 可将增殖和生根阶段合二为一, 减少组培苗从增殖培养基转接到生根培养基的工序, 优化组培苗的生产工艺, 节省人工、药品、能源等费用, 从而达到节本增效的目的。关于这两种生根组培苗的对比, 有待后续进一步探讨。

1.3.1 外植体处理和消毒

（1）外植体预处理：选择无病虫害的健康植株, 切取带顶芽的茎段, 剪去多余叶片, 用洗衣粉水清洗, 并用软毛刷刷去表面灰层, 自来水流水冲洗 1 h 后, 放置超净工作台备用。

（2）外植体消毒：将 0.1% 的升汞溶液与 75% 的酒精按 7∶3 的比例混合, 取茎尖在混合消毒液中消毒 5 min, 无菌水冲洗 5～6 次后, 将茎尖放在灭菌的滤纸上将水分吸干, 切成 1.0 cm 左右的顶芽, 接种于诱导培养基中进行培养。

1.3.2 培养条件

蔗糖 30 g/L, 琼脂 6 g/L, 每瓶分装培养基 25～35 mL, pH 5.6～6.0, 培养室采用全自动控制系统, 24 h 通风, 并定期进行清洁和消毒处理, 保持无菌环境, 培养温度在 25℃ 左右, 相对湿度为 50%～70%, 光照强度为 2 000～3 000 lx, 光照时间为 13～16 h/d。

1.3.3 不定芽和愈伤组织诱导

以 MS 为基本培养基，在 6-BA 中添加不同浓度的 NAA 和 KT，经研究，所有处理均可形成愈伤组织和不定芽，但最适宜的初代诱导最佳培养基为 MS+6-BA 2.0 mg/L+NAA 0.2 mg/L+KT0.2 mg/L，平均诱导率为 81.1%，诱导不定芽数 3.37 个。在该培养基中，接种芽初期叶膨大，绿色，15 d 后基部出现淡绿色愈伤组织，20 d 后接种茎尖基部愈伤处出现绿色芽状突起，继续培养，芽状突起分化成丛生苗，添加 KT 后愈伤组织块变大，芽苗粗壮，见图 1-1-1。

图 1-1-1　不定芽和愈伤组织诱导

1.3.4 不定芽的增殖

将初代诱导出的不定芽及愈伤组织块切成单芽或带芽点的愈伤块，接种到不定芽增殖培养基中（图 1-1-2）。增殖培养基以 MS 为基本培养基，添加不同浓度的 6-BA 和 NAA，经过大量的转接实验，筛选出最适宜不定芽的增殖培养基为 MS+6-BA 0.5 mg/L+NAA 0.1 mg/L。

MS+6-BA 0.5 mg/L+NAA 0.1 mg/L 培养基中，所有接种块均有不定芽形成，单芽转接第 7 天，切口基部出现新的愈伤组织突起，15 d 后单芽或凸起的芽点继续伸长生长，基部愈伤块变大，30 d 后，愈伤组织上继续分化出不定芽，继代增殖系数 5.46，最高分化单株达到 8 株，植株生长健壮，叶片展开，株高可达 4～5 cm。经研究，在 NAA 浓度保持不变的情况下，随着细胞分裂素 6-BA 浓度的升高，白掌的增殖系数先升高后降低，当 6-BA 质量浓度在 1.5 mg/L 以上时，玻璃化苗率增高，畸形芽多；当 6-BA 质量浓度低于 0.5 mg/L 时，愈伤组织形成较慢，不定芽增殖系数低，且形成的不定芽长势瘦弱。在 6-BA 浓度保持不变的情况下，随着 NAA 浓度的升高，增殖系数降低，且基部有根形成，抑制了愈伤组织不定芽的分化。综合分析，白掌最佳增殖培养基为 MS+6-BA 0.5 mg/L+NAA 0.1 mg/L+蔗糖 30 g/L+琼脂 0.6 g/L。

图 1-1-2　不定芽的增殖

1.3.5　生根培养

以 MS 和 1/2MS 为基本培养基，添加不同浓度的 NAA 和 6-BA，蔗糖 30 g/L，琼脂 6 g/L，将长至 2.5 cm 左右的白掌无根苗接种在生根培养基中进行培养。经研究，白掌适宜的生根培养基为 1/2MS+6-BA 0.1 mg/L+NAA 0.05 mg/L。在此培养基中，接种 7 d 后，基部出现绿色非透明愈伤组织，有新叶长出，15 d 后愈伤组织出现大量透明白色突起，继而，白色突起分化成根，45 d 后成苗，苗高可达 5 cm 以上，根数达 3～5 条，主根长，明显，且粗壮，靠近茎基部须根多，根长可达 10 cm。本研究中，添加少量 6-BA 有助于促进试管苗生根，植株长势较单一添加生长素的生根苗粗壮，见图 1-1-3。

图 1-1-3　生根培养

1.3.6　炼苗移栽

当生根的白掌组培苗高度约 5.0 cm 时,整瓶移出培养室,直接进行移栽(图 1-1-4)。将组培苗取出,用自来水洗去根部的琼脂,移栽到基质中,基质按园土 (含少量腐熟农家肥)：草炭土：珍珠岩=1：3：1 的比例混合。将移栽好的白掌生根苗放在炼苗区域,相对湿度控制在 60%,白天温度应控制在 25℃,夜间 15～18℃,并补充光照。15 d 后,成活的幼苗每隔 7 d 喷施一次尿素,移栽 30 d 后出苗,成活率可达 99%。

图 1-1-4　炼苗移栽

第2章

绿绒海芋的组织培养及其植株再生的研究

绿绒海芋是天南星科海芋属植物，原产热带地区，为多年生草本，叶片姿态优美、叶色浓绿，叶面有丝绒般的感觉，叶脉银白、清晰如画，极富诗情画意，为风格独特的观叶植物。室内摆设，高贵典雅。可水栽，淋洗盆土后，种于玻璃瓶中更显清洁、清爽，是观赏价值较高的室内观叶植物。

绿绒海芋的根状茎含有杀菌、抗虫物质，并具有较高的药用价值，药用部位主要是海芋的根茎，味辛、性温、有毒。有清热解毒、消肿散结的作用。主治热病高热、疟疾、流行性感冒、肠伤寒等。可外用治疗疮肿毒、毒蛇咬伤、毒蜂螫伤。绿绒海芋的果实成熟后采收晒干，可治小肠疝气，也可用于治疗肿瘤、癌症等。

绿绒海芋属离体培养的外植体已涉及节间和叶、茎尖、茎段、顶芽、侧芽、叶柄等，主要是顶芽或侧芽、根状茎、块茎上的不定芽等。前人在研究中发现叶与叶柄培养不但诱导不出愈伤组织，而且会随着培养时间的延长逐渐死亡。本研究利用叶、叶柄，试验了不同灭菌剂对外植体消毒效果的影响、不同激素及浓度配比的培养基对愈伤组织的诱导效果，采用不定芽分化及增殖的方法成功培育出绿绒海芋。

2.1　材料与方法

2.1.1　外植体的消毒处理

当绿绒海芋新长出的幼叶完全展开 5 d 左右时，将叶片和叶柄一起剪下。清洗干净表面尘土后，用洗洁精水泡洗 5～10 min。再用自来水冲洗，直到彻底将洗洁精清洗干净为止。在无菌操作室内，将叶柄和叶片分开，分别用 0.1%的升汞溶液、5%的 NaClO 溶液浸泡 6～10 min，灭菌水冲洗 4～6 次，消毒滤纸吸干表面水分，将叶片切成 1 cm×1 cm 左右的方块，叶柄切成 1 cm 左右的段，然后分别接入不同培养基中。随时观察记录，35 d 后统计结果。

污染率=（污染外植体数/接种总数）×100%；剔除污染外植体后，死亡率=（死亡外植体数/未污染外植体数）×100%。

2.1.2　愈伤组织及不定芽的诱导

以 MS 为基本培养基，设置①6-BA 1.5 mg/L 与 2,4-D（0.5、1.0、1.5、2.0、2.5）mg/L 和②6-BA 2.0 mg/L 与 2,4-D（0.5、1.0、1.5、2.0、2.5）mg/L 共 10 个处理，研究不同激素及浓度配比的培养基对愈伤组织诱导和不定芽分化的影响。不定芽的统计以肉眼可辨独立单芽为准。

分化率=（分化愈伤组织块数/接种愈伤组织块数）×100%。

2.1.3　不定芽的继代增殖

以 MS 为基本培养基，设置①6-BA 1.5 mg/L、2,4-D 2 mg/L 与 NAA（0.1、0.2、0.3、0.4、0.5）mg/L 和②6-BA 2.0 mg/L、2,4-D 2 mg/L 与 NAA（0.1、0.2、0.3、0.4、0.5）mg/L 10 个处理，研究不同激素及浓度配比对绿绒海芋芽增殖的影响，以筛选出芽增殖效果最佳的培养基。

2.1.4　生根培养

以 1/2MS 为基本培养基。设置 IBA（0.1、0.2、0.3、0.4、0.5）mg/L 5 个处理，研

究不同浓度的 IBA 对不定芽生根的影响。

2.1.5 培养条件

以上培养基均添加 3%蔗糖、琼脂粉 5.5 g/L，pH 调至 5.8。培养温度为（25±2）℃，光照时间为 16 h/d，光量子通量密度为 37～40 μmol/（m^2·s）。

2.2 结果与分析

2.2.1 外植体消毒效果

外植体消毒效果见表 1-2-1。叶柄外植体在所有处理中的死亡率均为 0，在处理 4、处理 8、处理 9、处理 10 中的污染率为 0，与其他处理差异显著。综合试验及观察，以 0.1%的 HgCl$_2$ 消毒 8 min 降低绿绒海芋叶柄外植体污染效果较好。叶片外植体在处理 5、处理 9、处理 10 中的污染率为 0，与其他处理差异显著。死亡率以处理 7 为最低，综合污染率及死亡率考虑，叶片以 0.1%的 HgCl$_2$ 消毒 7 min 降低污染效果较好。

表 1-2-1 消毒剂及消毒时间对外植体的灭菌效果

处理	消毒剂及浓度/%	消毒时间/min	污染率/%		死亡率/%	
			叶柄	叶片	叶柄	叶片
1	NaClO 5	6	（12.86±2.69）a	（15.71±2.89）a	0	（1.69±2.35）ef
2	NaClO 5	7	（8.57±1.97）b	（10.00±2.66）b	0	（3.17±1.78）de
3	NaClO 5	8	（4.29±1.60）c	（5.71±3.08）c	0	（7.58±2.63）bc
4	NaClO 5	9	（0.00±0.00）d	（4.29±1.60）c	0	（10.45±1.63）ab
5	NaClO 5	10	（0.00±0.00）d	（0.00±0.00）d	0	（11.43±3.24）a
6	HgCl$_2$ 0.1	6	（8.57±1.83）b	（14.29±2.22）a	0	（1.67±2.31）ef
7	HgCl$_2$ 0.1	7	（5.71±1.95）c	（4.42±3.05）c	0	（0.00±0.00）f
8	HgCl$_2$ 0.1	8	（0.00±0.00）d	（4.29±1.60）c	0	（5.97±2.04）cd
9	HgCl$_2$ 0.1	9	（0.00±0.00）d	（0.00±0.00）d	0	（4.29±2.89）de
10	HgCl$_2$ 0.1	10	（0.00±0.00）d	（0.00±0.00）d	0	（8.58±1.97）abc

注：表中数据为平均值±SD，同列中不同小写字母表示 $p < 0.05$ 差异显著。下同。

2.2.2　不同激素类型对离体叶柄、叶片愈伤组织诱导及芽分化的影响

消毒后的外植体接入培养基中进行培养。45 d 后统计分析结果见表 1-2-2。6-BA 与 2,4-D 的不同浓度组合，对绿绒海芋的外植体叶柄和叶片愈伤组织诱导差异显著。尤其是当 2,4-D 的质量浓度大于 2.0 mg/L 时，差异明显。其中叶柄作为外植体时，愈伤组织诱导率最高达 100%；叶片作为外植体时，愈伤组织诱导率最高达 98%。从愈伤形成所用时间来看，6-BA 质量浓度为 2.0 mg/L 时，叶柄和叶片愈伤组织诱导的时间明显短于 6-BA 质量浓度为 1.5 mg/L 时。从愈伤组织特点、形成时间及出愈率三方面综合看，以 MS+2 mg/L 6-BA+2.0 mg/L 2,4-D+0.1 mg/L NAA 为最佳培养基，差异明显。将光滑致密的愈伤组织转入不定芽分化培养基中进行培养，结果见表 1-2-3。当培养基为 MS+2.0 mg/L 6-BA+0.4 mg/L NAA+2 mg/L 2,4-D 和 MS+2.0 mg/L 6-BA+0.5 mg/L NAA+2 mg/L 2,4-D 时，愈伤组织分化率为 100%，与其他培养基组合差异显著，当培养基为 MS+2.0 mg/L 6-BA+0.4 mg/L NAA+2 mg/L 2,4-D 时，平均芽数为 16.01，与其他培养基差异显著，是绿绒海芋最适合的分化培养基。

表 1-2-2　叶片、叶柄在不同培养基上愈伤组织的诱导情况

| 激素/（mg/L） | | 出愈时间/d | | 出愈率/% | | 愈伤组织特点 |
6-BA	2,4-D	叶柄	叶片	叶柄	叶片	
1.5	0.5	18	23	（94.44±8.13）ab	（79.63±3.23）d	愈伤组织较少，墨绿，质密，较硬
1.5	1.0	18	21	（92.54±7.67）b	（85.19±1.92）bc	绿色，米粒状，生长较快，质密
1.5	1.5	18	23	（95.78±5.79）ab	（94.34±4.73）a	深绿，较硬，生长较慢
1.5	2.0	17	22	（100±0.00）a	（96.42±3.68）a	黄绿，成片米粒状，生长较快，质密
1.5	2.5	17	22	（100±0.00）a	（97.62±2.49）a	黄色，生长快，初米粒状，后期粉末状
2.0	0.5	12	17	（96.57±4.80）ab	（82.45±2.38）cd	绿色，米粒状，质密，生长较慢
2.0	1.0	12	17	（97.50±5.59）ab	（87.5±3.35）b	浅绿，米粒状，质密，生长较快
2.0	1.5	8	15	（98.18±4.07）ab	（94.23±3.64）a	黄绿，成片米粒状，生长较快，质密
2.0	2.0	8	15	（100±0.00）a	（96.29±1.89）	淡黄色，成片米粒状，生长较快
2.0	2.5	8	13	（100±0.00）a	（98.00±3.00）a	黄白色，初米粒状，后水浸状粉末

表 1-2-3   不同培养基对愈伤组织不定芽分化的影响

培养基部分	分化率/%	每块愈伤组织平均芽数/个
0.5 mg/L6-BA+0.1 mg/LNAA+2.0 mg/L 2,4-D	（72.50±7.13）c	（3.21±0.07）i
0.5 mg/L6-BA+0.2 mg/LNAA+2.0 mg/L 2,4-D	（71.25±7.13）c	（5.13±0.14）h
0.5 mg/L6-BA+0.3 mg/LNAA+2.0 mg/L 2,4-D	（75.00±9.88）c	（9.63±0.40）e
0.5 mg/L6-BA+0.4 mg/LNAA+2.0 mg/L 2,4-D	（78.75±9.48）c	（13.01±0.15）c
990.5 mg/L6-BA+0.5 mg/LNAA+2.0 mg/L 2,4-D	（88.75±5.23）b	（11.15±0.11）d
2.0 mg/L6-BA+0.1 mg/LNAA+2.0 mg/L 2,4-D	（76.25±12.02）c	（8.61±0.18）g
2.0 mg/L6-BA+0.2 mg/LNAA+2.0 mg/L 2,4-D	（92.50±5.23）ab	（9.30±0.10）f
2.0 mg/L6-BA+0.3 mg/LNAA+2.0 mg/L 2,4-D	（96.25±3.42）ab	（13.13±0.16）c
2.0 mg/L6-BA+0.4 mg/LNAA+2.0 mg/L 2,4-D	（100±0.00）a	（16.01±0.28）a
2.0 mg/L6-BA+0.5 mg/LNAA+2.0 mg/L 2,4-D	（100±0.00）a	（14.76±0.15）b

2.2.3   不定芽的继代增殖

将初代培养的不定芽切割成单芽以后，接入增殖培养基上进行增殖培养，25 d 后增殖结果见表 1-2-4。不定芽继代增殖的结果因激素配比不同而异，以 MS+2.0 mg/L 6-BA+0.4 mg/L NAA 增殖率最高，达 17.36，其次为 MS+2.0 mg/L 6-BA+0.5 mg/L NAA，达 15.40，MS+2.0 mg/L 6-BA+0.1 mg/L IBA 处理最低，仅为 5.96。在所试验的激素浓度范围内，NAA 的增殖倍数整体高于 IBA，且不同浓度之间差异显著。

表 1-2-4   不同激素配比对芽增殖的效果

培养基组分	增值倍数	愈伤组织及不定芽生长状况
2.0 mg/L6-BA+0.1 mg/LNAA	（7.36±0.21）g	基部很少愈伤，芽生长较快
2.0 mg/L6-BA+0.2 mg/LNAA	（10.50±0.20）d	少量愈伤组织，芽生长较快
2.0 mg/L6-BA+0.3 mg/LNAA	（11.86±0.15）c	愈伤组织多，芽生长较快
2.0 mg/L6-BA+0.4 mg/LNAA	（17.36±0.23）a	愈伤组织和芽同时产生，芽分化多细小
2.0 mg/L6-BA+0.5 mg/LNAA	（15.40±0.19）b	芽基部愈伤组织多，新增愈伤上芽少
2.0 mg/L6-BA+0.1 mg/LIBA	（5.96±0.28）h	愈伤少，芽少，部分有不定根

培养基组分	增值倍数	愈伤组织及不定芽生长状况
2.0 mg/L6-BA+0.2 mg/LIBA	（7.10±0.08）g	基部有愈伤，不定芽生长较慢
2.0 mg/L6-BA+0.3 mg/LIBA	（8.30±0.32）e	少量愈伤，芽生长快，分化较慢
2.0 mg/L6-BA+0.4 mg/LIBA	（8.56±0.14）e	少量愈伤，芽生长快，分化较慢
2.0 mg/L6-BA+0.5 mg/LIBA	（7.97±0.17）f	少量愈伤，少数有不定根

2.2.4　不同激素浓度对不定芽生根的影响

将生长健壮的不定芽切割成单芽后，接入生根培养基中进行培养，25 d 后统计结果，见表 1-2-5。不同 IBA 浓度对绿绒海芋的不定芽生根有影响，生根率在质量浓度 0.3 mg/L、0.4 mg/L、0.5 mg/L 之间无差异，均达 100%，与前两个浓度之间差异显著。综合对比表 1-2-5 中各项指标，以 1/2MS+0.5 mg/L IBA 为生根最优培养基。

表 1-2-5　不同 IBA 浓度对不定芽生根的影响

IBA/ （mg/L）	生根率/%	平均根数/条	平均根长/cm	平均叶片数/个	平均生长芽数/个	生长状况
0.1	（96±3.71）b	11	（2.21±0.10）c	（3.60±0.16）c	1.5	根细长，基部愈伤可形成新芽
0.2	（98.18±2.65）ab	11	（2.15±0.06）c	（5.10±0.41）a	0.6	根细长，少数基部长新芽
0.3	（100±0.00）a	17	（2.15±0.04）c	（3.00±0.32）d	0	根较细
0.4	（100±0.00）a	19	（4.03±0.08）b	（3.70±0.27）c	0	生根较快，根粗壮
0.5	（100±0.00）a	23	（4.54±0.13）a	（4.50±0.42）b	0	生根较快，根粗壮

2.3　讨论与结论

2.3.1　外植体的处理与消毒

（1）外植体预处理：选取海芋健康植株，将根茎部剪至根茎连接处，长 6～10 cm。

用洗衣粉液浸泡清洗，并用软毛刷刷去表面灰层，洗衣粉水连续刷洗 2 遍，自来水流水冲洗 1 h 后，用蒸馏水冲洗 3～5 遍，放置超净工作台备用。

（2）消毒：取预处理好的根状茎放入灭过菌的烧杯中，无菌水冲洗 3 遍后，用 75% 的酒精消毒 30 s，无菌水冲洗 3 遍，用 0.1% 的 $HgCl_2$ 消毒 8 min，无菌水冲洗 6 次，无菌水冲洗时间不少于消毒时间。将消毒后的根状茎放在灭过菌的滤纸上将水分吸干，切成 1 cm 长，接种于愈伤组织诱导及芽分化培养基上。

2.3.2 培养条件

蔗糖 20～30 g，琼脂 6～8 g，pH 5.6～6.0，每瓶培养基 30～35 mL。培养室采用全自动控制系统，24 h 通风，并定期进行清洁和消毒处理保持无菌环境，培养温度在 25℃ 左右，相对湿度为 50%～70%，光照强度为 2 000～2 500 lx，光照时间为 13～14 h/d。

2.3.3 愈伤组织诱导及芽分化

以 MS 为基本培养基，在 6-BA 中添加不同浓度的 NAA，经研究，所有处理均可形成愈伤组织，但最适宜的愈伤组织诱导培养基为 MS+6-BA 1.0 mg/L+NAA 0.1 mg/L，接种 10 d 后，愈伤率达 100%，愈伤组织呈红褐色，米粒状，光滑质密，生长速度快。15 d 后将形成愈伤组织继续转入该培养基中进行不定芽分化，平均分化不定芽数达 15.89 个，见图 1-2-1。

图 1-2-1　愈伤组织诱导及芽分化

2.3.4 不定芽的继代增殖

将初代培养的不定芽切割成丛芽，去掉多余叶片，接入继代增值培养基中。增殖培养基以 MS 为基本培养，添加不同浓度的 6-BA 和 NAA。经过大量的转接实验得出，MS +BA3.0 mg/L+NAA0.1 mg/L 对丛芽增殖效果最佳，芽分化多，增值系数达 18.6，见图 1-2-2。

图 1-2-2 不定芽的继代增殖

2.3.5 不同激素浓度对不定芽生根的影响

将生长健壮的不定芽切割成单芽后，转入生根培养基中进行培养。研究表明，1/2MS+0.1 mg/L NAA 是绿绒海芋的最佳生根培养基。接种 10 d 后，芽基部出现愈伤及根状突起，15 d 后根尖伸长生长，30 d 后根长最长可达 12 cm，主根不明显，根细长，平均根数在 11~15 根，苗高 8 cm，见图 1-2-3。

2.3.6 炼苗移栽

当生根的组培苗高度约 5.0 cm 时，整瓶移出培养室，置于室温阴凉处 4~5 d，揭开瓶盖，继续放置 4~5 d，将组培苗取出，用自来水洗去根部的琼脂，移栽到基质中（含少量农家肥的园土：草炭土：珍珠岩=1：3：1），放入炼苗区域进行培养，白天温度应控制在 25℃，夜间 15~18℃，保持相对湿度在 60% 以上。15 d 后，成活的幼苗浇施 1/2MS 大量元素营养液。组培苗移栽 30 d 后出苗，成活率可达 91%，见图 1-2-4。

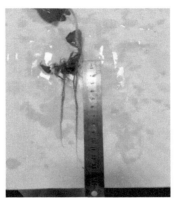

图 1-2-3　不定芽生根

图 1-2-4　炼苗移栽

第3章
红花龙胆的组织培养繁殖技术

龙胆（*Gentiana Scabra* Bunge）为龙胆科龙胆属植物，分布于滇、川、贵、陕、陇、豫、鄂、桂等地，生长在海拔 570～1 750 m 的高山灌丛、草地及林下，是我国传统的中药材，其主要作用成分为环烯醚萜、裂环烯醚萜类及氧杂蒽酮类化合物，全草入药，具有清热除湿、解毒、止咳的功效，能治湿热黄疸、肺热咳嗽、小便不利等症，市场需求量较大。此外，红花龙胆花量大，花型秀美，花色艳丽，观赏价值高，且其自然花期恰逢农历新年，具有作为年宵花的开发潜力。目前红花龙胆还以野外采挖为主，长期采挖导致本来并不丰富的野外蕴藏量日益减少，野外红花龙胆减少的压力，使得人工繁育技术的开发显得越来越迫切。

目前关于红花龙胆的研究，主要集中于资源调查、化学成分分析、药理研究及适宜生长区等方面，而在组织培养方面的研究还未见报道。龙胆科植物自然繁殖受诸多因素限制，如条叶龙胆种子萌发最佳温度为 25℃，滇龙胆种子干藏最多保持活力 6 个月，线叶龙胆自然状态下的结籽率低，存在严重的花粉限制等。红花龙胆主要使用顶芽扦插的方法进行繁殖，但插穗选择不当容易造成生根迟缓及生长不良，有性繁殖栽培周期过长，受自然环境限制较大，分株栽培繁殖率低，且植株品质较差，不适合大规模生产。而组织培养繁殖系数高，培养条件可控，能破除自然环境条件的限制，加速红花龙胆的繁殖，因此对红花龙胆的繁殖和推广具有重要意义。

3.1 材料与方法

3.1.1 实验方法

采用生长健康的红花龙胆带节茎段和叶片为外植体,冲洗干净后放入烧杯中,盖上纱布用自来水冲洗 45 min 后置于超净台上。再经 5%、8% 的次氯酸钠溶液振荡消毒 5 min、8 min、10 min 后,用无菌水振荡清洗 5～6 次,每次不低于 1 min,最后用无菌滤纸吸干表面水分,将其接入 MS 培养基上,每个处理接种 3 瓶,每瓶 5 片,3 次重复,1 周后统计外植体的污染率和褐化率。

3.1.1.1 外植体筛选

选用健康叶片与带节茎段接种在附加 IBA 质量浓度为 0.30 mg/L,ZT 质量浓度分别为 0.5 mg/L、1.0 mg/L、1.5 mg/L 的 MS 培养基(附加 30 g/L 蔗糖,6 g/L 琼脂,pH 调至 6.8～7.0,下同)上进行最适外植体筛选,叶片和带节茎段每梯度均接种 5 瓶,每瓶 4 片(段),2 周后统计外植体的污染率和褐化率。

3.1.1.2 诱导增殖培养基筛选

使用带节茎段为外植体材料,在 MS 培养基中添加不同浓度的 ZT 和 IBA,其中 ZT 质量浓度为 1.0 mg/L、1.5 mg/L、2.0 mg/L、2.5 mg/L、3.0 mg/L,IBA 质量浓度为 0.1 mg/L、0.3 mg/L、0.5 mg/L,每梯度接种 5 瓶,每瓶接种 6 个外植体,3 次重复,培养 1 个月后进行增殖出芽统计。

3.1.1.3 生根培养基筛选

将丛生芽分割为单独的植株,并接种于添加 IBA 质量浓度分别为 0.1 mg/L、0.3 mg/L、0.5 mg/L 的 1/2MS 培养基(附加 30 g/L 蔗糖,6 g/L 琼脂,pH 调至 6.8～7.0)中,每梯度接种 5 瓶,每瓶接种 3 个带顶芽苗,3 次重复,1 个月后统计生根数量。

3.1.1.4 炼苗移栽

待幼苗长至 4～5 cm 高时,从培养基中取出幼苗,用流水将残留培养基清洗干净后,将其放入装有少量清水的瓶中,开盖于培养室放置 3 d,再将瓶转移到室温条件下继续放置 3 d 后,将其移栽到 $V_{草炭土} : V_{珍珠岩} = 2 : 1$ 的基质中。

3.1.1.5 培养条件

培养室温度控制在（25±1）℃内，光照强度为 1 500 lx，光培养时间为 16 h/d。

3.1.2 数据处理

褐化率=已褐化叶片数（带节茎段）/接种叶片数（带节茎段）×100%；

出愈率=已有愈伤组织叶片数/接种叶片数×100%；

诱导率=已有不定芽带节茎段数/接种带节茎段数×100%；

增殖系数=培养 1 个月后不定芽数/接种带节茎段数；

采用 SPSS 25.0 进行数据处理。

3.2 结果与分析

3.2.1 不同浓度次氯酸钠对外植体消毒的影响

由表 1-3-1 可得，次氯酸钠浓度、消毒时间均与外植体的褐化率呈正相关。表明次氯酸钠浓度越高、消毒时间越长，对外植体毒害越大。8%次氯酸钠的污染率虽然比 5%次氯酸钠更低，但褐化率却大幅上升，达到 80%以上。使用 5%次氯酸钠对外植体消毒时，随消毒时间延长，污染率明显降低，而褐化率升高不明显。综合各因素，带节茎段与叶片的最适消毒处理均为 5%次氯酸钠处理 10 min。

表 1-3-1 消毒实验

编号	消毒物	影响因子		褐化率/%	污染率/%
		次氯酸钠质量分数/%	消毒时间/min		
1	带节茎段	5	5	5 d	40 a
2	带节茎段	5	8	10 cd	10 b
3	带节茎段	5	10	20 c	0 c
4	带节茎段	8	5	85 b	0 c
5	带节茎段	8	8	95 ab	0 c

编号	消毒物	影响因子		褐化率/%	污染率/%
		次氯酸钠质量分数/%	消毒时间/min		
6	带节茎段	8	10	100 a	0 c
7	叶	5	5	15 c	25 a
8	叶	5	8	25 b	5 b
9	叶	5	10	30 b	0 b
10	叶	8	5	100 a	0 b
11	叶	8	8	100 a	0 b
12	叶	8	10	100 a	0 b

3.2.2 外植体筛选实验

接种时叶片、带节茎段均为翠绿状；培养 1 周后叶片明显硬化，无愈伤增殖，带节茎段有少量不定芽开始增殖；培养 2 周后多数叶片完全褐化，带节茎段的不定芽开始少量增殖。由表 1-3-2 可知，比较不同培养基中叶和带节茎段各项数据，均表明叶的褐化数大于带节茎段，而增殖数小于带节茎段。

表 1-3-2　外植体筛选实验

编号	外植体	影响因子		褐化数/个	存活数/个	增殖数/个
		IBA/（mg/L）	ZT/（mg/L）			
1	叶	0.3	0.5	20	0	0
	带节茎段	0.3	0.5	1	19	9
2	叶	0.3	1.0	16	4	2
	带节茎段	0.3	1.0	2	18	10
3	叶	0.3	1.5	16	4	4
	带节茎段	0.3	1.5	1	19	12

3.2.3　不同浓度植物激素对不定芽诱导增殖的影响

将采集的红花龙胆枝条进行消毒后，剪取带有一对叶的带节茎段，接种于含有不同浓度的 ZT 和 IBA 的培养基上。在外植体筛选实验中发现，IBA 浓度相同时，较高的 ZT 浓度下，带节茎段的不定芽增殖数更多，因此在后续不定芽增殖诱导浓度筛选实验中，适当舍弃低浓度 ZT 组，向上扩大 ZT 浓度筛选范围。1 周后，已有不定芽被诱导出并陆续增殖；经 1 个月不定芽大量增殖后对其增殖系数进行统计，见表 1-3-3。

经统计学分析红花龙胆的不定芽增殖系数表明：处理 4 的增殖系数比除处理 1、处理 5 外的所有处理组差异显著，并且处理 4 的丛生芽长势最为健壮。比较各实验因子的影响后，可筛选出适合红花龙胆带节茎段诱导增殖的培养基为 MS+0.1 mg/L IBA+2.5 mg/L ZT，此时外植体增殖系数最大达 8.94。

表 1-3-3　不同处理对不定芽诱导增殖的影响

编号	影响因子		褐化率/%	增殖系数	生长状况
	IBA/（mg/L）	ZT/（mg/L）			
1	0.1	1.0	43.3	8.47 ab	矮小
2	0.1	1.5	33.3	7.85 b	矮小
3	0.1	2.0	53.3	6.78 c	健壮
4	0.1	2.5	36.6	8.94 a	高大健壮
5	0.1	3.0	36.6	8.84 a	高大健壮
6	0.3	1.0	53.3	3.28 e	矮小
7	0.3	1.5	66.6	3.40 e	细弱
8	0.3	2.0	53.3	3.21 e	细弱
9	0.3	2.5	76.6	5.00 d	细弱
10	0.3	3.0	70.0	3.33 e	细弱
11	0.5	1.0	53.3	3.85 e	细弱
12	0.5	1.5	46.6	4.06 de	细弱
13	0.5	2.0	40.0	4.89 d	细弱
14	0.5	2.5	26.6	3.68 e	矮小细弱
15	0.5	3.0	53.3	3.18 e	矮小细弱

3.2.4　不同浓度植物激素对红花龙胆生根的影响

根据表 1-3-4 可得，3 种处理的生根率均达 100%，随 IBA 浓度的增加，生根数虽然呈增多趋势，但根变短变细，比较各项因子影响后，可筛选出红花龙胆最佳生根培养基组分为 1/2MS+0.3 mg/L IBA，此时平均生根数为 34 条，平均根长达 2.7 cm。

表 1-3-4　不同 IBA 浓度对生根的影响

处理	影响因子 IBA/（mg/L）	生根率/%	平均生根数/条	平均根长/cm	生长状态
1	0.1	100	16 b	2.6 a	粗
2	0.3	100	34 a	2.7 a	粗
3	0.5	100	38 a	1.6 b	细

3.3　讨论与结论

在现有报道中，多用酒精-升汞对龙胆属外植体进行消毒。由于升汞具有较大的毒性，在现在的组织培养外植体消毒中已经较少使用。

3.3.1　外植体预处理与消毒

（1）外植体预处理

采集生长健康的龙胆带节茎段和顶芽，带 2~3 片叶片，用洗衣粉水清洗除去表层灰尘，流水冲洗干净，然后在洗洁精水中浸泡 10 min，流水冲洗干净后，放入烧杯中，盖上纱布，用自来水冲洗 30 min 后，再用蒸馏水冲洗 3 遍，置于超净工作台上备用。

（2）外植体消毒

将预处理好的带叶茎段及顶芽倒入灭过菌的烧杯中，用无菌水冲洗 3 遍，倒入 0.1% 的升汞溶液消毒 5 min，其间用玻璃棒顺时针搅拌，确保外植体全部浸入消毒液中，然后用无菌水冲洗 5~6 次，每次不低于 1 min，用无菌滤纸吸干表面水分，切除基部消毒的伤口和多余叶片，保留 2 片叶，长度为 1～1.5 cm，接种到初代诱导培养基中。

3.3.2 培养条件

蔗糖 30 g/L，琼脂 6 g/L，每瓶分装培养基 25～35 mL，pH 5.6～6.0，培养室采用全自动控制系统，24 h 通风，并定期进行清洁和消毒处理保持无菌环境，培养温度在 25℃左右，相对湿度为 50%～70%，光照强度为 2 000～3 000 lx，光照时间为 13～16 h/d。

3.3.3 初代诱导培养基

初代诱导培养基以 MS 为基本培养基，添加不同浓度的 6-BA 和 NAA，经研究，红花龙胆适宜的初代诱导培养基为 MS+6-BA 0.2 mg/L+NAA 0.1 mg/L。接种 10 d 后，基部出现少量不透明绿色愈伤，顶芽伸长生长，茎段叶腋处出现绿色小芽点，30 d 后，单苗叶腋处均有腋芽生成，苗长高至 8 cm，初代诱导不定芽数达到 6.72 个，见图 1-3-1。

图 1-3-1 初代诱导培养基

3.3.4 最佳增殖培养基

将初代形成的苗按照顶芽、茎段、侧芽进行剪切，长度约 1 cm，去除多余叶片，转接到继代增殖培养基中，继代增殖培养基以 MS 为基本培养基，添加不同浓度的 6-BA 和 NAA，经研究，适宜的继代增殖培养基依然为 MS+6-BA 0.2 mg/L+NAA 0.1 mg/L，30 d 后外植体增殖系数达到 9.8，见图 1-3-2。

图 1-3-2　继代增殖培养基

3.3.5　最佳生根培养基

　　将继代增殖无菌苗接种到生根培养基中，生根培养基以 MS 为基本培养基，添加不同浓度的 6-BA 和 NAA，经研究，适宜的生根培养基为 MS+0.05 mg/L 6-BA+0.03 mg/L NAA，生根率达 100%，须根多，主根不明显，根系较粗壮，30 d 后，平均根数在 6～8 根，平均根长 2.8 cm，苗高 9 cm，叶片翠绿色，添加低浓度的 6-BA 有效促进生根阶段壮苗作用，植株长势健壮，见图 1-3-3。

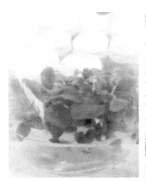

图 1-3-3　生根培养

3.3.6　炼苗移栽

当生根的红花龙胆组培苗高度约 5.0 cm 时，整瓶移出培养室，置于室温阴凉处 7 d，打开瓶盖，继续放置 7 d，将试管苗取出，用自来水轻轻洗去根部的琼脂，移栽到事先高温灭过菌的基质中，基质为草炭土∶珍珠岩=1∶3。将移栽后的苗浇透，用透明的膜盖在移栽的苗上方，保持湿度，逐渐通风透光。15 d 后统计苗成活率。成活的幼苗用 1/2MS 大量元素母液浇透，以保证芽苗的健壮生长。移栽 30 d 后出苗，成活率可达 93.6%，见图 1-3-4。

图 1-3-4　炼苗移栽

第4章
一种蝴蝶兰的组织培养基及其繁殖方法

　　蝴蝶兰（*phalaenopsis*）为兰科蝴蝶兰属植物，它是一种热带气生兰，俗称"洋兰"。蝴蝶兰花型似蝴蝶，形态美妙、色彩丰富、花期长，在热带兰中素有"兰花皇后"之美称。蝴蝶兰种类丰富，分布广，分布范围东起菲律宾、新几内亚，南达澳大利亚北部、西苏门答腊，北到我国台湾、云南、四川西部，有50多种，其中我国有7种，全部为附生兰。蝴蝶兰花色丰富，从纯白、粉红、黄色到深紫红以及各种斑纹，加上其圆整的花型和超长的花期，具有很高的经济价值和观赏价值。蝴蝶兰是单茎性气生兰，没有胚乳，发育不完全，极难萌发；所以很难用传统分株方式进行无性繁殖，种子极小。随着生物工程技术的广泛应用，组织培养也已成为兰花快速繁殖的重要手段，可以解决繁殖慢、种苗供不应求的难题。目前，蝴蝶兰商品化大规模栽培十分成功，成为近年来在国际花卉市场上最受欢迎的品种之一。蝴蝶兰从离体器官诱导产生类原球茎，通过类原球茎的增殖培养，得到大量幼苗，为实现蝴蝶兰工厂化生产奠定了基础。

　　国外对蝴蝶兰组织培养快繁技术的研究较早，通过利用植物茎尖、花梗，奠定了植物组织快繁的基础。我国的蝴蝶兰组织快繁技术起步较晚，近年来，也逐渐开始对蝴蝶兰展开组织培养方面的试验。彭立新等选取蝴蝶兰的试管苗花梗腋芽、花梗、幼叶为外植体，研究了不同浓度激素配比对原球茎诱导、增殖等的影响。顾伟民等在对外植体的研究中发现，花梗侧芽的成活率最高。针对已有蝴蝶兰组培技术中存在的不定芽繁殖系数偏低，从而影响增殖效率与种苗质量的缺陷，本研究提供一种能快速、高效获得大量优质种苗的蝴蝶兰组织培养基及繁殖方法。为了建立优良的蝴蝶兰快繁系统，探讨蝴蝶兰组培苗诱导、增殖、壮苗、生根的可行性，本研究以蝴蝶兰花梗为外植体，通过以花梗为材料进行类原球茎的诱导、增殖、壮苗、生根，初步建立组织培养再生体系，为蝴蝶兰的大量、快速繁殖探索新的有效途径。

4.1 材料与方法

4.1.1 实验方法

4.1.1.1 花梗的消毒

花梗花朵开放 2～3 朵时采切花梗作为外植体材料；将花梗剪成一芽一段，用自来水清洗干净，再用无菌水冲洗，将每段花梗芽剥去苞皮，用 70%的酒精与 0.1%的升汞溶液形成的混合液浸泡 5～10 min 灭菌，无菌水冲洗 5～6 次后备用。

4.1.1.2 外植体接种

将灭菌后花梗段接种到诱导培养基中，在温度 25～28℃、光照强度 1 800 lx、光照时间 11 h/d 的组培条件下培养 6～7 d，侧芽膨大并向外伸长到 1.0～2.0 cm 时成外植体无菌苗。

4.1.1.3 组培苗的增殖培养

将诱导的芽切去叶片和基部接种到增殖培养基中，在温度 25～28℃、光照强度 1 500～2 000 lx、光照时间 12 h/d 的条件下，增殖倍数>5。

4.1.1.4 壮苗培养及生根培养

壮苗培养：将增殖的芽切分开转接到壮苗培养基中，培养温度为 23～27℃，光照强度为 1 500～2 000 lx，每天光照 10～12 h，培养 5～10 d。

生根培养：将经壮苗培养后的蝴蝶兰苗接种到生根培养基中，培养温度为 23～27℃，光照强度为 1 500～2 000 lx，每天光照 12 h，培养至少具有 2 条≥5 cm 长的根。

4.1.1.5 炼苗驯化及移栽

炼苗驯化：将定植瓶苗转至驯化温室驯化炼苗 20～25 d。

移栽：先在软盆或穴盘中喷洒多菌灵 1 500 倍，瓶苗在出瓶后，分为大苗及小苗，大苗两叶距在 4 cm 以上，直接种在 1.5"软盆中，根系＜4 cm 或两叶距小于 4 cm 的种于穴盘中；光照强度应保持在 2 200～2 500 lx，日温保持在 26～28℃，夜温保持在 23～24℃，相对湿度在 70%～80%。

4.1.2 数据处理

实验数据采用 Excel 2010 绘制表格。

4.2 结果与分析

由表 1-4-1 可知，诱导培养基为 MS+BA3.5 mg/L+NAA 0.2 mg/L+蛋白胨 2 g/L+椰汁 100 mL/L+白糖 20 g/L+琼脂 5 g/L，pH=5.5～5.6。

表 1-4-1　蝴蝶兰花梗诱导培养情况

实验组别	花梗/段	杀菌、愈伤组织的诱导			
		5 d	7 d	20 d	30 d
实施例一	100	愈伤组织增大	侧芽膨大	长出小叶	叶长＞5 cm
实施例二	100	愈伤组织增大	侧芽膨大	长出小叶	叶长＞5 cm
实施例三	100	愈伤组织增大	侧芽膨大	长出小叶	叶长＞5 cm

由表 1-4-2 可知，增殖培养基为 1/2 MS + 6-BA 3.5 mg/L + KT 1.0 mg/L + NAA 0.4 mg/L +蛋白胨 2 g/L +椰汁 100 mL/L +白糖 20 g/L，琼脂 5 g/L，pH=5.5～5.6。

表 1-4-2　蝴蝶兰花梗增殖培养情况

实验组别	花梗/段	增殖培养			
		30 d	50 d	75 d	100 d
实施例一	100	继代 1 次	继代 2 次	继代 3 次	继代 4 次
实施例二	100	继代 1 次	继代 2 次	继代 3 次	继代 4 次
实施例三	100	继代 1 次	继代 2 次	继代 3 次	继代 4 次

由表 1-4-3 可知，壮苗培养基为 MS+6-BA2 mg/L+蛋白胨 2 g/L +椰汁 100 mL/L +糖 30 g/L +琼脂 5 g/L，pH=5.5～5.6；生根培养基为 1/2MS + BA1.5 mg/L+NAA0.2 mg/L + 白糖 25 g/L+琼脂 6 g/L + 80 g/L 香蕉泥，pH=5.5～5.6。

表 1-4-3　蝴蝶兰花梗生根培养情况

实验组别	花梗/段	生根培养			
		7 d	14 d	21 d	30 d
实施例一	100	1 根	2～3 根	根长＞3 cm	根长＞5 cm
实施例二	100	1 根	2～3 根	根长＞3 cm	根长＞5 cm
实施例三	100	1 根	2～3 根	根长＞3 cm	根长＞5 cm

4.3　讨论与结论

近年来，对蝴蝶兰组织培养报道较多的是以仅开一两朵花且下面花芽饱满的花梗、幼叶、茎尖和根尖等多种器官为外植体进行组织培养研究。但这些方法对母株都有不同程度的损伤。本研究选用的是幼嫩的花梗作为外植体，经过多次试验，初步建立了组织培养再生体系。虽然诱导率相对较低，但这样既不损伤母株又可节约成本，充分利用材料，繁殖大量优良品种，比采用蝴蝶兰根尖、茎尖进行快速无性繁殖更有应用价值，特别是更有利于一些稀有品种的保存和快繁。

在植物组织培养中，外源生长素和细胞分裂素是细胞离体培养所必需的激素，合适的浓度及两者之间的适宜配比不但可以诱导细胞分裂和生长，而且能控制细胞分化和形态建成。王丽艳等认为，激素是诱导组培苗增殖的关键物质，对培养的成败起着决定性的作用。本研究诱导培养基为 MS+BA3.5 mg/L+NAA0.2 mg/L+蛋白胨 2 g/L+椰汁 100 mL/L +白糖 20 g/L+琼脂 5 g/L，pH=5.5～5.6；增殖培养基为 1/2 MS + 6-BA 3.5 mg/L+ KT1.0 mg/L + NAA0.4 mg/L +蛋白胨 2 g/L +椰汁 100 mL/L +白糖 20 g/L，琼脂 5 g/L，pH=5.5～5.6。诱导培养基为蝴蝶兰类原球茎增殖的最佳培养基。

金忠民等认为提高愈伤组织诱导率是建立再生体系的第一步，没有高频的诱导率，便无法得到大量的、高品质的愈伤组织，其随后的分化及生根也难以进行。对于兰科植物来说，提高原球茎的诱导率则是建立再生体系的关键技术，本试验中原球茎的诱导率相对较低，有待于进一步深入研究提高类原球茎的诱导率。此外，越来越多的研究表明，兰花类原球茎形成过程是典型的体细胞胚胎发生发育过程，且是单细胞起源的。这为兰科植物利用组织培养育种提供了理论基础。组织培养也可以采取与化学诱变相结合的方法进行多倍体或抗性育种，在兰科植物种质资源创新方面具有较大的潜在应用价值。本研究为蝴蝶兰的高频再生组织培养体系建立、基因转化、多倍体诱导或抗性育种奠定了基础。

第5章
姜荷花新品种"红观音"的组织培养和快速繁殖研究

　　姜荷花（*curcuma alismatifolia* Gagnep），姜科、姜黄属多年生草本植物。原产于泰国清迈，是一种球根类花卉，因其苞片酷似荷花而得名。姜荷花花型独特，花色美丽、鲜艳，花期持久，是一种新型的鲜切花品种，观赏价值高，品质优良，具有很高的经济效益，开发利用前景广阔。姜荷花通常以分株或球根进行繁殖，也能利用组织培养的方法进行离体快速繁殖，快速获得大量的种苗，以满足市场的需求。姜荷花新品种"红观音"是从姜荷花中芽变出来的新品种，花色比普通姜荷花红艳，观赏价值更高。

　　姜荷花的常规繁殖方法主要是通过分株或球根进行繁殖，但存在繁殖速度慢、周期长、系数低、易受自然环境变化影响等问题。利用组培技术，可以解决姜荷花常规繁殖所面临的问题，达到在短时间内生产出大量优质种苗的目的。

5.1　材料与方法

5.1.1　初代培养

　　11—12月从大田中挖取叶片快枯黄时的"红观音"球茎，切除球茎下部的须根和贮藏根,并剥去外表膜被,用自来水洗净后,在超净工作台上用 75%酒精浸泡 1 min 后,放入 0.1%的升汞溶液消毒 10 min;或采用二步消毒法:先放入 0.1%的升汞溶液消毒 5 min,用无菌水冲洗 2~3 次后再放入 0.1%的升汞溶液消毒 5 min;然后再用无菌水冲洗 4~5 次后用消毒滤纸吸干表面水分。在无菌条件下,将消毒过的球茎分切成长、宽约 1.0 cm,厚约 0.5 cm 的小块,每块带 1~2 个芽眼,接种于休眠芽诱导的初代培养基中。每个培养瓶 1 块,每个处理接种 20 块材料,观察休眠芽诱导情况。休眠芽诱导培养基为:①MS+BA 1.0 mg/L+NAA 0.1 mg/L;②MS+BA 2.0 mg/L+NAA 0.2 mg/L;③MS+BA 3.0 mg/L+NAA 0.3 mg/L;④MS+BA 5.0 mg/L+NAA 0.5 mg/L。

5.1.2 继代与增殖

不同种类基本培养基对姜荷花增殖的影响:将诱导出的不定芽丛切成单芽或带 2~3 个芽的小块,分别接种于 MS 和 18 号培养基 2 种不同的基本培养基附加不同激素的培养基中进行增殖。18 号培养基的成分为花宝 2 号 1.5 g/L+MgSO$_4$ 0.15 g/L 附加 MS 铁盐及其维生素和其他有机物。每瓶接种 20 个材料,每个处理接种 5 瓶,3 次重复。培养 30 d 后,统计芽的增殖系数与生长情况(表 1-5-1)。

不同植物生长调节剂及其组合对姜荷花增殖的影响:以 18 号培养基为基本培养基,将带有 1~2 个芽的材料分别接种至含有不同种类和浓度组合的植物生长调节剂的培养基中。每瓶接种 20 个材料进行增殖。每瓶接种 20 个材料,每个处理接种 5 瓶,3 次重复。培养 30 d 后,统计芽的增殖系数与生长情况(表 1-5-2)。

5.1.3 生根培养

将继代增殖培养中芽苗高度>5 cm 的幼芽切成单芽,接种于下列生根培养基上:1/2MS;1/2MS+NAA 0.5 mg/L;1/2MS+NAA 1.0 mg/L;1/2MS+NAA 2.0 mg/L;18 号培养基;18 号培养基+NAA 0.5 mg/L;18 号培养基+NAA 1.0 mg/L;18 号培养基+NAA 2.0 mg/L。每瓶接种 15 株。每个处理接种 5 瓶,3 次重复。培养 30 d 后,统计芽的生根率、生根条数和根长。

5.1.4 培养条件

以上所有培养基均附加 30 g/L 蔗糖,6.5 g/L,琼脂固化,pH 为 5.2~5.4。培养温度为（25±2）℃，光量子通量密度为 30～40 μmol/（m^2·s），光照时间为 12 h/d。

5.1.5　炼苗与移栽

当试管苗高度＞8 cm，长出 2～4 片叶子和 1～3 条根时，将材料移至温室中，自然光炼苗 4～7 d，然后取出试管苗，将根部黏附的培养基洗净，分别移栽至下列基质中：①园土：泥炭土：珍珠岩=1：1：1（体积比）；②蘑菇渣：木糠：泥炭土=1：1：1；③细陶：泥炭土=1：2。各栽种 100 株，浇透水，置于温室内，注意保温保湿。30 d 后统计成活率。

5.2　结果与分析

5.2.1　初代培养

采用 0.1%的升汞二步消毒法能明显提高消毒的成功率。采用 0.1%的升汞溶液消毒 10 min 时，消毒后污染率约为 55%，诱导出芽的成功率约为 35%。而采用二步法消毒时，消毒后污染率约为 40%，诱导出芽的成功率约为 55%。在所用的 4 种休眠芽诱导培养基中，①号培养基诱导的速度较慢，20 d 左右出芽。出芽后生长也较慢，无丛生芽。②号、③号培养基无明显差异，10 d 左右出芽，出芽后生长较快，有少量丛生芽。④号培养基出芽速度也较快。10 d 左右能出芽，但随后的单芽生长快，丛生芽少。因此，可采用 MS+BA 2～3 mg/L+NAA 0.2～0.3 mg/L 为姜荷花新品种"红观音"的休眠芽诱导培养基。

5.2.2　继代与增殖

5.2.2.1　不同种类基本培养基对姜荷花增殖的影响

将不定芽丛接种到不同的增殖培养基上，5～7 d 后基部均开始膨大，10～14 d 后长出新芽，原芽苗也明显增高，但不同培养基上还是表现出较大差异（表 1-5-1）。在 2 种培养基的对比中，在以基本培养基为 18 号的培养基上，姜荷花的芽苗叶色较绿，生长状态较好；而 MS 培养基上，虽芽苗生长健壮，但长出的新叶普遍为浅绿色，甚至发黄。在不同质量浓度的 6-BA（1.0～5.0 mg/L）中同时添加 NAA 0.2 mg/L 时，在 18 号培养基上增殖系数总体呈上升趋势并表现出差异显著性，而在 MS 培养基中，添加 6-BA 2.0 mg/L 和 NAA 0.2 mg/L 时，与基本培养基相比，均表现出显著性差异。

表 1-5-1　不同基本培养基对姜荷花增殖系数的影响

基本培养基	6-BA/(mg/L)	NAA/(mg/L)	增殖系数	丛生芽生长状况
18 号	1.0	0.2	（1.664 8±0.158 7）cd	芽稀少，苗细长，叶色较绿
18 号	2.0	0.2	（2.161 7±0.080 2）bc	芽正常，抽芽较慢，苗较细，叶色较绿
18 号	3.0	0.2	（2.846 6±0.256 6）a	芽正常，苗生长健壮，叶色较绿
18 号	5.0	0.2	（2.898 0±0.256 0）a	芽正常，苗生长健壮，叶色较绿
MS	1.0	0.2	（1.529 8±0.092 2）d	芽稀少，苗细长，叶色浅绿
MS	2.0	0.2	（2.330 7±0.131 0）b	芽正常，苗生长健壮，叶色浅绿
MS	3.0	0.2	（1.952 8±0.109 0）bcd	芽正常，苗生长健壮，叶色浅绿
MS	5.0	0.2	（1.972 9±0.110 9）bcd	芽正常，苗生长健壮，叶色浅绿

表 1-5-2　不同植物生长调节剂及其组合对姜荷花增殖的影响

6-BA/（mg/L）	TDZ/（mg/L）	NAA/（mg/L）	增殖系数	丛生芽生长状况
1.0	—	—	（1.961 9±0.066 4）ef	芽稀少，抽芽较慢，苗纤细
2.0	—	—	（2.142 6±0.161 0）def	芽正常、数量少，苗细长
3.0	—	—	（2.606 8±0.308 7）cde	芽正常，苗生长正常
5.0	—	—	（2.635 9±0.300 8）cde	芽正常，苗生长正常
1.0	—	0.2	（1.664 8±0.158 7）f	芽稀少，苗纤细
2.0	—	0.2	（2.161 7±0.080 2）def	芽正常、数量少，苗生长正常
3.0	0.2	0.2	（2.846 6±0.256 6）bcd	芽正常、数量多，苗生长健壮
5.0	0.5	0.2	（2.898 0±0.256 0）bcd	芽正常、数量多，苗生长健壮
—	1.0	—	（2.178 5±0.035 2）def	芽正常、数量少，苗纤细
—	1.5	—	（3.727 4±0.067 9）a	芽数量多，主芽生长慢
—	0.2	—	（3.230 6±0.123 1）abc	芽数量多，少数芽玻璃化

6-BA/（mg/L）	TDZ/（mg/L）	NAA/（mg/L）	增殖系数	丛生芽生长状况
—	0.5	—	（3.761 1±0.399 3）a	芽数量多，部分芽玻璃化
—	1.0	0.2	（2.775 2±0.030 7）bcd	芽正常、数量少，苗纤细
—	1.5	0.2	（3.429 3±0.377 0）ab	芽数量多，苗生长正常
—	—	0.2	（3.081 9±0.317 0）abc	芽数量多，部分芽玻璃化
—	—	0.2	（2.482 3±0.247 6）cde	芽数量多，大部分芽玻璃化

5.2.2.2　不同植物生长调节剂及其组合对姜荷花增殖的影响

由表 1-5-2 可知，姜荷花离体快繁在增殖培养中使用 TDZ 的效果优于 6-BA。采用 6-BA 时，随着浓度的增加，芽的增殖系数增加，添加生长素 NAA 0.2 mg/L，有利于芽苗的良好生长。而使用 TDZ 时，尽管能明显地提高增殖率，但浓度过高时，丛生芽会产生玻璃化，以 18 号培养基附加 TDZ 0.5 mg/L 的效果最好。在此培养基上再添加生长素 NAA 0.2 mg/L，有利于丛生芽的良好生长，为获得可供生根丛生芽，继代增殖时，可选择 18 号培养基附加 TDZ0.5 mg/L 和 NAA 0.2 mg/L，作为继代增殖培养基。

5.2.3　生根培养

姜荷花试管苗在所用的 8 种不同生根培养基中均能生根，生根率达 82.7%～92.0%，通过数量分析，生根率、平均根数、根长均未表现出显著性差异。但苗芽在 18 号基本培养基上的生长状况比以 MS 为基本培养基的效果好，其中 18 号培养基+NAA 0.5 mg/L 的生根率最高，可达 92.0%。

表 1-5-3　不同培养基对姜荷花生根率的影响

基本培养基	NAA/（mg/L）	平均根数	平均根长/cm	平均生根率/%
18 号	0	1.51	4.26	84.0
18 号	0.5	1.56	3.65	92.0
18 号	1.0	1.67	4.75	90.7
18 号	2.0	1.73	4.03	89.3
MS	0	1.27	3.77	82.7

基本培养基	NAA/（mg/L）	平均根数	平均根长/cm	平均生根率/%
MS	0.5	1.36	3.65	90.7
MS	1.0	1.69	4.04	85.3
MS	2.0	1.76	3.96	82.7

5.2.4 炼苗移栽

由于姜荷花在华南地区 10—11 月时会休眠,规模化生产时最好选择在 3—4 月出瓶,如果出瓶太晚,退冬休眠时未形成球茎,小苗极易死亡。移栽后,提供充足的水分维持基质和空气湿度,在使用的 3 种栽培基质中,在①号、②号、③号混合基质中成活率分别为 95%、92%、90%。因此规模化生产时采用园土：泥炭土：珍珠岩=1：1：1 的基质为移栽基质。目前,利用离体培养技术已生产出了 1 000 株试管苗。

5.3 讨论与结论

以姜荷花的球茎为外植体时,由于球茎生长在大田中,消毒后污染率较高,该试验采用了 0.1% 的升汞二步法消毒,明显地降低了外植体的污染率及外植体休眠芽诱导的成功率。在培养基的选择上,采用以花宝 2 号为主要无机成分并附加椰子汁 100 mL/L 时,丛生芽的增殖和试管苗的生根壮苗效果明显好于 MS 基本培养基。植物生长调节剂是植物组织培养中的关键物质,在组织培养中起着重要的调节作用。在该研究中,当 TDZ 为 0.5 mg/L 时,无论是单独作用,还是与 0.2 mg/L NAA 共同作用,均表现出较好的效果,这与 Nhut 等认为 TDZ 比 6-BA 的活性更强的结果相一致。但当 TDZ 质量浓度为 1.0 mg/L 和 1.5 mg/L 时,丛生芽会出现玻璃化,因此,在使用 TDZ 加快繁殖速度时,要严格控制其浓度。

5.3.1 外植体处理与消毒

（1）外植体预处理：选取健康的姜荷花球茎,切除球茎下部的须根和贮藏根,并剥去叶鞘,用洗衣粉水清洗掉表面灰尘,用纱布包好,自来水冲洗 1 h 后,蒸馏水冲洗 3

遍，置于超净工作台上备用。

（2）消毒：在超净工作台上用无菌水清洗 2 次，用 75%的酒精浸泡 1 min，无菌水冲洗清洗 3 遍，再用 0.1%的升汞溶液消毒 15 min，其间持续振荡或摇晃，使球茎与消毒液充分接触，然后用无菌水冲洗 6～7 次，用消毒滤纸吸干表面水分，将消毒过的球茎分切为 1 cm×1 cm×0.5 cm 的小块，每块带 1～2 个芽眼，接种于休眠芽诱导的初代培养基中。

5.3.2 培养条件

蔗糖 30 g/L，琼脂 6 g/L，每瓶分装培养基 25～35 mL，pH 5.6～6.0，培养室采用全自动控制系统，24 h 通风，并定期进行清洁和消毒处理保持无菌环境，培养温度在 25℃左右，相对湿度为 50%～70%，初代诱导初期采用暗光培养，后期与继代及生根培养光照强度为 2 000～2 500 lx，光照时间为 12～13 h/d。

5.3.3 诱导培养

以 MS 为基本培养基，在 6-BA 中添加不同浓度的 NAA，经研究，姜荷花初代适宜诱导培养基为 MS+2 mg/L 6-BA+0.2 mg/L NAA，10 d 左右出芽，随后切口基部出现愈伤组织，30 d 后基部愈伤长出不定芽（图 1-5-1）。

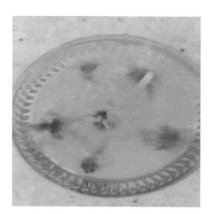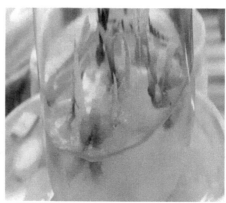

图 1-5-1　诱导培养

5.3.4 继代增殖培养

将初代诱导出的不定芽及愈伤组织块切成单芽，剪掉上部叶片，接种到继代增殖培养基中。增殖培养基以 MS 为基本培养基，添加不同浓度的 6-BA 和 NAA，经过大量的转接实验，筛选出最适宜不定芽增殖培养基为 MS+6-BA 1 mg/L+NAA 0.2 mg/L。单芽转接第 7 天后，基部开始膨大，15 d 后，单芽基部长出新芽，数量多，原芽苗也明显增高。40 d 后，统计增值系数达 4.6，形成的苗叶片细长，深绿色，生长健壮（图 1-5-2）。

图 1-5-2　继代增殖培养

5.3.5 生根培养

以 MS 和 1/2MS 为基本培养基，添加不同浓度的 NAA，将继代增殖的单芽接种在生根培养基中进行培养。经研究，姜荷花适宜的生根培养基为 1/2MS+NAA0.1 mg/L。在此培养基中，接种 7 d 后，基部出现大量透明白色突起，继而，白色突起分化成根，30 d 后统计苗高 7～8 cm，根数多，粗根 5～6 条，须根多，根长最长可达 8 cm，植株形态完整，叶片翠绿色，生长健壮（图 1-5-3）。

图 1-5-3　生根培养

5.3.6　炼苗移栽

当生根的组培苗高度约 5.0 cm 时，整瓶移出培养室，置于室温阴凉处 4～5 d，打开瓶盖，继续放置 4～5 d，将组培苗取出，用自来水洗去根部的琼脂，移栽到基质中，基质按园土（含少量腐熟农家肥）：草炭土：珍珠岩=1：3：1 的比例混合。将移栽好的白掌生根苗放在炼苗区域，相对湿度控制在 60%，白天温度应控制在 26～28℃，夜间 20～22℃，并补充光照。15 d 后，成活的幼苗浇施 1/2MS 大量元素营养液，移栽 30 d 后出苗，成活率可达 90%（见图 1-5-4）。

图 1-5-4　炼苗移栽

第6章
一种红掌组培快繁培养基及组培快繁制种方法

红掌（*Anthurium andraeanum* Linden）属天南星科花烛属，别名安祖花、花烛，属多年生常绿草本花卉，因其花型独特，花色鲜艳丰富，花期持久，观赏性强，观赏价值高，且周年开花，而成为备受欢迎的名贵花卉。研究表明，红掌具有吸收空气中污染物的能力，对甲醛、氨、苯、甲苯和二甲苯等也有较好的吸收，4 d 内吸收率高达 27.2%～42.9%。红掌不仅具有装饰作用还有净化空气的作用，已经成为花卉市场上的主打品种，市场需求量大。目前，常规的播种繁殖和分株繁殖因繁殖系数低难以满足市场的需求，我国的红掌生产商每年要从境外进口大量优质种苗。植物组培技术能缩短繁育周期，并大量供应种苗，同时能很好地保证母本的优良品种特性。因此采用组培快繁技术是红掌大量、快速、整齐一致繁殖种苗的一条有效途径。

Rosario 发现红掌的叶柄和叶片作为外植体诱导效果较好，但诱导时间较长才能产生丛生芽。Keller 等研究发现红掌与其他花卉相比植株再生相对较慢。红掌组培快繁容易出现愈伤不分化、组培苗生长弱小、变异率高的现象。另外，用红掌茎尖做外植体内生菌较多，灭菌难度大，而且材料成本高。用种子作外植体，由于种子存在杂交现象，容易造成后代分化。用叶片作外植体，灭菌难度相对较低，但有些品种愈伤难诱导，而且愈伤容易变异。本研究通过愈伤诱导培养基、愈伤增殖培养基、愈伤分化培养基、继代培养基和生根培养基，旨在选择最佳培养基降低污染率、降低愈伤变异率、缩短繁育周期、提高红掌产量。

6.1　材料与方法

6.1.1　试验材料

（1）愈伤诱导培养基为：MS，6-BA：2 mg/mL，NAA：1.0 mg/L，蔗糖 30 g/L，琼脂粉 5 g/L，肌醇 8 mg/L，维生素 B1：8 mg/L，维生素 B6：5 mg/L，维生素 B3：4 mg/L，维生素 C：3 mg/L，甘氨酸 60 mg/L，精氨酸 80 mg/L，丙氨酸 100 mg/L，谷氨酸 100 mg/L，椰乳 50 mg/L，pH=5.7～5.8。

（2）愈伤增殖培养基为：MS，2,4-D：0.5 mg/L，6-BA：2 mg/mL，NAA：1.0 mg/L，水解酪蛋白 300 mg/L，蔗糖 30 g/L，琼脂粉 5 g/L，pH=5.6～5.8。

（3）继代培养基为：MS，6-苄氨基腺嘌呤 3.0 mg/L，吲哚-3-乙酸 0.4 mg/L，维生素 C：30 mg/L，维生素 B1：5 mg/L，琼脂粉 5 g/L，水解酪蛋白 150 g/L，蔗糖 25 g/L，pH=5.6～5.7。

（4）生根培养基为：MS，IBA：0.5 mg/L，NAA：0.1 mg/L，LNAA：0.03 mg/L，吲哚-3-乙酸 0.4 mg/L，活性炭 5 g/L，蔗糖 30 g/L，琼脂粉 5 g/L，pH=5.3～5.4。

6.1.2　试验方法

6.1.2.1　外植体的制备

在生长健壮、无病虫害的红掌植株上，选取刚展开的幼嫩叶片；将选取的外植体在自来水下流水冲洗 30～40 min，然后用无菌水冲洗 10～15 min；再在 75%的酒精与 0.1%的升汞溶液（75%的酒精与 0.1%的升汞溶液体积比为 2～5：1）中浸泡（8±2）min，无菌水冲洗至少 5 次，切去伤口褐化部分，无菌水冲洗。

6.1.2.2　愈伤组织的诱导

在无菌条件下，将灭菌后的叶片切成 0.5 cm×0.5 cm 大小，接种在愈伤诱导培养基中，培养温度为（28±2）℃，光照时间为 10 h/d，光照强度为（1 000±5）lx，培养时间为 20～25 d，培养得到红掌愈伤组织。

6.1.2.3　愈伤组织的增殖

将愈伤组织接种到愈伤增殖培养基中,在温度为28℃、光照强度为2 100～2 300 lx、光照 12 h/d 的条件下,培养 20～25 d,可得到 1 cm×1 cm 大小的带不定芽点的愈伤。

6.1.2.4　愈伤分化培养

将愈伤接种到分化培养基上,在温度为 28℃、光照强度为 3 200～3 300 lx、光照 15 h/d 的条件下培养 30～35 d,愈伤组织上的不定芽转化成小苗。

6.1.2.5　继代培养

将已长出小苗的愈伤组织接种在继代培养基中,在温度为 28℃、光照强度为 3 200～3 300 lx、光照 15 h/d 的条件下,培养 30 d,愈伤生长成带不定芽、同时带根的完整的正常的小苗。

6.1.2.6　生根培养

将小苗接种到生根培养基,在温度为 28℃、光照强度为 3 200～3 300 lx、光照 15 h/d 的条件下,培养 20 d,可得到叶片增大且长出至少 4 条新根的小苗。

6.1.2.7　炼苗移栽

移栽前 3 天,打开根系发育良好的组培苗的瓶盖,加注少量无菌水,水深为 0.3～0.5 cm,在温度为 20～28℃、光照强度为 5 000～6 000 lx、自然光光照时长的条件下炼苗至少 3 d,用 20℃的清水清洗小苗,栽种在 105 孔穴盘中,在温度为 20～28℃、相对湿度为 70%～85%、光照强度为 5 000～8 000 lx 的大棚中生长,1 周可恢复,3 周后可正常生长。

6.1.3　数据处理

实验数据采用 Excel2010 绘制表格。

6.2　结果与分析

愈伤诱导培养基为:MS,6-BA:2 mg/mL,NAA:1.0 mg/L,蔗糖 30 g/L,琼脂粉 5 g/L,肌醇 8 mg/L,维生素 B1:8 mg/L,维生素 B6:5 mg/L,维生素 B3:4 mg/L,维生素 C:3 mg/L,甘氨酸 60 mg/L,精氨酸 80 mg/L,丙氨酸 100 mg/L,谷氨酸 100 mg/L,椰乳 50 mg/L,pH=5.7～5.8。由表 1-6-1 可知,将愈伤组织接种到愈伤增殖培养基中,

新疆植物组培新技术的研究应用——以花卉、沙棘为例

在温度为 28℃、光照强度为 2 100～2 300 lx、光照 12 h/d 的条件下，培养 20～25 d，可得到 1 cm×1 cm 大小的带不定芽点的愈伤；经过 3 种试验杀菌、愈伤组织的诱导处理后，20 d 后愈伤组织产生。

表 1-6-1　培养基对愈伤组织诱导的影响

实验组别	红掌茎段/个	杀菌、愈伤组织的诱导处理后			
		5 d	10 d	15 d	20 d
实施例一	10	鲜活	鲜活	鲜活	愈伤组织产生
实施例二	10	鲜活	鲜活	鲜活	愈伤组织产生
实施例三	10	鲜活	鲜活	鲜活	愈伤组织产生
对比例	10	偏暗黄	黄褐色	部分死亡	全部死亡

愈伤增殖培养基为：MS，2,4-D：0.5 mg/L，6-BA：2 mg/mL，NAA：1.0 mg/L，水解酪蛋白 300 mg/L，蔗糖 30 g/L，琼脂粉 5 g/L，pH=5.6～5.8。由表 1-6-2 可知，经过 3 种试验愈伤组织的增殖处理后，20 d 后不定芽点增大。将愈伤接种到分化培养基，在温度为 28℃、光照强度为 3 200～3 300 lx、光照 15 h/d 的条件下培养 30～35 d，愈伤组织上的不定芽转化成小苗。

表 1-6-2　培养基对愈伤组织增殖、愈伤分化的影响

实验组别	红掌茎段/个	愈伤组织的增殖			
		5 d	10 d	15 d	20 d
实施例一	10	愈伤组织增大	愈伤组织增大	产生不定芽点	不定芽点增大
实施例二	10	愈伤组织增大	愈伤组织增大	产生不定芽点	不定芽点增大
实施例三	10	愈伤组织增大	愈伤组织增大	产生不定芽点	不定芽点增大
实验组别	红掌茎段/个	愈伤分化培养			
		7 d	14 d	21 d	30 d
实施例一	10	芽点增大	芽点增大	芽点增大	小苗
实施例二	10	芽点增大	芽点增大	芽点增大	小苗
实施例三	10	芽点增大	芽点增大	芽点增大	小苗

继代培养基为：MS，6-苄氨基腺嘌呤：3.0 mg/L，吲哚-3-乙酸：0.4 mg/L，维生素C：30 mg/L，维生素 B1：5 mg/L，琼脂粉 5 g/L，水解酪蛋白 150 g/L，蔗糖 25 g/L，pH=5.6～5.7。由表 1-6-3 可知，将已长出小苗的愈伤组织接种在继代培养基中，在温度为 28℃、光照强度为 3 200～3 300 lx、光照 15 h/d 的条件下，培养 30 d，愈伤生长成带不定芽、同时带根的完整的正常的小苗。

表 1-6-3　继代培养的情况

实验组别	红掌段/个	继代培养			
		7 d	14 d	21 d	30 d
实施例一	10	小苗增大	根部膨大	根生长	带根小苗
实施例二	10	小苗增大	根部膨大	根生长	带根小苗
实施例三	10	小苗增大	根部膨大	根生长	带根小苗

生根培养基为：MS，IBA：0.5 mg/L，NAA：0.1 mg/L，LNAA：0.03 mg/L，吲哚-3-乙酸：0.4 mg/L，活性炭 5 g/L，蔗糖 30 g/L，琼脂粉 5 g/L，pH=5.3～5.4。由表 1-6-4 可知，将小苗接种到生根培养基，在温度为 28℃、光照强度为 3 200～3 300 lx、光照 15 h/d 的条件下，培养 20 d，可得到叶片增大且长出至少 4 条新根的小苗。

表 1-6-4　生根培养生长情况

实验组别	红掌段/个	生根培养			
		7 d	14 d	21 d	30 d
实施例一	10	1 根小苗	2～3 根小苗	4～5 根小苗	根长>5 cm 小苗
实施例二	10	1 根小苗	2～3 根小苗	4～5 根小苗	根长>5 cm 小苗
实施例三	10	1 根小苗	2～3 根小苗	4～5 根小苗	根长>5 cm 小苗

6.3　讨论与结论

芽分化和增殖是影响红掌快繁效率的主要因素。红掌的幼嫩叶片、叶柄、茎段均可作为外植体进行芽分化和增殖，不同浓度激素配比对不同外植体的效果不同。姚丽娟等研究表明，叶片作为外植体诱导率最高达 68.89%。宋英今等利用正交设计法研究发现，茎段作为外植体诱导率最高。本研究采用红掌幼嫩叶片进行组培快繁培养，提高了红掌制种的成功率，缩短了红掌组培苗制种周期，减少了愈伤分化的变异率，提高了红掌组培苗的产量和品质。本研究中的灭菌方法可有效降低污染率，培养基配方愈伤诱导率高，愈伤分化变异低，缩短了培养周期，减少了继代培养时出现变异苗的概率，延长了继代培养的代数，提高了产量。

第 7 章
一种食用玫瑰的扦插基质及扦插方法

玫瑰，别名徘徊花，蔷薇科，属落叶丛生灌木，我国玫瑰花栽培技术已有 1 300 多年的历史，现朝鲜、日本、俄罗斯、欧洲均有种植。它既能供人观赏，又是珍贵的中药材，也是化工产品的香料来源和食品工业的重要添加原料，同时还具有山区绿化、水土保持的生态功能。随着科技水平的提高，对玫瑰的深加工产品已不断出现。鲜花可以提取玫瑰油，酿制玫瑰酒、玫瑰浸膏，花蕾可以入药、制作保健品，还可制作美食菜肴。北京、上海、广东、福建等地风行喝各式的干花茶，玫瑰干花蕾是其中很重要的一种，被广泛应用于饮料、香烟、茶叶、化妆品。另外，经提炼的玫瑰油其价值高于黄金数倍。食用玫瑰含有丰富的营养成分，异亮氨酸、赖氨酸、丙氨酸等含量丰富，氨基酸总量高达 1.2%～1.4%。白伟芳等对玫瑰糖类进行提取，发现玫瑰中含有丰富的糖类物质。邵大伟对玫瑰进行检测，结果表明玫瑰具有明显的抗氧化性，尤其清晨时抗氧化活性最强。玫瑰及其深加工产品是制造昂贵香精香料的重要原料。香精香料工业与人们生活水平的提高密切相关，从世界范围看，近几年香精香料工业的增长速度一直高于其他工业的平均速度。国内外学者对玫瑰扦插也有不同程度的认识，我国学者从玫瑰的扦插基质、扦插最佳时间、扦插方法等方面进行了研究。

为满足大量繁殖的需求，需要一种快速、大量、高成活率的繁殖方法。本研究通过不同的扦插基质和温湿度条件，筛选出扦插基质和温湿度的最佳组合，为解决玫瑰花的种苗快繁问题提供了理论基础和技术支持。

7.1 材料与方法

7.1.1 实验材料

（1）采集无病虫害的、健壮的、当年生的、形状均一的食用玫瑰枝条，枝条长度为 15～20 cm。

（2）无菌水、75%酒精与浓度为 0.1%的升汞溶液。

（3）水箱存放高锰酸钾溶液、甲基托布津溶液。

（4）促生根液为：6-苯甲基腺嘌呤、萘乙酸、吲哚乙酸、吲哚丁酸、蜂蜜。

7.1.2 实验设计

（1）一种食用玫瑰扦插基质，按质量份数，其组成为：火山石 3～5 份，珍珠岩 7～9 份，蛭石 3～5 份，稻壳灰 5～10 份，椰糠 40～45 份，草炭土 10～15 份，所述的基质粒径为 0.5～2 mm。

（2）无菌水冲洗，在 75%酒精与浓度为 0.1%的升汞溶液按体积 3∶1 混合液中浸泡（8±2）min，再用无菌水冲洗至少 3 次。

（3）营养钵中加入深度为 8～10 cm 的上述食用玫瑰扦插基质，上述的营养钵紧靠在一起，置于苗床上，育苗床上方搭建拱棚，拱棚顶部安装喷淋装置，喷淋装置连接水箱（水箱存放 0.1%～0.3%的高锰酸钾溶液、0.1%～0.2%的甲基托布津溶液，温度保持在 22～28℃）；喷淋装置上方搭设薄膜和 60%的遮阴网；控制育苗基质温度为 22～28℃。

（4）将食用玫瑰枝条裁剪成含有 2～3 个芽点的插穗小段，将插穗下端浸入配制好的促生根液（促生根液为：6-苯甲基腺嘌呤 2 mg/mL、萘乙酸 1.0 mg/L、吲哚乙酸 1.0 mg/L、吲哚丁酸 1.5 mg/L、蜂蜜 30 g/L，pH=5.6～6.5）中速蘸 3～5 s，然后直接插入营养钵的基质中，至少 1 个芽点在基质外。扦插全部结束后，将薄膜、遮阴网搭好，并开启喷淋装置。

（5）扦插后拱棚内空气温度控制在 22～28℃；插穗切口愈伤组织产生后，利用喷淋装置控制拱棚内湿度在 90%～95%；光照时间为 5～8 h/d，光照强度为 3 000～3 500 lx；透过营养钵，观察插穗根系长度＞5 cm 后，每周喷施叶面喷肥一次。

（6）插穗根系长度＞5 cm 后，春夏秋季保持育苗基质湿度为 80%，冬季保持育苗基质湿度为 75%；晴天早、下午通风，每次通风 30 min；阴天通风 20 min 或者不通风；炼苗期结束。当插穗长出的新枝条长度＞10 cm 后，脱出营养钵，移栽到大田中。

7.1.3　试验方法

7.1.3.1　插穗处理

采集无病虫害的、健壮的、当年生的、形状均一的食用玫瑰枝条，枝条长度为 15～20 cm。食用玫瑰枝条斜切成马蹄形，顶部保留 1～2 片羽叶，顶端切口为圆形且进行蜡封处理。

7.1.3.2　扦插苗床

采用营养钵，营养钵中的食用玫瑰扦插基质在扦插前，用 0.1%～0.3%的高锰酸钾溶液、0.1%～0.2%的甲基托布津溶液浇透。

7.1.3.3　扦插方法及管理

可用小勺或手指在装好的基质中扎一个深 3～4 cm 的小孔，以利于插穗插入。插穗扦插深度不超过营养袋高的 2/3，插入后用手按压严实，使基质与插穗紧密接触。扦插结束后，用 0.5%的多菌灵水溶液浇透。

7.1.4　数据处理

成活率=生根穗数/插扦穗数×100%；

实验数据采用 Excel2010 绘制表格。

7.2　结果与分析

由表 1-7-1、表 1-7-2 可知，实施例 1：火山石 4 份，珍珠岩 7 份，蛭石 6 份，稻壳灰 10 份，椰糠 45 份，草炭土 12 份。高锰酸钾溶液、甲基托布津溶液 0.2%，切口愈伤

新疆植物组培新技术的研究应用——以花卉、沙棘为例

组织产生后拱棚内湿度保持在 94%～95%，根系萌发后拱棚内湿度保持在 90%～91%，愈伤组织产生 7 d 后，14 d 后根系长度 1 cm，21 d 后根系长度 5 cm，26 d 后新生芽长度为 5 cm，实施例 1 的成活率达 98%。

实施例 2：火山石 5 份，珍珠岩 8 份，蛭石 3 份，稻壳灰 7 份，椰糠 40 份，草炭土 10 份。高锰酸钾溶液、甲基托布津溶液 0.15%，切口愈伤组织产生后拱棚内湿度保持在 90%～92%，根系萌发后拱棚内湿度保持在 88%～90%，愈伤组织产生 6 d 后，12 d 后根系长度为 1 cm，18 d 后根系长度为 5 cm，23 d 后新生芽长度为 5 cm，实施例 2 的成活率达 99%。

实施例 3：火山石 5 份，珍珠岩 8 份，蛭石 4 份，稻壳灰 8 份，椰糠 42 份，草炭土 15 份。高锰酸钾溶液 0.25%、甲基托布津溶液 0.12%，切口愈伤组织产生后拱棚内湿度保持在 93%～95%，根系萌发后拱棚内湿度保持在 90%～92%，愈伤组织产生 5 d 后，11 d 后根系长度为 1 cm，17 d 后根系长度为 5 cm，22 d 后新生芽长度为 5 cm，实施例 3 的成活率达 99%。

实施例 4：火山石 3 份，珍珠岩 9 份，蛭石 5 份，稻壳灰 6 份，椰糠 44 份，草炭土 13 份。高锰酸钾溶液 0.3%、甲基托布津溶液 0.1%，切口愈伤组织产生后拱棚内湿度保持在 90%～93%，根系萌发后拱棚内湿度保持在 88%～90%，愈伤组织产生于 6 d 后，13 d 后根系长度为 1 cm，21 d 后根系长度为 5 cm，27 d 后新生芽长度为 5 cm，实施例 4 的成活率达 98.5%。

表 1-7-1　基质原料采用质量份数计量

实施例	火山石	珍珠岩	蛭石	稻壳灰	椰糠	草炭土
1	4	7	6	10	45	12
2	5	8	3	7	40	10
3	5	8	4	8	42	15
4	3	9	5	6	44	13

表 1-7-2　食用玫瑰扦插成活效果

实施例	高锰酸钾溶液	甲基托布津溶液	切口愈伤组织产生后拱棚内湿度	根系萌发后拱棚内湿度	愈伤组织产生	根系长度 1 cm	根系长度 5 cm	新生芽长度 5 cm	成活率
					天数				
1	0.2%	0.2%	94%～95%	90%～91%	≤7	≤14	≤21	≤26	98%
2	0.15%	0.15%	90%～92%	88%～90%	≤6	≤12	≤18	≤23	99%
3	0.25%	0.12%	93%～95%	90%～92%	≤5	≤11	≤17	≤22	99%
4	0.3%	0.1%	90%～93%	88%～90%	≤6	≤13	≤21	≤27	98.5%

7.3　讨论与结论

7.3.1　讨论

　　扦插繁殖是食用玫瑰无性繁殖的重要方法，具有良好的开发前景。尽管扦插繁殖可在短时间内繁殖大量的种苗，但在实际的繁殖生产中，玫瑰扦插成活率却不高。扦插基质对植物扦插插穗成活有很大的影响，也是植物扦插生根必不可缺少的一部分，良好的通气性、保水性和透水性等是扦插基质应具备的重要条件。不同物种最适应的扦插基质也不同，美国红枫扦插在蛭石与珍珠岩的混合基质上其插穗生根率最高。孟鹏发现彰武松扦插在蛭石基质上插穗生根效果最好，在细沙基质上最差。温湿度也对扦插物种有着重要的影响。本研究发现玫瑰花在不同基质、不同水箱溶液及扦插后不同温湿度条件下，扦插基质为火山石、珍珠岩、蛭石等轻基质的容器育苗技术具有育苗周期短及移栽成活率高等优点，实施例 2、实施例 3 的成活率高达 99%，4 种实施例成活率相差较小，4种扦插实施都值得借鉴。且轻基质扦插现已广泛应用于蔬菜、花卉和林木育苗，并起到疏松透气的作用。稻壳灰中含量较大的是二氧化硅，其次为炭，具有一定的抑菌作用，还有少量金属氧化物，如氧化钾、氧化钠、氧化镁和氧化钙等；稻壳灰具有巨大的比表面积 50 000～100 000 m^2/kg 和超高的火山灰活性，进一步增加了扦插基质的透气性，也为促生根提供了多种矿物质。椰糠、草炭土可减轻基质质量，为根系生长提供有基质营养物；本研究提供的食用玫瑰扦插基质，扦插过程中直接置于营养钵中，省去了挖苗的人工，移栽时可减少人工，直接脱盆后移植大田中，不伤害新生根系，成活率更高。

无菌水冲洗，在75%酒精与浓度为0.1%的升汞按体积3∶1的混合液中浸泡（8±2）min，再用无菌水冲洗至少 3 次；杀死食用玫瑰枝条携带的大部分有害菌，极大地提高了扦插成活率，成活率提高至96%以上。

通过促生根液，快速促进愈伤组织的生成，最短 5 d 愈伤组织产生，缩短根系萌发时间，10 d 左右根系开始萌发；扦插环境中，通过高锰酸钾溶液和甲基托布津溶液的不断喷淋，保持插穗处于较高的空气湿度，且高锰酸钾、甲基托布津抑制了有害菌的滋生，确保枝叶挺拔鲜嫩，从而顺利地进行光合作用制造养料，促进插穗生根。

7.3.2　结论

本研究从选苗、苗木处理、不同基质配比、扦插后管理等方面筛选出了一种食用玫瑰的扦插方法，扦插后的食用玫瑰枝条可以快速生成愈伤组织，根系快速萌发，并通过空气湿度及光照条件的优化组合，促进光合作用，加快根系生产，保证成活率≥98%。

参考文献

[1] 中国科学院中国植物志编辑委员会. 中国植物志（第 62 卷）[M]. 北京：科学出版社，1988：148.

[2] 杨维霞，周乐，耿会玲，等. 龙胆科药用植物化学成分的研究现状[J]. 西北植物学报，2003，23（12）：2235-2240.

[3] 国家药典委员会. 中华人民共和国药典[M]. 北京：中国医药科技出版社，2015：151-152.

[4] 徐伟，孙爱群，张镇，等. 贵州红花龙胆资源调查及主要形态性状分析[J]. 六盘水师范学院学报，2014，26（6）：1-6.

[5] 罗君，赵琳瑁，包江平，等. UPLC.Q.TOF.MS 分析苗族药红花龙胆化学成分[J]. 中国实验方剂学杂志，2018，24（24）：89-94.

[6] 沈涛，张霁，赵艳丽，等. 红花龙胆不同药用部位 UV-Vis 和 UPLC 指纹图谱研究及资源评价[J]. 中草药，2016，47（2）：309-317.

[7] 王飞清，陶奕汐，李学会，等. 红花龙胆对肺炎链球菌肺炎防治作用[J]. 中国公共卫生，2018，34（11）：1484-1486.

[8] 方玉梅，张家满，孙爱群，等. 苗药红花龙胆体外抑菌试验[J]. 北方园艺，2018，42（7）：128-132.

[9] 沈涛，张霁，杨庆，等. 云贵高原红花龙胆生态适宜性区划研究[J]. 中国药学杂志，2017，52（20）：1816-1823.

[10] 申志英，方坤. 提高龙胆种子发芽率试验[J]. 中药材，2004，27（11）：801-802.

[11] 杨美权，杨维泽，赵振玲，等. 滇龙胆种子萌发特性研究[J]. 中国中药杂志，2011，36（5）：556-558.

[12] 侯勤正，段元文，司庆文，等. 青藏高原晚期开花植物线叶龙胆的传粉生态学[J]. 植物生态学报，2009，33（6）：1156-1164.

[13] 肖敏. 2个蝴蝶兰品种间杂交选育的几个新品种（系）比较分析[D]. 武汉：华中农业大学，2017.

[14] 李文送. 我国香根草繁殖方法的研究进展[J]. 草业科学，2007，24（7）：33-36.

[15] 张彦妮，边红琳，陈立新. 蝴蝶兰幼嫩花梗组织培养和快速繁殖[J]. 草业科学，2011，28（4）：590-596.

[16] 沈俊辉. 萼脊兰胚培养和快速繁殖技术[D]. 郑州：河南农业大学，2009.

[17] 谭鹏鹏. 蝴蝶兰组织培养及体胚发生技术研究[D]. 南京：南京林业大学，2009.

[18] 刘家源. 蝴蝶兰离体快繁体系建立及试管开花初步研究[D]. 青岛：青岛农业大学，2018.

[19] 彭立新，王姝，孟广云. 蝴蝶兰组织培养快繁研究[J]. 天津农业科学，1999（2）：29-31.

[20] 顾伟民，曹春英，丁世民，等. 蝴蝶兰组培快繁技术的研究[J]. 山东林业科技，2004（5）：12-13.

[21] 李子红，贾燕. 珍品兰花快速繁殖与养护[M]. 上海：上海科学技术出版社，2006.

[22] 葛军，刘振虎，卢欣石. 紫花苜蓿再生体系研究进展[J]. 中国草地，2004，26（2）：63-67.

[23] 王丽艳，荆瑞勇，肖莉杰，等. 扁茎黄芪离体快繁及多倍体诱导[J]. 草业学报，2009，18（1）：94-99.

[24] 金忠民，沙伟，张艳馥，等. 羊茅种子愈伤组织诱导及再生体系的建立[J]. 草业科学，2010，27（10）：60-63.

[25] Chen J T, Chang W C. Direct somatic embryogenesis and plant regeneration from leaf explants of Phalae nopsis amabilis[J]. Biol. Plant，2006，50（2）：169-173.

[26] Nhut D T, Teixeira D S，Le J A，et al. Thin cell layer morphogenesis as a powerful tool in ornamental plant micropropagation and biotechnology [M]// Nhut D T，Le B V，Tran T V K，et al. Thin Cell Layer Cuhure Systern. Dordrecht，The Netherlands：Kluwer

Academic Publishers，2003：247-284.

[27] 王月英，郭秀珠. 红掌对室内挥发性有机物吸收效果研究初探[A]. 中国生态学会 2006 学术年会论文荟萃，2006，275.

[28] 王晶. 红掌组培苗优质高效繁殖技术的研究[D]. 苏州：苏州大学，2014.

[29] Rosario T L，Valenzuela A M G In Vitro culture of Anthurium andreanum L. "Gloria Angara''（Araceae）. Annual Scientific Conference of the Federation of Crop Societies of the Philippines[J]. Cebu City（Philippines），1998，4：19-24.

[30] 赵斌，李英丽，方正. 红掌组织培养中不定芽诱导和增殖的研究[J]. 安徽农业科学，2011，39（8）：4447-4449.

[31] 姚丽娟，徐晓薇，陈香雪，等. 安祖花的组织培养和快速繁殖[J]. 浙江农业科学，2004，（4）：190-192.

[32] 宋英今，季静，刘海学，等. 安祖花愈伤组织诱导及其分化的正交试验设计[J]. 核农学报，2008，22（3）：300-303.

[33] 仙鹤，蔺国仓，孙美乐，等. 食用玫瑰研究进展[J]. 新疆农业科技，2020（5）：36-37.

[34] 白伟芳，崔波. 玫瑰花多糖提取及抗氧化活性研究 [J]. 食品与机械，2009，25（6）：83-86.

[35] 邵大伟. 玫瑰花蕾抗氧化能力的研究[D]. 泰安：山东农业大学，2008：32-64.

[36] 王景辉，陈建军. 野生玫瑰硬枝扦插试验[J]. 林业科技通讯，1994（1）：32.

[37] 朱翠英，王文莉. 紫枝玫瑰硬枝扦插技术的研究[J]. 山东林业科技，2006（3）：42.

[38] 刘海峰. 野生玫瑰扦插繁殖技术的研究[J]. 延边农业大学学报，2006（2）：83-87.

[39] 孙燕，李勇军. 紫枝玫瑰硬枝扦插繁殖技术研究[J]. 现代农业科技，2021（4）：113-116.

[40] 李建军. 玫瑰扦插繁殖技术及生根机理研究[D]. 乌鲁木齐：新疆农业大学，2020.

[41] Dolor D E，Ikie F O，Nnaji G U. Effect of propagation media on the rooting of leafy stem cuttings of Irvingia wombolu（Vermoesen）[J]. Research Journal of Agriculture and Biologica Sciences，2009，5（6）：1146-1152.

[42] 陆秀君，洪晓松，刘景强，等. 扦插基质及生根促进剂对美国红枫扦插繁殖的影响[J]. 西北林学院学报，2015，30（5）：138-142.

[43] 孟鹏，张学利，李玉灵，等. 沙地彰武松在不同基质上扦插生根性状研究[J]. 中国

沙漠，2008，28（3）：504-508.

[44] 赵迎春. 二种花灌木的扦插繁殖技术研究[D]. 南京：南京农业大学，2010.

[45] 高燕，张婷，奉树成. 木本植物的无性繁殖方法[J]. 现代农业科技，2018（4）：129-132.

[46] 马志峰. 沙棘栽植技术[J]. 中国林副特产，2010，10（5）：62.

[47] 王云丽. 沙棘嫩枝微扦插的研究[D]. 太原：山西大学，2013.

[48] 李燕南. 沙棘硬枝扦插繁殖技术研究[D]. 呼和浩特：内蒙古农业大学，2012.

[49] 王涛. 植物扦插繁殖技术[M]. 北京：科学出版社，1989.

[50] 孙燕，李勇军. 紫枝玫瑰硬枝扦插繁殖技术研究[J]. 现代农业科技，2021（4）：113-116.

[51] 李云章，慈忠玲，严磊，等. 沙棘繁殖方法和技术[J]. 内蒙古林学院学报，1994，16（1）：59-63.

[52] 杨荣慧，王延平，段旭昌，等. 大果沙棘引种扦插育苗试验研究[J]. 西北林学院学报，2004，17（4）：10-13.

[53] 张学良，李雅丽，盛茂生，等. 中国沙棘组织培养的研究进展[J]. 青海农林科技，2009（4）：41-43，68.

下 篇

沙棘组培技术

沙棘（*Hippophae rhamnoides* Linn.），胡颓子科沙棘属，又名醋柳，是雌雄异株的落叶小乔木。沙棘耐寒、抗旱、耐盐碱，适应范围广，生长快，适合矮林作业，加上高效固氮，繁殖容易，使沙棘特别适合在退化的土壤中种植。沙棘不仅生态效益高，还具有极高的经济效益，是种植价值极高的优良树种。沙棘的经济价值主要体现在沙棘果实中，沙棘含有丰富的维生素，被称为"维 C 之王"。沙棘中也含有丰富的蛋白质和人体所必需的氨基酸，对提高免疫力，维持人体正常代谢具有重要作用。国外对沙棘的研究最早开始于苏联，苏联先后培育出 100 多个优良品种。目前，俄罗斯对沙棘的育种研究工作处于世界领先地位，近年来，主要集中在沙棘的经济价值上，研发沙棘保健产品。我国沙棘产业也在从沙棘的造林和选育向沙棘保健产品转变。

沙棘的经济价值和生态价值决定了沙棘的需求量，沙棘产品的价格在国际市场呈现上升的趋势。目前 90% 的沙棘林在我国，这是我们的优势所在。本篇集结了我们研究人员多年的沙棘繁育研究成果，以为我国沙棘产业化的发展提供优质苗木。

第1章
国内外沙棘品种的引种与选育

1.1 国外沙棘品种的引种与选育

1.1.1 材料与方法

1.1.1.1 试验材料

试验材料为引进的俄罗斯和蒙古主栽沙棘优良品种 10 个，具体包括楚伊（丘依斯克）、金色、巨人、卡图尼礼品、阿列伊、向阳、橙色、浑金、阿尔泰新闻、深秋红（对照、CK）。前 5 个品种的苗木在黑龙江省绥棱县通过扦插培育而成，后 5 个品种在辽宁省阜新市扦插培育而成。供试苗木为 2 年生扦插苗。

1.1.1.2 试验设计

按照我国北方生态环境状况和气候特点，区域化试验共安排了 7 个试点，分别是新疆阿勒泰、黑龙江绥棱、吉林长白山、内蒙古磴口、甘肃西峰、陕西永寿、四川阿坝（注：由于自然条件、管理因素，个别区试点有数据调查不全和丢失的现象，导致不同区试点获得的数据不一致，因此在分析中，除吉林长白山、四川阿坝因数据不全未做分析外，其他试点均根据实际获得数据进行了分析）。

试验设计采用完全随机区组设计：16 株单行小区，4 次重复。与常规完全随机区组设计略有不同的是，配置了大果无刺雄株（阿列伊），在正常的随机排列中，每隔 2 行正式试验处理（品种）排入 1 个雄株行，以保证正常授粉。在每次重复中，各品种的排列次序都是随机的，但每隔 2 行加 2 个大果无刺雄株行是固定的。试验地四周设 2 个保护行，保护行的种植材料为大果无刺雄株。每个试验点每个试验品种苗木为 70 株，大果无刺雄株为 540 株。试验设计中的行距为 4 m，株距为 1.5 m。

1.1.1.3　造林与管护

造林时期，由于苗木不能从一处提供，提供时间也不同，只能提早按常规造林要求将地整理好，做好设计安排。在苗木到达后按原设计要求，按其应在位置栽植好。虽然各试验点造林时间并不相同，但要求苗木到达后，要立即进行定植和浇水。

造林按常规方法整地，栽植穴规格可为 40 cm×40 cm×40 cm。栽植后如土壤墒情不好，要适当灌水。肥力过差的，要适当施肥。造林后要加强管护，防止人畜破坏。旱情严重时，要及时灌水，此外还要做好除草和防治病虫害的管理。

1.1.1.4　生长调查与测定

在造林当年调查成活率，第二年生长季末调查保存率。每年生长季末详细调查各区组每个品种的存活率、苗高、地径和冠幅，冠幅分东西、南北进行测定，计算平均冠幅。第三年开始结实后，详细调查每一品种的单株产量、不同品种叶片的长度和宽度、当年生枝条棘刺数、2 年生枝条棘刺数、不同品种百果重。每一品种随机抽样 100 粒果实，测定每一粒果实的横径、纵径、皮厚度，计算平均值，统计果实大小分布。与果实类似，每一品种还测定种子的千粒重（自然风干后），并随机抽样 100 粒种子，测定每一粒种子的横径、纵径、厚度，计算平均值，统计种子大小分布。种子发芽率按照常规方法进行测定。

1.1.1.5　引进品种及其特性

苏联是最早把野生沙棘引入栽培的国家，也是最先育出沙棘新品种的国家，俄罗斯目前已有 50 多个新品种进入国家品种目录。从 1987 年开始，中国林科院林业所先后从俄罗斯、蒙古、芬兰等国引进国外优良品种及种质资源 30 余份，其中俄罗斯 19 份、蒙古 1 份、加拿大和北欧 4 份，另外还有一些尚未定型的种质资源 10 份，具体包括金色、巨人、橙色、浑金、阿图拉、优胜、丰产、楚伊、阿列伊、卡图尼礼品、向阳、深秋红、谢尔宾卡 1～3 号、阿尔泰新闻、乌兰格木、芬兰 1 号和 2 号、加拿大 1～

4 号雄株等。下面主要介绍从俄罗斯和蒙古引进的参与区域化试验的主要优良大果沙棘品种的特性。

（1）楚伊

该品种是由西伯利亚利萨文科园艺科学研究所通过杂交途径育成的，已在苏联的阿尔泰边区、克拉斯诺亚尔斯克边区、新西伯利亚州、伊尔库茨克州和库尔干州等 15 个边疆区和州进行了推广。树高 2.5 m，树冠呈叉开式，圆形，枝条稀疏，植株长势较弱，棘刺较少。定植 3～4 年进入结果期，果实早熟，成熟期为 8 月上旬，果柄长 2～3 mm，产量高，无大小年之分，采收不破浆。果实呈柱椭圆形，橙色，粒大，平均单果重 0.9 g，单株产量为 9.5～10 kg，6～7 年进入盛果期后，单株产量为 14.6～23.0 kg，盛果期可达 8～10 年。果味酸甜可口，用途广泛。果实含糖 6.4%，含油 6.2%，含酸 1.7%，含 VC 134 mg/hg，含胡萝卜素 3.7 mg/hg。该品种耐严寒，在大田条件下可抗病虫害。

（2）金色

由西伯利亚利萨文科园艺科学研究所通过谢尔宾卡 1 号与卡通种群野生沙棘实生苗杂交育成。植株长势中等，树高 2.7 m，树冠密度中等，呈叉开式，枝条紧凑，没有伏条，树皮呈棕色。棘刺较少，叶片为深绿色，叶面凹陷，叶宽而短。果粒大，呈椭圆形，橙色，味酸甜可口，单果重 0.8 g，果柄长 2～3 mm，果实含糖 5.4%～7.2%，含酸 1.8%，含油 5.8%～6.4%，含胡萝卜素 5.528 mg/hg，含 VC 115～1 652.8 mg/hg，含维生素 B_1 0.022 8 mg/hg，含维生素 B_2 0.039 28 mg/hg。

（3）浑金

由西伯利亚利萨文科园艺科学研究所通过谢尔宾卡 1 号与卡通种群野生沙棘实生苗杂交育成。已推广于库尔干州、车里雅宾斯克州、阿尔泰边区和乌德穆尔特森林草原带。植株长势中等，树高 2.4 m，树冠张开型，棘刺较少，4 年树龄进入结果期，结果丰富，无大小年之分，盛果期达 10～12 年。果实于 8 月底成熟，中熟型，果实呈椭圆形，橙黄色，果柄长 3～4 mm，采收时果实不破浆。平均单果重 0.7 g，6～7 年的单株产量为 14.5～20.5 kg。果实含糖 5.3%，含油 6.9%，含酸 1.55%，含 VC 133 mg/hg，含胡萝卜素 3.81 mg/hg。果实可鲜食，可制作糖水沙棘、沙棘汁和沙棘果酱。本品种耐严寒，耐干旱，在大田条件下能抗病虫害。

（4）巨人

由西伯利业利萨文科园艺科学研究所通过谢尔宾卡 1 号与卡通种群沙棘杂交育成。推广于库尔干州、彼尔姆州、斯维尔德洛夫斯克州、车里雅宾斯克州和克麦罗沃州。植株长势中等，树冠呈尖圆锥形，有明显的主干，密度中等，棘刺较少。定植 3～4 年进入结果期，产量高，无大小年之分，盛果期达 10～12 年。果实于 9 月下半月成熟，为晚熟型。果实呈柱形，橙黄色，果粒大，单果重 0.8 g，果柄长 3～4 mm，采收时果实不破浆，6～7 年树龄的单株产量为 11.2～15.5 kg。果味酸甜可口，适宜鲜食和制作糖水沙棘、沙棘汁和沙棘果酱。果实含糖 6.6%，含油 6.6%，含酸 1.7%，含 VC 157 mg/hg，含胡萝卜素 3.1 mg/hg。该品种耐严寒，对干缩病有一定抗性，在大田条件下能抗病虫害。

（5）卡图尼礼品

由西伯利亚利萨文科园艺科学研究所利用卡通种群沙棘的实生苗通过自由授粉获得。已在阿尔泰边区、克拉斯诺亚尔斯克边区、克麦罗沃州、伊尔库茨克州、库尔干州、鄂木斯克州、彼尔姆州、基洛夫州和莫斯科州推广。植株高达 3 m，树冠呈圆形，紧凑而稠密，棘刺程度中等。定植后 3～4 年进入结果期，无大小年之分。盛果期达 10～12 年。果实呈椭圆形，浅橙色，基部和果端有不大的晕圈，平均单果重为 0.4 g，果柄长 4.5 mm。单株产量为 14.0～16.7 kg。采收时易破浆。酸味适中，宜制作沙棘汁和沙棘果酱。果实含糖 5.49%，含酸 1.7%，含油 6.5%～6.9%，含胡萝卜素 2.8 mg/hg，含 VC 69.5 mg/hg。该品种耐严寒，在大田条件下能抗病虫害。

（6）阿列伊

由西伯利亚利萨文科园艺科学研究所通过阿尔泰新闻与卡通种群杂交育成。为目前唯一的已推广雄株品种。植株长势很强，无刺，用嫩枝扦插能很好地繁育。每一花序有 17～24 朵花，平均为 19.5 朵，花粉产量特别高，花粉的生命力极强，花粉粒均匀一致，花期与大多数已推广的和有推广前途的雌性品种的花期重合。该品种的生殖器官抵抗冬季冻害的性能很强。1987 年进入国家品种试验。

（7）橙色

由西伯利亚利萨文科园艺科学研究所通过卡图尼礼品和萨彦岭种群沙棘实生苗杂交育成。推广于弗拉基米尔州、下诺夫哥罗德州、鄂木斯克州和阿尔泰边区。植株高达 3 m，树冠呈正椭圆形，中等密度，比较紧凑，棘刺较少，4 年树龄进入结果期，产量高，无大小年之分，盛果期达 10～12 年。果实于 9 月中旬成熟，为晚熟型。单果重 0.6 g，果实呈椭圆形，橙红色，果柄长 8～10 mm，采收时果实不破浆。6～7 年树龄的单株产量为 13.7～22.1 kg。果实含糖 5.4%，含油 6%，含酸 1.3%，含 VC 330 mg/hg，适宜制作沙棘汁和沙棘果酱。该品种耐严寒，对干缩病有一定抗性，在大田条件下能抗病虫害。

（8）阿尔泰新闻

该品种是由西伯利亚利萨文科园艺科学研究所从卡通种群沙棘的实生苗中通过自由授粉选育出来的。主要栽培于阿尔泰边区和克麦罗沃州。树体长势很好，呈乔灌木状，高可达 4 m，树冠稠密呈大展开式，呈圆形，树皮棕色，树干无刺，叶片较大，呈阔披针形，银绿色，叶面几乎是扁平的。定植 3～4 年进入结果期，无大小年之分，果穗较长，中等密度，果实呈圆形，浅橙色，基部和果端有红晕，中等大小，平均单果重 0.5 g，果味酸甜，不苦不涩。果实含干物质 14.2%、含糖 5.5%、含酸 1.7%，含单宁类物质 0.048%，含油 5.5%，含 VC 47 mg/hg，含胡萝卜素 0.43 mg/hg，成熟期较晚，为 8 月底。果柄长 3 mm，采收时果实易破浆，单株产量为 3.2 kg，最高可达 10.5 kg，该品种抗干缩病。

（9）向阳

该品种是由莫斯科国立大学植物园选育出来的。树高 2～3 m，冠径为 2.5 m，树冠开张，枝繁叶茂，生长势强，抗寒，高度抗病，无刺，果实圆柱形，果实橙色，大果，平均单果重 0.9 g，产量为 500 kg/亩①以上。8 月中旬成熟，树冠紧凑，呈微叉开式。芽萌动是 3 月 10 日，展叶始期 3 月 19 日，始花期 3 月 25 日，盛花期 3 月 26 日，末花期 4 月 2 日；果始期 4 月 15 日，膨大期 5 月 2 日；11 月 5 日叶开始变色，11 月 27 日叶全落。枝条最大生长量在 8 月（14.6 cm），年平均枝条生长量 36.9 cm，分枝个数 4.5 个，分枝角度 44.3°；2 年生枝的发枝数 4.6 个，当年顶端枝条生长量 27.5 cm，侧枝生长量 29.1 cm。每 10 cm 长叶片数 15.6 片，叶片长 3.6 cm，宽 0.6 cm；2 年生枝系的枝刺数平均值为 2 个。果实为中等大小，呈圆形，橙黄色，有光泽，果实横径为 0.77 cm，纵径为 0.93 cm，果形系数为 1.21，果实千粒重 390 g。

（10）深秋红

深秋红为主干明显的灌木或亚乔木，树体挺拔高大，生长健壮，根系发达。3 年

① 1 亩≈0.066 7 hm²。

生树高达 3.0 m，冠幅为 2.1 m，4 年生时树高可达 4.3 m，冠幅为 2.5 m，分枝角度 41°，顶端优势明显，侧枝相对较短，分枝层次较明显，无刺或少刺。叶披针形，较短，长约 74 cm，宽约 0.9 cm。叶表面深绿色，背面灰绿色。果实呈圆柱形，果柄长 0.4 cm。果皮较厚。百果重在 66 g 左右，8 月中旬果实变为橘红色，至 9 月中旬变为红色，深秋不落果，不烂果，可一直保持到春节以后，极富景观价值。深秋红嫩枝扦插生根容易，根系长度均值为 87 cm，侧根均数达 14.7 个，根瘤数为 9.2 个，根茎直径均值为 0.72 cm。造林易活，且造林后第 2 年即可开始结果，在我国北方地区是难得的秋冬景观植物。

1.1.2 第 1 年（1999 年）不同试验点不同品种成活率比较

表 2-1-1 为新疆阿勒泰试验点造林当年成活率调查结果。从表 2-1-1 可以看出，成活率在 84% 以上的有楚伊、浑金、巨人、卡图尼礼品、阿列伊、阿尔泰新闻、深秋红 7 个品种，成活率为 50%～84% 的有金色、橙色、向阳 3 个品种。

表 2-1-1 新疆阿勒泰试验点不同品种成活率比较 单位：%

品种	1 区组	2 区组	3 区组	4 区组	平均
楚伊	82	86	91	82	85.25
金色	73	79	76	81	77.25
浑金	100	97	99	100	99.00
巨人	89	87	83	87	86.50
卡图尼礼品	97	93	97	96	95.75
阿列伊	93	88	83	92	89.00
向阳	86	79	88	83	84.00
橙色	82	75	80	82	79.75
阿尔泰新闻	91	86	84	89	87.50
深秋红	91	93	89	92	91.25

表 2-1-2 为黑龙江绥棱试验点造林当年成活率调查结果。从表 2-1-2 可以看出，成活率在 84% 以上的有楚伊、金色、巨人、卡图尼礼品、阿列伊、深秋红 6 个品种，成活率在 50%～84% 的有浑金、橙色 2 个品种，成活率在 20% 以下的有阿尔泰新闻（18.8%）、向阳（9.4%）2 个品种。

表 2-1-2　黑龙江绥棱试验点不同品种成活率比较　　　　　　单位：%

品种	1 区组	2 区组	3 区组	4 区组	平均
楚伊	100	87.5	87.5	93.8	92.2
金色	100	93.8	81.2	87.5	90.6
浑金	75.0	81.2	81.2	93.8	82.8
巨人	100	87.5	93.8	81.2	90.6
卡图尼礼品	75.0	93.8	75.0	93.8	84.4
阿列伊	87.5	87.5	93.8	100	92.2
向阳	0	12.5	6.25	18.8	9.4
橙色	81.2	68.8	87.5	37.5	68.8
阿尔泰新闻	50.0	6.25	0	18.8	18.8
深秋红	83	89	87	82	85.25

表 2-1-3 为内蒙古磴口试验点造林当年成活率调查结果。表 2-1-3 表明，10 个试验品种的成活率均没有达到 84% 以上，成活率在 50%～84% 的有浑金、阿列伊、橙色、深秋红 4 个品种，成活率在 20%～50% 的有楚伊、金色、向阳 3 个品种，成活率在 20% 以下的有巨人、卡图尼礼品、阿尔泰新闻 3 个品种，阿尔泰新闻当年成活率为 0。

表 2-1-3　内蒙古磴口试验点不同品种成活率比较　　　　　　单位：%

品种	1 区组	2 区组	3 区组	4 区组	平均
楚伊	50.0	0	0	43.7	23.4
金色	18.7	0	93.7	50.0	40.6
浑金	68.7	25.0	93.7	100	71.8
巨人	25.0	0	31.2	12.5	17.2

品种	1 区组	2 区组	3 区组	4 区组	平均
卡图尼礼品	12.5	18.7	25.0	18.7	18.7
阿列伊	43.7	37.5	56.2	75.0	53.1
向阳	56.2	31.2	43.7	68.7	49.9
橙色	75.0	87.5	75.0	75.0	78.1
阿尔泰新闻	0	0	0	0	0
深秋红	72	69	81	76	74.5

　　表 2-1-4 为甘肃西峰试验点造林当年成活率调查结果。表 2-1-4 表明，10 个试验品种的成活率均没有达到 84% 以上，成活率在 50%～84% 的有阿列伊、深秋红、浑金、金色、卡图尼礼品 5 个品种，成活率在 20%～50% 的有橙色、楚伊 2 个品种，成活率在 20% 以下的有巨人、阿尔泰新闻、向阳 3 个品种，阿尔泰新闻和向阳当年成活率为 0。

表 2-1-4　甘肃西峰试验点不同品种成活率比较　　　　　　　　单位：%

品种	楚伊	金色	浑金	巨人	卡图尼礼品	阿列伊	向阳	橙色	阿尔泰新闻	深秋红
平均	37.3	60.8	56.9	13.7	51.0	80.4	0	43.1	0	68.3

　　从以上的分析和表 2-1-1～表 2-1-4 的比较，我们不难看出，同一试验点不同品种之间的成活率差异比较大。以黑龙江绥棱试验点为例，成活率高的为 92.2%，低的为 9.4%，方差分析表明，新疆阿勒泰、黑龙江绥棱试验点的造林成活率显著高于内蒙古磴口、甘肃西峰，不同品种之间成活率存在显著差异，主要是气候条件不同所致。

　　从图 2-1-1 中我们可以明显看出，不仅同一试验点不同品种之间的成活率差异比较大，而且不同试验点之间成活率差异也非常明显，表明不同品种的适应性存在明显差异。成活率总的变化趋势是高纬度试验点成活率最高，随着纬度的下降成活率也随之降低。特别明显的是在低纬度的四川阿坝试验点，大果沙棘品种基本上全部死亡。

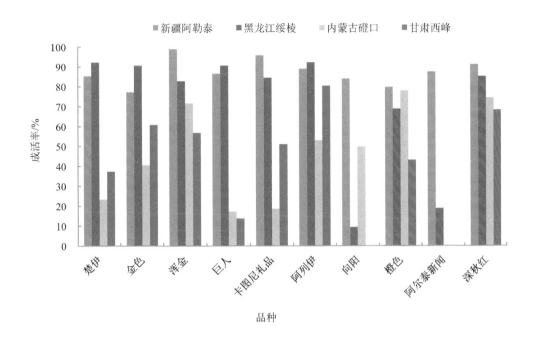

图 2-1-1 不同试验点不同品种成活率比较

1.1.3 第 4 年（2002 年）不同试验点不同品种保存率及生长比较

1.1.3.1 保存率

表 2-1-5 和图 2-1-2 为 4 个试点第 4 年保存率的统计结果。表 2-1-5 和图 2-1-2 表明，新疆阿勒泰试验点保存率达 84% 以上的有浑金（91.75%）、卡图尼礼品（89.75%）和深秋红（87.25%），保存率达 50%～84% 的品种有楚伊、金色、巨人、阿列伊、向阳、橙色、阿尔泰新闻，分别为 82.25%、61.50%、80.25%、80.75%、66.50%、54.00%、61.75%。

表 2-1-5 4 个试验点第 4 年保存率统计结果 单位：%

品种	新疆阿勒泰	黑龙江绥棱	内蒙古磴口	陕西永寿
楚伊	82.25	87.50	15.63	12.50
金色	61.50	75.00	10.94	4.70

品种	新疆阿勒泰	黑龙江绥棱	内蒙古磴口	陕西永寿
浑金	91.75	79.69	48.94	37.50
巨人	80.25	75.00	4.69	6.30
卡图尼礼品	89.75	75.00	4.69	15.60
阿列伊	80.75	65.60	39.06	21.90
向阳	66.50	—	40.63	23.40
橙色	54.00	50.00	25.00	0
阿尔泰新闻	61.75	21.88	18.75	4.70
深秋红	87.25	64.25	35.75	18.50

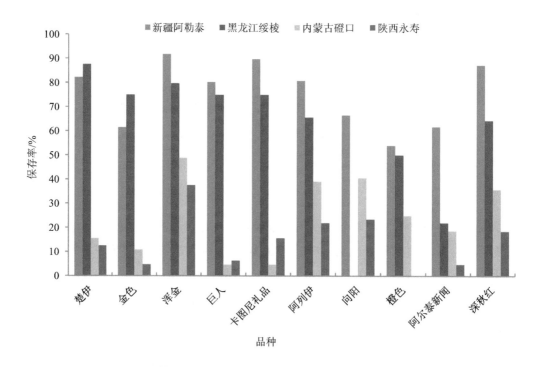

图 2-1-2　不同试验点不同品种保存率比较

黑龙江绥棱试验点保存率达 84%以上的品种只有楚伊（87.50%），保存率在 50%~84%的品种有金色、浑金、巨人、卡图尼礼品、阿列伊、橙色、深秋红，分别为 75.00%、

79.69%、75.00%、75.00%、65.60%、50.00%、64.25%。阿尔泰新闻为21.88%。很明显，一部分品种与第1年成活率相比有不同程度的下降。

内蒙古磴口试验点保存率均在50%以下。相比而言，浑金、阿列伊、向阳、橙色、深秋红5个品种保存率较高，分别为48.94%、39.06%、40.63%、25.00%、35.75%。其余品种均在20%以下，与第3年相比又有明显下降。

陕西永寿试验点保存率最高的为浑金(37.5%)，其次为向阳(23.4%)、阿列伊(21.9%)，其余品种保存率均在20%以下。同样，与第3年比较，保存率有明显的下降，反映出引进的大果沙棘品种在陕西永寿试验点具有明显的不适应性。

综上，该引进品种在新疆阿勒泰区域的保存率优于其他3个试验地，而黑龙江绥棱区域又明显优于内蒙古磴口和陕西永寿。

从以上分析可以得出以下结论：

①同一试验点不同品种的保存率差异比较明显，表明不同品种其适应性也不尽相同。

②随着纬度的降低，来自俄罗斯和蒙古的品种保存率下降。这反映出俄罗斯和蒙古的大果沙棘品种具有很强的耐寒性，但其抗旱性和耐热性较差。

③从新疆阿勒泰、黑龙江绥棱和内蒙古磴口试验结果的比较不难发现，浑金、阿列伊、向阳、深秋红4个品种在磴口试验点均表现出较高的保存率。相比而言，这4个品种有一定的抗旱性，特别是浑金和橙色2个品种，因为磴口试点的年降水量只有100 mm左右。

1.1.3.2　生长比较

表2-1-6和图2-1-3表明，新疆阿勒泰试验点供试引进品种株高为123.61～205.27 cm，黑龙江绥棱试验点为152.63～184.31 cm，内蒙古磴口试验点为112.33～165.74 cm，这3个试验点的株高大体一致，均表现较好。陕西永寿试验点引进品种株高显著小于黑龙江绥棱和内蒙古磴口，仅为52.00～73.21 cm，所有品种均生长表现一般。楚伊、阿尔泰新闻、深秋红在3个试验点的表现较好。

从表2-1-6和图2-1-4可以明显看出，新疆阿勒泰供试引进品种的地径为3.05～4.83 cm，黑龙江绥棱试验点为3.06～4.03 cm，磴口试验点为1.60～5.50 cm。与株高类似，楚伊、阿尔泰新闻、深秋红在3个试验点的表现也较好。

表 2-1-6 不同试验点第 4 年株高和地径比较 单位：cm

品种	株高				地径		
	新疆 阿勒泰	黑龙江 绥棱	内蒙古 磴口	陕西 永寿	新疆 阿勒泰	黑龙江 绥棱	内蒙古 磴口
楚伊	173.91	163.00	139.07	54.00	3.84	3.64	2.37
金色	156.74	157.63	152.86	52.00	3.39	3.06	3.56
浑金	123.61	168.11	161.23	69.00	3.36	3.68	3.59
巨人	161.37	169.96	112.33	60.50	4.83	3.23	1.60
卡图尼礼品	158.69	152.63	152.67	54.67	3.71	3.45	4.62
阿列伊	198.21	—	146.26	60.00	3.36	—	2.96
向阳	163.52	—	145.88	60.25	4.01	—	2.69
橙色	158.36	155.14	156.67	—	3.05	3.43	3.45
阿尔泰新闻	179.54	157.17	164.00	71.50	4.22	3.09	5.50
深秋红	205.27	184.31	165.74	73.21	4.81	4.03	4.62

注："—"表示该品种在试验点没有成活。下同。

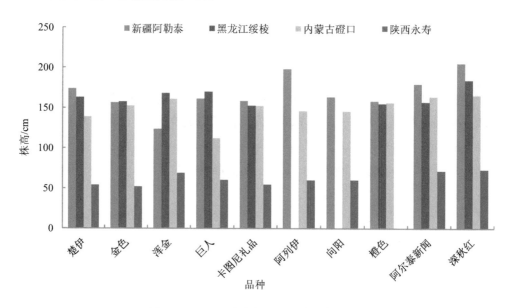

图 2-1-3 不同试验点不同品种株高比较

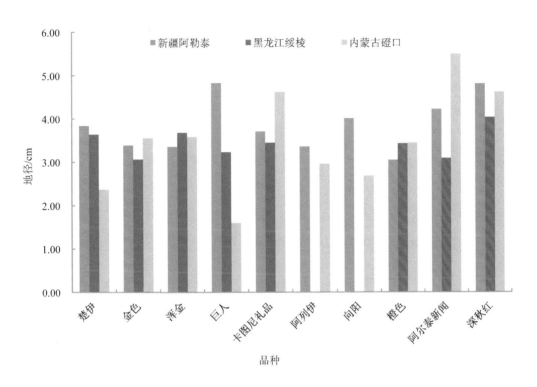

图 2-1-4　不同试验点不同品种地径比较

　　表 2-1-7 和图 2-1-5 表明,新疆阿勒泰试验点供试引进品种冠径为 110.91～183.24 cm,黑龙江绥棱试验点为 130.05～172.13 cm,内蒙古磴口试验点为 85.16～195.00 cm。楚伊、阿列伊、阿尔泰新闻、深秋红在新疆阿勒泰的表现较好,均达 150 cm 以上;楚伊、浑金、橙色、深秋红在黑龙江绥棱达 150 cm 以上;阿尔泰新闻和深秋红在内蒙古磴口达 150 cm 以上。陕西永寿试验点引进品种冠径为 23.50～54.32 cm,明显小于其他 3 个试验点。

表 2-1-7　不同试验点第 4 年冠径比较　　　　　　　　　　　　　　单位：cm

品种	新疆阿勒泰	黑龙江绥棱	内蒙古磴口	陕西永寿
楚伊	153.63	154.61	96.17	36.67
金色	127.42	130.05	101.36	38.00
浑金	110.91	160.81	141.83	42.75

新疆植物组培新技术的研究应用——以花卉、沙棘为例

品种	新疆阿勒泰	黑龙江绥棱	内蒙古磴口	陕西永寿
巨人	146.32	131.39	85.16	23.50
卡图尼礼品	148.22	147.80	99.83	31.00
阿列伊	181.95	—	101.85	32.50
向阳	132.25	—	120.25	29.75
橙色	142.85	163.85	130.34	—
阿尔泰新闻	163.52	148.54	195.00	35.50
深秋红	183.24	172.13	154.41	54.32

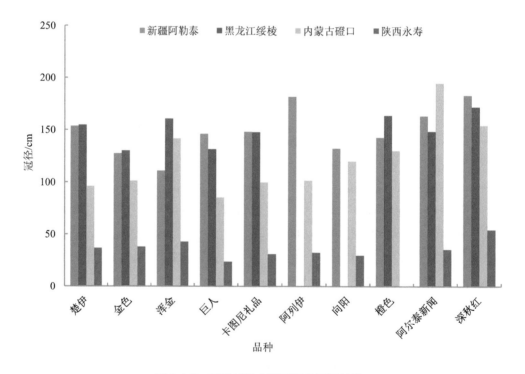

图 2-1-5　不同试验点不同品种冠径比较

综上分析可以看出，同一试验点不同品种之间的生长差异也比较明显，表明不同品种的适应性存在明显差异。不同试验点之间的生长差异非常显著，从株高、冠径的变化

趋势来看，其与保存率的变化趋势基本一致，即高纬度试验点气候条件与原产地更为接近，生长量比较大，但随着纬度的下降，生长量也随之降低。

1.1.4　不同品种叶片特性

1.1.4.1　叶片长度与宽度

表 2-1-8 和图 2-1-6 为不同试验点不同品种叶片特性测定结果。从叶片长度来看，新疆阿勒泰试验点引进品种为 6.46～8.32 cm，黑龙江绥棱试验点为 6.72～8.37 cm，内蒙古磴口试验点为 6.31～8.47 cm，3 个试验点总体上差异不明显，但不同品种在不同试验点仍有一定差异。深秋红平均叶片长度为 6.50 cm，明显小于其他品种。

表 2-1-8　不同试验点不同品种叶片特性测定结果

品种	叶片长/cm			叶片宽/cm			长宽比			10 cm 枝平均叶片数/个		
	新疆阿勒泰	黑龙江绥棱	内蒙古磴口	新疆阿勒泰	黑龙江绥棱	内蒙古磴口	新疆阿勒泰	黑龙江绥棱	内蒙古磴口	新疆阿勒泰	黑龙江绥棱	内蒙古磴口
楚伊	7.76	8.37	6.52	1.03	1.19	0.86	7.53	7.03	7.58	17.0	16.0	15.9
金色	7.52	7.56	8.37	1.12	1.23	1.04	6.71	6.15	8.05	15.7	15.9	11.7
浑金	7.98	8.16	7.09	0.89	1.25	0.84	8.97	6.53	8.44	19.0	18.3	20.9
巨人	7.41	8.16	8.23	0.85	1.14	0.95	8.72	7.16	8.66	13.9	14.9	16.3
卡图尼礼品	8.32	8.15	8.47	1.32	1.27	0.95	6.30	6.42	8.92	14.7	18.3	14.6
阿列伊	7.61	—	7.14	0.94	—	0.94	8.10	—	7.59	20.3	—	23.8
向阳	7.02	—	6.83	0.82	—	0.89	8.56	—	7.67	17.6	—	17.0
橙色	7.73	7.70	6.75	0.93	1.07	0.83	8.31	7.20	8.13	17.6	18.8	24.8
阿尔泰新闻	8.21	8.11	8.30	1.14	1.20	0.83	7.20	6.76	10.00	15.2	16.0	17.0
深秋红	6.46	6.72	6.31	0.89	0.86	0.92	7.26	7.81	6.86	14.9	14.2	15.1

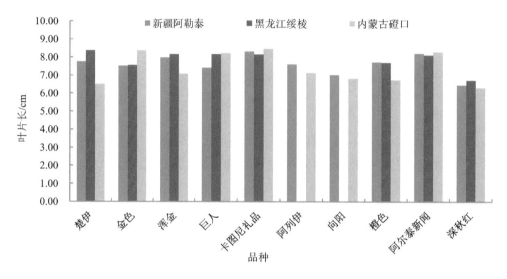

图 2-1-6 不同试验点不同品种叶片长比较

从叶片宽度来看（表 2-1-8 和图 2-1-7），新疆阿勒泰试验点引进品种为 0.82～1.32 cm，黑龙江绥棱试验点为 0.86～1.27 cm，内蒙古磴口试验点为 0.83～1.04 cm。很明显，内蒙古磴口试验点供试可比品种的叶片宽度不同程度地比新疆阿勒泰和黑龙江绥棱试验点小。

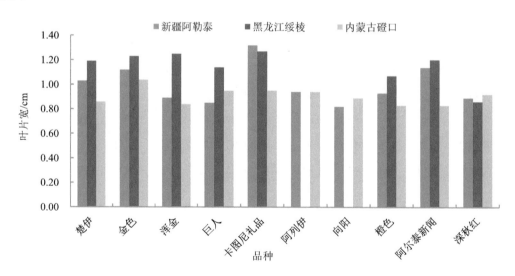

图 2-1-7 不同试验点不同品种叶片宽比较

从引进品种叶片长宽比来看（表 2-1-8 和图 2-1-8），新疆阿勒泰试验点为 6.30～8.97，黑龙江绥棱试验点为 6.15～7.81，内蒙古磴口试验点为 6.86～10.00，很明显，新疆阿勒泰和内蒙古磴口试验点的叶片长宽比明显高于黑龙江绥棱。造成这一结果的主要原因是新疆阿勒泰和内蒙古磴口试验点降水量小、气候比较干燥，导致叶片宽度变小。叶片宽度变小是树木适应干旱环境的结果，叶片宽度变小，叶片长宽比比值提高，有利于减少蒸腾耗水，提高抗旱性。

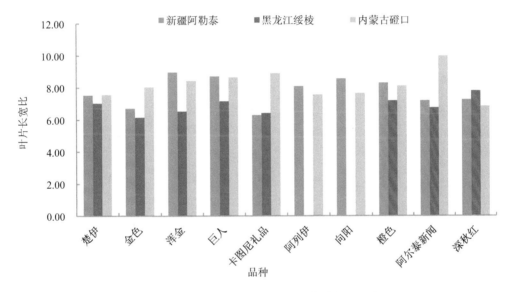

图 2-1-8　不同试验点不同品种叶片长宽比比较

一般认为，叶片长宽比可作为衡量品种抗逆性或者适应性的一个指标。从这个意义上来说，黑龙江绥棱试验点引进的品种叶片长宽比明显小于其他 2 个试验点，反映出引进品种对黑龙江绥棱试验点的适应性要显著高于其他 2 个试验点，其实质就是引进品种的耐寒性较高。至于引进品种在内蒙古磴口试验点叶片长宽比增高，恰恰是引进品种对干旱瘠薄环境的适应性反应。

1.1.4.2　叶片数量

从 10 cm 枝条平均叶片数量来看（表 2-1-8 和图 2-1-9），新疆阿勒泰引进品种 10 cm 枝条平均叶片数为 13.9～20.3 个，黑龙江绥棱试验点为 14.2～18.8 个，内蒙古磴口试验点为 11.7～24.8 个。对 3 个试验点的比较不难发现，在内蒙古磴口试验点，除楚伊、金色、卡图尼礼品、向阳4个品种外，其他品种叶片数均比新疆阿勒泰和黑龙江绥棱有所增加。叶片数增加的意义主要表现在提高干旱环境条件下的光合作用。从前面的分析我们已知，内蒙古磴口试验点引进品种生长量还是比较高的，特别是株高与黑龙江绥棱试验点的差异不是十分大，从这个意义上来说，内蒙古磴口试验点引进品种叶片数量的增加作用是比较明显的。

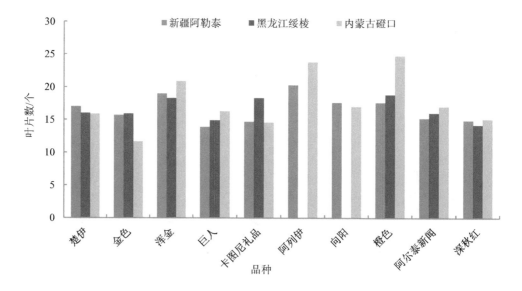

图 2-1-9　不同试验点不同品种 10 cm 枝条平均叶片数比较

1.1.5　不同品种枝刺比较

1.1.5.1　10 cm 枝条平均棘刺数

表 2-1-9 和图 2-1-10 为 10 cm 枝条平均棘刺数统计结果。表 2-1-9 和图 2-1-10 表明，在新疆阿勒泰试验点，巨人 1 个品种无刺，楚伊、金色、阿列伊、向阳、橙色、阿尔泰新闻、深秋红 7 个品种近无刺（10 cm 枝条平均棘刺数为 0.02~0.12 个），浑金、卡图尼礼品 2 个品种棘刺数较多（10 cm 枝条平均棘刺数为 0.49~0.57 个）。在黑龙江绥棱试验点，巨人、阿列伊、向阳、深秋红 4 个品种无刺，楚伊、金色、浑金、橙色、阿尔泰新闻 5 个品种近无刺（10 cm 枝条平均棘刺数为 0.01~0.05 个），卡图尼礼品棘刺数较多，10 cm 枝条平均棘刺数为 0.52 个。在内蒙古磴口试验点，金色、巨人、阿尔泰新

闻 3 个品种无刺，楚伊、阿列伊、向阳、橙色、深秋红 5 个品种近无刺（10 cm 枝条平均棘刺数为 0.03～0.16 个），浑金、卡图尼礼品 2 个品种棘刺数较多（10 cm 枝条平均棘刺数为 0.33～0.63 个）。

表 2-1-9　不同品种枝条棘刺数统计结果　　　　　　　单位：个

品种	10 cm 枝条平均棘刺数			2 年生枝条平均棘刺数		
	新疆阿勒泰	黑龙江绥棱	内蒙古磴口	新疆阿勒泰	黑龙江绥棱	内蒙古磴口
楚伊	0.03	0.03	0.07	0.57	0.39	0.35
金色	0.07	0.05	0.00	0.97	0.60	0.28
浑金	0.57	0.01	0.63	1.70	0.12	2.61
巨人	0.00	0.00	0.00	0.00	0.36	0.00
卡图尼礼品	0.49	0.52	0.33	1.73	1.75	1.33
阿列伊	0.12	0.00	0.16	1.97	0.00	2.09
向阳	0.07	0.00	0.10	0.73	0.00	0.52
橙色	0.10	0.05	0.05	2.23	0.75	2.35
阿尔泰新闻	0.02	0.01	0.00	0.37	0.22	0.00
深秋红	0.04	0.00	0.03	1.63	0.87	1.23

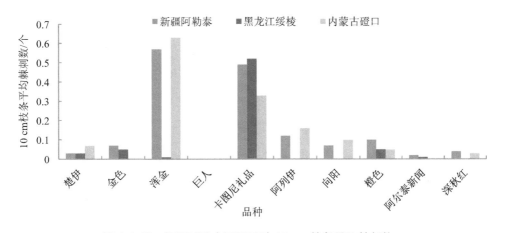

图 2-1-10　不同试验点不同品种 10 cm 枝条平均棘刺数

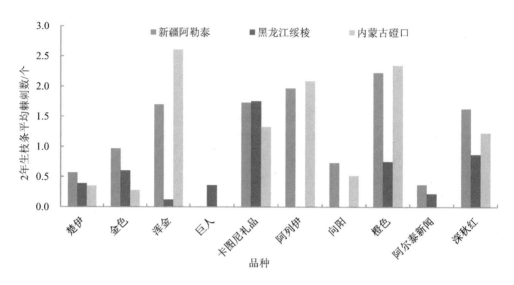

图 2-1-11　不同试验点不同品种 2 年生枝条平均棘刺数

1.1.5.2　2 年生枝条平均棘刺数

从 2 年生枝条平均棘刺数来看（表 2-1-9 和图 2-1-11），新疆阿勒泰试验点为 0～2.23 个，浑金、卡图尼礼品、阿列伊、橙色、深秋红 5 个品种棘刺较多，为 1.63～2.23 个，巨人无刺，其余品种均小于 1 个。黑龙江绥棱试验点为 0～1.75 个，相对来说，卡图尼礼品棘刺数比较多，为 1.75 个，其余品种均小于 1 个。内蒙古磴口试验点引进品种棘刺数为 0～2.61 个，相比而言，浑金、卡图尼礼品、阿列伊、橙色、深秋红 5 个品种棘刺较多，2 年生枝条平均棘刺数为 1.23～2.61 个，巨人和阿尔泰新闻无刺，其余品种均小于 1 个。很明显，不同品种在 3 个试验点的棘刺数并不完全一致，在新疆阿勒泰和内蒙古磴口试验点，许多品种棘刺数有明显的增加趋势，这也许是对干旱环境的一种适应或反应。

1.1.6　不同试验点不同品种果实特性比较

1.1.6.1　百果重

表 2-1-10 和图 2-1-12～图 2-1-15 为新疆阿勒泰、黑龙江绥棱和内蒙古磴口 3 个试验点果实特性指标统计结果。从表 2-1-10 和图 2-1-12 可以看出，新疆阿勒泰试验点引进品种百果重 60 g 以上的有楚伊、巨人、阿尔泰新闻、深秋红 4 个品种，分别为 64.32 g、

68.63 g、69.36 g、60.02 g；50～60 g 的有金色、向阳、橙色 3 个品种，分别为 54.13 g、59.62 g、51.28 g；50 g 以下的有浑金、卡图尼礼品 2 个品种，分别为 48.15 g、37.98 g。黑龙江绥棱试验点引进品种百果重 60 g 以上的有楚伊、巨人、阿尔泰新闻 3 个品种，分别为 65.17 g、60.25 g、67.59 g；50～60 g 的有金色、橙色、深秋红 3 个品种，分别为 53.90 g、50.87 g、59.82 g；50 g 以下的有浑金、卡图尼礼品 2 个品种，分别为 49.20 g、38.33 g。内蒙古磴口试验点引进品种百果重 60 g 以上的只有楚伊 1 个品种，为 63.85 g；50～60 g 的有金色、向阳、深秋红 3 个品种，分别为 51.71 g、57.21 g、54.33 g；50 g 以下的有浑金、巨人、卡图尼礼品、橙色、阿尔泰新闻 5 个品种，分别为 32.87 g、45.25 g、38.35 g、38.34 g、42.25 g。从以上数据的比较可以明显看出，除楚伊、金色、卡图尼礼品在 3 个试验点的百果重接近一致外，其余品种在内蒙古磴口试验点的百果重均比新疆阿勒泰和黑龙江绥棱试验点有不同程度的下降。陕西永寿试验点一部分品种第 4 年时也能开花结果，但均早落花落果。以上分析表明，百果重也反映出随纬度下降而下降的趋势。

表 2-1-10　3 个试验点果实特性指标

品种	百果重/g			果实纵径/cm			果实横径/cm			果实长宽比		
	新疆阿勒泰	黑龙江绥棱	内蒙古磴口	新疆阿勒泰	黑龙江绥棱	内蒙古磴口	新疆阿勒泰	黑龙江绥棱	内蒙古磴口	新疆阿勒泰	黑龙江绥棱	内蒙古磴口
楚伊	64.32	65.17	63.85	1.28	1.28	1.27	0.85	0.86	0.86	1.51	1.49	1.48
金色	54.13	53.90	51.71	1.15	1.12	1.26	0.85	0.85	0.83	1.35	1.33	1.52
浑金	48.15	49.20	32.87	1.02	1.06	0.98	0.83	0.82	0.81	1.23	1.30	1.21
巨人	68.63	60.25	45.25	1.45	1.32	1.29	0.94	0.81	0.67	1.54	1.62	1.93
卡图尼礼品	37.98	38.33	38.35	0.83	0.95	0.73	0.72	0.77	0.76	1.15	1.24	0.96
向阳	59.62	—	57.21	1.36	—	1.35	0.88	—	0.87	1.55	—	1.55
橙色	51.28	50.87	38.34	1.12	1.05	0.97	0.89	0.86	0.79	1.26	1.22	1.23
阿尔泰新闻	69.36	67.59	42.25	1.37	1.27	0.96	0.74	0.85	0.72	1.85	1.49	1.33
深秋红	60.02	59.82	54.33	1.29	1.24	1.02	0.87	0.82	0.84	1.42	1.43	1.21

新疆植物组培新技术的研究应用——以花卉、沙棘为例

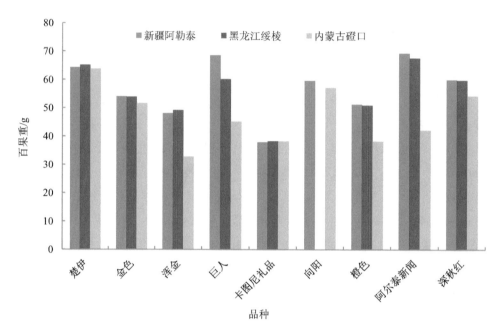

图 2-1-12　不同试验点不同品种百果重比较

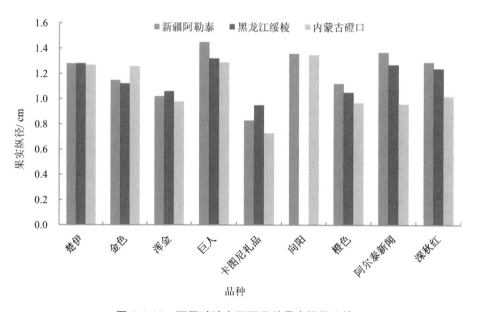

图 2-1-13　不同试验点不同品种果实纵径比较

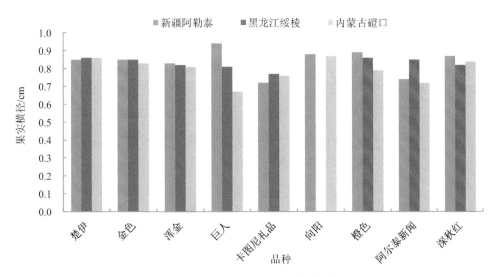

图 2-1-14　不同试验点不同品种果实横径比较

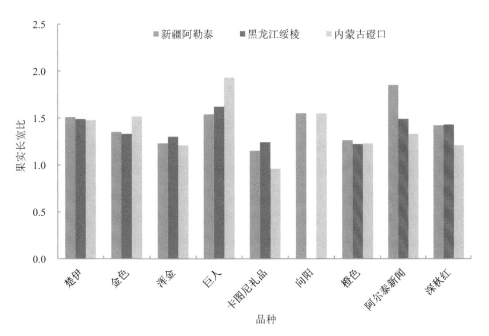

图 2-1-15　不同试验点不同品种果实长宽比比较

1.1.6.2 果实纵径和横径

从果实纵径指标来看（表 2-1-10 和图 2-1-13），新疆阿勒泰试验点引进品种为 0.83～1.45 cm，相比而言，楚伊、巨人、向阳、阿尔泰新闻、深秋红果实比较长，分别为 1.28 cm、1.45 cm、1.36 cm、1.37 cm、1.29 cm。黑龙江绥棱试验点引进品种为 0.95～1.32 cm，楚伊、巨人、阿尔泰新闻、深秋红果实比较长，分别为 1.28 cm、1.32 cm、1.27 cm、1.24 cm，其余品种为 0.95～1.12 cm。内蒙古磴口试验点引进品种果实纵径为 0.73～1.35 cm，其中楚伊、金色、巨人、向阳果实比较长，分别为 1.27 cm、1.26 cm、1.29 cm、1.35 cm，其余品种为 0.73～1.02 cm。

从果实横径指标来看（表 2-1-10 和图 2-1-14），新疆阿勒泰试验点为 0.72～0.94 cm，黑龙江绥棱试验点为 0.77～0.86 cm，内蒙古磴口实验点为 0.67～0.87 cm，很明显，横径的变化幅度要小于纵径，同一品种在 3 个试验点的变异性也较小。

1.1.6.3 果实形状

果实的形状可用果实纵径与横径的比值来表示。表 2-1-10 和图 2-1-15 表明，新疆阿勒泰试验点引进品种果实长宽比为 1.15～1.85，相比而言，楚伊、巨人、向阳、阿尔泰新闻 4 个品种长宽比较大，分别为 1.51、1.54、1.55、1.85，其余品种为 1.15～1.42。黑龙江绥棱试验点引进品种果实长宽比为 1.22～1.62，楚伊、巨人、阿尔泰新闻、深秋红 4 个品种长宽比较大，分别为 1.49、1.62、1.49、1.43，其余品种为 1.22～1.33。从内蒙古磴口试验点来看，果实长宽比为 0.96～1.93，长宽比较大的有楚伊、金色、巨人、向阳，分别为 1.48、1.52、1.93、1.55，其余品种为 0.96～1.33。很明显，不同品种果实形状差异比较大，而且在不同的试验点其形状也不完全相同。例如，乌兰格木在绥棱试验点长宽比为 1.19，而在磴口试验点长宽比为 1.40。又如，卡图尼礼品在绥棱试验点为 1.24，在磴口为 0.96。根据果实长宽比，我们提出以下划分标准。

长宽比＜0.90，扁圆形；长宽比为 0.91～1.10，圆形；长宽比为 1.11～1.40，椭圆形；长宽比＞1.40，圆柱形。

根据这一划分标准，供试品种果实形状可划分为以下 4 类。

圆形或椭圆形：卡图尼礼品

椭圆形：浑金、橙色

椭圆形或圆柱形：金色、阿尔泰新闻、深秋红

圆柱形：楚伊、巨人、向阳

1.1.6.4　果实特性指标之间的相关性分析

图 2-1-16 为不同品种果实横径与纵径的回归关系。从图中可以看出，不同品种果实横径与纵径呈紧密线性相关，即随着果实纵径的增大横径随之增大。相比而言，楚伊、金色、浑金、巨人、卡图尼礼品、橙色、阿尔泰新闻、深秋红 8 个品种果实纵径与横径呈极显著线性关系（$p < 0.01$），向阳 1 个品种呈显著线性关系（$p < 0.05$）。

从一元线性回归方程（$y=a+bx$）角度我们还可以进一步进行深入的解释。不难发现，a 值越大，则 b 和 R^2 值越小，即果实的横径主要取决于 a，由于 b 是曲线的斜率，在这种情况下，当 b 值接近于 0 时，表明果实的横径不随纵径的变化而变化，比较稳定，反映出遗传上也可能比较稳定，因此二者在遗传上的关联度比较小。反之，则横径随着纵径的变化而变化，二者在遗传上是紧密相关的。从这个意义上来说，相关指数 R^2 高的品种表明在遗传上纵径和横径的关联度也较大。由于不同品种纵径和横径相关指数 R^2 明显不同，因此在遗传关联度上也是不同的。

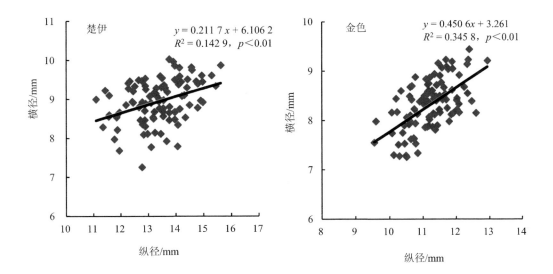

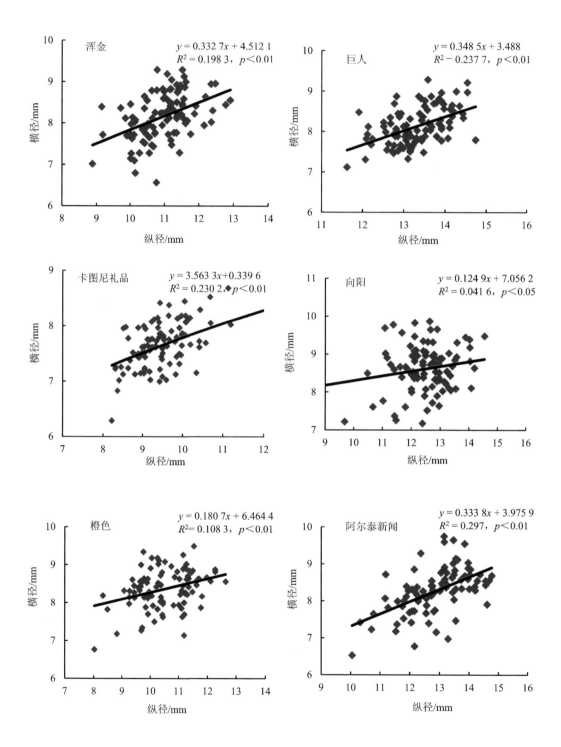

第1章
国内外沙棘品种的引种与选育

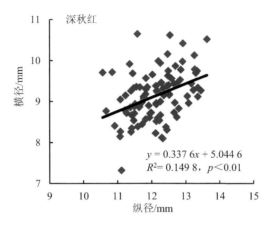

图 2-1-16 不同品种果实纵径与横径的回归关系

图 2-1-17 为 3 个试验点不同品种果实指标与百果重的回归关系。从图中可以看出，新疆阿勒泰试验点果实纵径、长宽比 2 个指标与百果重均呈极显著线性关系（$p < 0.01$）。同样，黑龙江绥棱试验点果实纵径、长宽比 2 个指标与百果重呈极显著、显著线性关系（$p < 0.01$、$p < 0.05$），内蒙古磴口试验点仅果实纵径与百果重呈显著线性关系（$p < 0.05$）。如果将 3 个试验点的样本合在一起分析，很明显，纵径、横径和长宽比 3 个指标均与百果重呈极显著线性关系（$p < 0.01$），当然由于果实纵径与百果重的相关指数 R^2 最大，即果实纵径对于百果重的解释率最高，所以选择纵径进行百果重预测，精度将会更高。

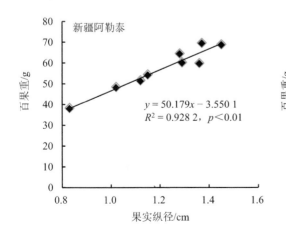

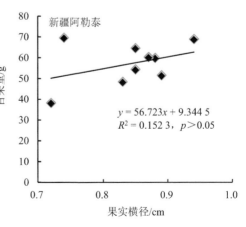

87

新疆植物组培新技术的研究应用——以花卉、沙棘为例

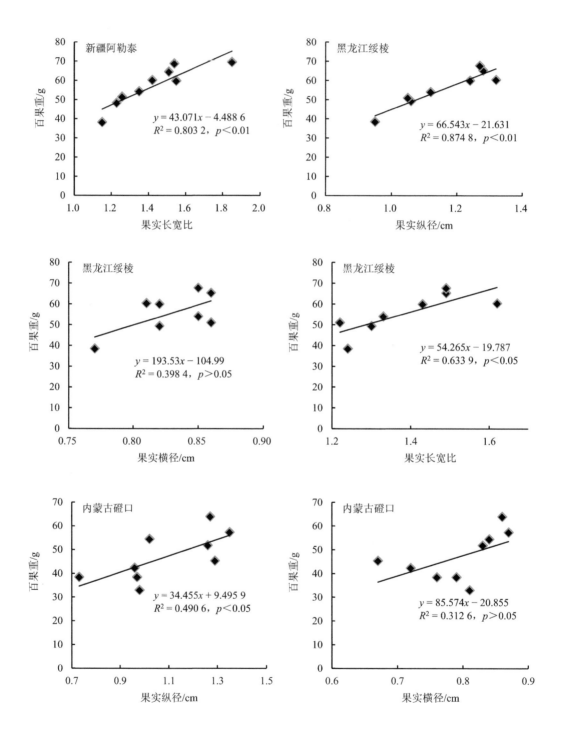

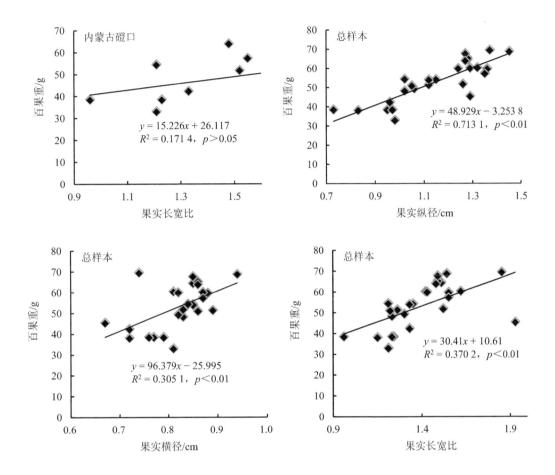

图 2-1-17 果实特性指标与百果重的回归关系

1.1.7 不同试验点不同品种产量分析

1.1.7.1 不同试验点果实产量和种子产量比较

表 2-1-11 为新疆阿勒泰、黑龙江绥棱、内蒙古磴口 3 个试验点 2002 年（第 4 年）产量测定统计结果。表 2-1-11 表明，新疆阿勒泰试验点单株产量为 0.98～3.57 kg、亩产为 107.80～379.70 kg；黑龙江绥棱试验点单株产量为 1.70～3.86 kg、亩产 187.00～424.60 kg；内蒙古磴口试验点单株产量为 0.55～1.86 kg、亩产为 60.50～204.60 kg。从品种比较看，2002 年度新疆阿勒泰、黑龙江绥棱试验点供试大果品种的产量均大于内蒙

古磴口（$p<0.01$），但品种不同其差异也不尽相同。新疆阿勒泰试验点 350 kg/亩以上的品种有深秋红、巨人，分别为 379.70 kg/亩、354.20 kg/亩，其他品种为 107.80～339.90 kg/亩。黑龙江绥棱试验点 400 kg/亩以上的品种是深秋红，为 424.60 kg/亩，其他品种为 187.00～344.30 kg/亩。内蒙古磴口试验点无 300 kg/亩以上的品种，深秋红表现最好，为 204.60 kg/亩，其余品种均在 200 kg/亩以下。

表 2-1-11　3 个试验点第 4 年产量测定结果

品种	新疆阿勒泰				黑龙江绥棱				内蒙古磴口			
	果实产量		种子产量		果实产量		种子产量		果实产量		种子产量	
	kg/株	kg/亩	g/株	kg/亩	kg/株	kg/亩	g/株	kg/亩	kg/株	kg/亩	g/株	kg/亩
楚伊	2.52	277.20	69.03	7.59	2.50	275.00	69.12	7.60	0.92	101.20	31.08	3.42
金色	2.12	233.20	74.45	8.19	2.00	220.00	69.93	7.69	1.29	141.90	15.20	1.67
浑金	3.09	339.90	91.32	10.05	2.80	308.00	84.46	9.29	1.05	115.50	60.54	6.66
巨人	3.22	354.20	88.02	9.68	1.70	187.00	52.50	5.78	1.06	116.60	3.04	0.33
卡图尼礼品	0.98	107.80	36.85	4.05	2.10	231.00	83.24	9.16	1.13	124.30	6.28	0.69
向阳	2.89	317.90	56.42	6.21	—	—	—	—	1.62	178.20	24.39	2.68
橙色	2.01	221.10	67.22	7.39	3.13	344.30	93.65	10.30	1.05	115.50	70.14	7.72
阿尔泰新闻	3.02	332.20	79.51	8.75	2.50	275.00	95.34	10.49	0.55	60.50	26.62	2.93
深秋红	3.57	379.70	96.87	10.66	3.86	424.60	87.45	9.62	1.86	204.60	48.37	5.32

注：株行距为 1.5 m×4 m，亩栽 110 株。

种子产量方面，与果实产量相同，新疆阿勒泰、黑龙江绥棱均极显著高于内蒙古磴口（$p<0.01$），新疆阿勒泰试验点单株产量在 90 g 以上的有浑金、深秋红，分别达到 91.32 g、96.87 g，亩产分别达到 10.05 kg、10.66 kg；黑龙江绥棱试验点 90 g 以上的有橙色、阿尔泰新闻，分别达到 93.65 g、95.34 g，亩产分别达到 10.30 kg、10.49 kg；内蒙古磴口试验点单株产量在 90 g 以上的没有，唯橙色、浑金为 70.14 g、60.54 g，其余品种均在 60 g 以下。

表 2-1-12 为新疆阿勒泰、黑龙江绥棱和内蒙古磴口试验点 2003 年产量测定统计结

果。表2-1-12表明,新疆阿勒泰试验点单株产量为1.72～4.43 kg、亩产为189.20～487.3 kg,黑龙江绥棱试验点单株产量为2.59～5.18 kg、亩产为284.90～569.80 kg,内蒙古磴口试验点单株产量为2.08～3.98 kg、亩产为228.80～437.80 kg。可见,当试验林进入盛果期后,一些品种产量可达到10 t/hm²,接近俄罗斯报道的产量水平。2003年与2002年基本相同,新疆阿勒泰、黑龙江绥棱试验点供试大果品种的产量均大于内蒙古磴口($p<$0.01)。2003年,新疆阿勒泰试验点产量达400～500 kg/亩的有深秋红、楚伊、浑金、巨人4个品种,分别为487.30 kg/亩、400.40 kg/亩、476.30 kg/亩、437.80 kg/亩,其余品种均在400 kg/亩以下;黑龙江绥棱试验点产量达500 kg/亩以上的有深秋红1个品种,为569.80 kg/亩,400～500 kg/亩的有楚伊、浑金2个品种,分别为409.20 kg/亩、482.90 kg/亩,其余品种均在400 kg/亩以下;内蒙古磴口试验点没有产量达500 kg/亩以上的品种,表现最好的仍然为深秋红,为437.80 kg/亩,300～400 kg/亩的有金色、向阳2个品种。

表2-1-12　3个试验点第5年产量测定结果

品种	新疆阿勒泰				黑龙江绥棱				内蒙古磴口			
	果实产量		种子产量		果实产量		种子产量		果实产量		种子产量	
	kg/株	kg/亩	g/株	kg/亩	kg/株	kg/亩	g/株	kg/亩	kg/株	kg/亩	g/株	kg/亩
楚伊	3.64	400.40	154.50	17.00	3.72	409.20	169.32	18.63	2.64	290.40	112.23	12.35
金色	3.12	343.20	144.69	15.92	3.07	337.70	133.99	14.74	2.83	311.30	109.39	12.03
浑金	4.33	476.30	127.97	14.08	4.39	482.90	132.57	14.58	2.29	251.90	86.08	9.47
巨人	3.98	437.80	108.79	11.97	3.63	399.30	103.28	11.36	2.32	255.20	83.72	9.21
卡图尼礼品	1.72	189.20	64.67	7.11	2.59	284.90	91.69	10.09	2.18	239.80	75.25	8.28
向阳	3.35	368.50	126.42	13.91	—	—	—	—	3.01	331.10	106.76	11.74
橙色	2.38	261.80	79.60	8.76	3.50	385.00	120.20	13.22	2.08	228.80	69.53	7.65
阿尔泰新闻	3.37	370.70	88.72	9.76	3.30	363.00	87.07	9.58	2.20	242.00	53.31	5.86
深秋红	4.43	487.3	109.23	12.02	5.18	569.80	102.47	11.27	3.98	437.80	99.82	10.98

注:株行距为1.5 m×4 m,亩栽110株。

种子产量方面,与果实产量相同,新疆阿勒泰、黑龙江绥棱均极显著高于内蒙古磴口($p<$0.01),新疆阿勒泰试验点单株产量在120 g以上的有楚伊、金色、浑

金、向阳，分别达到 154.50 g、144.69 g、127.97 g、126.42 g，亩产分别达到 17.00 kg、15.92 kg、14.08 kg、13.91 kg；黑龙江绥棱试验点单株产量在 120 g 以上的有楚伊、金色、浑金、橙色，分别达到 169.32 g、133.99 g、132.57 g、120.20 g，亩产分别达到 18.63 kg、14.74 kg、14.58 kg、13.22 kg；内蒙古磴口试验点单株产量在 120 g 以上的没有，唯楚伊、金色、向阳超过 100 g，分别为 112.23 g、109.39 g、106.76 g，其余品种均在 100 g 以下。

1.1.7.2 不同试验点单株生长指标与产量的关系

表 2-1-13 反映了新疆阿勒泰、黑龙江绥棱、内蒙古磴口 3 个试验点第 4 年产量与生长指标之间的相关性，结果表明，在新疆阿勒泰试验点，产量与地径呈极显著正相关关系（$p < 0.01$），株高、地径、冠径三者之间呈显著或极显著正相关关系（$p < 0.05$、$p < 0.01$）；在黑龙江绥棱试验点，产量与地径呈显著正相关关系（$p < 0.05$），与冠径呈极显著正相关关系（$p < 0.01$）；而在内蒙古磴口试验点，产量与 3 个生长指标之间没有表现出明显的相关关系（$p > 0.05$），株高、地径、冠径三者之间呈显著或极显著正相关关系（$p < 0.05$、$p < 0.01$）。

表 2-1-13 3 个试验点产量与生长指标的相关关系

试验点	统计项	株高	地径	冠径	产量
新疆阿勒泰	株高	1.00	0.65*	0.94**	0.51
	地径		1.00	0.65*	0.77**
	冠径			1.00	0.49
	产量				1.00
黑龙江绥棱	株高	1.00	0.68*	0.39	0.53
	地径		1.00	0.82**	0.76*
	冠径			1.00	0.93**
	产量				1.00
内蒙古磴口	株高	1.00	0.84**	0.73*	0.10
	地径		1.00	0.75*	−0.10
	冠径			1.00	−0.17
	产量				1.00

注：*$p < 0.05$，**$p < 0.01$。

进一步通过逐步回归方法,得到3个试验点产量与生长指标之间的回归方程,如下:

$y_1 = -0.938 + 0.957x_2$,$R = 0.771$($p < 0.05$)

$y_2 = -3.928 + 0.043x_3$,$R = 0.929$($p < 0.01$)

$y_3 = -0.514 + 0.018x_1 - 0.147x_2 - 0.004x_3$,$R = 0.442$($p > 0.05$)

$y_{1\sim3}$ 代表新疆阿勒泰、黑龙江绥棱、内蒙古磴口试验点的沙棘产量,x_1、x_2、x_3 代表株高、地径、冠径。

从回归方程可以看出,新疆阿勒泰试验点较好,复相关系数 R 为 0.771,说明产量与地径的关系最为密切,这一点与表 2-1-13 的相关性结果相同;黑龙江绥棱试验点的拟合关系最好,复相关系数 R 达到 0.929,说明产量与冠径的关系最为密切,与表 2-1-13 结果类似,经过逐步回归后将地径指标进行了剔除,主要是冠径与地径之间存在共线性;而内蒙古磴口试验点未达到显著水平,需要进一步跟踪观察。

1.1.8 不同试验点不同品种种子特性比较

1.1.8.1 千粒重

表 2-1-14 和图 2-1-18 为新疆阿勒泰、黑龙江绥棱和内蒙古磴口 3 个试验点千粒重测定结果。从表 2-1-14 和图 2-1-18 可以看出,新疆阿勒泰试验点引进品种的千粒重为 11.77~19.01 g,黑龙江绥棱试验点为 11.23~18.95 g,内蒙古磴口试验点为 10.89~18.11 g。新疆阿勒泰试验点 18 g 以上的有金色、巨人、阿尔泰新闻 3 个品种,在 16~18 g 的有楚伊、橙色 2 个品种,14~16 g 的有浑金、卡图尼礼品 2 个品种,14 g 以下的有深秋红 1 个品种。黑龙江绥棱试验点 18 g 以上的有楚伊、金色、巨人、阿尔泰新闻 4 个品种,16~18 g 的有橙色 1 个品种,14~16 g 的有浑金、卡图尼礼品 2 个品种,14 g 以下的有深秋红 1 个品种。内蒙古磴口试验点 18 g 以上的只有金色 1 个品种,16~18 g 的有橙色 1 个品种,14~16 g 的有楚伊、巨人 2 个品种,14 g 以下的有浑金、卡图尼礼品、阿尔泰新闻、深秋红 4 个品种。

表 2-1-14　3 个试验点千粒重比较　　　　　　　　　　单位：g

品种	新疆阿勒泰	黑龙江绥棱	内蒙古磴口
楚伊	17.62	18.09	14.39
金色	19.01	18.95	18.11
浑金	14.23	14.91	12.64
巨人	18.76	18.69	15.21
卡图尼礼品	14.28	15.26	12.40
橙色	17.15	17.43	17.07
阿尔泰新闻	18.26	18.95	13.65
深秋红	11.77	11.23	10.89

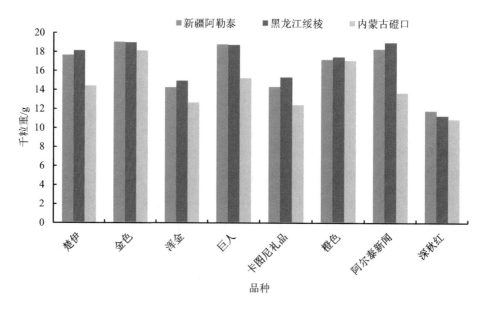

图 2-1-18　不同试验点不同品种千粒重比较

　　从以上的比较分析中可以看出，新疆阿勒泰和黑龙江绥棱试验点供试的引进品种千粒重均比内蒙古磴口试验点高，这与前面百果重的分析结果是一致的。当然 3 个试验点不同品种其差异程度是不同的。相比而言，金色、橙色、深秋红 3 个品种在 3 个试验点千粒重是比较接近的，差异不明显（$p>0.05$）。楚伊、浑金、巨人、卡图尼礼品、阿尔泰新闻 5 个品种在新疆阿勒泰和黑龙江绥棱的千粒重均显著高于内蒙古磴口（$p<0.05$），新疆阿勒泰和黑龙江绥棱 2 个试验点之间的差异不显著（$p>0.05$）。

1.1.8.2 种子长度、宽度和厚度

为了便于描述种子的特征，我们用种子长度、宽度、厚度、长宽比、宽厚比 5 个指标来表示。每个品种种子特征值均为随机抽取的 100 粒种子的平均值。统计结果见表 2-1-15、图 2-1-19～图 2-1-21，结果表明，新疆阿勒泰试验点引进品种种子长度、宽度、厚度、长宽比、厚宽比 5 个指标值分别为 5.03～6.72 mm、2.03～2.96 mm、1.67～1.98 mm、1.90～2.81、0.66～0.93，黑龙江绥棱试验点分别为 5.24～6.36 mm、2.21～2.87 mm、1.69～2.18 mm、1.94～2.73、0.69～0.86，内蒙古磴口试验点分别为 4.86～5.98 mm、2.16～2.82 mm、1.54～1.97 mm、1.96～2.77、0.63～0.80。很明显，新疆阿勒泰和黑龙江绥棱试验点供试品种种子特征值要高于内蒙古磴口，表明新疆阿勒泰和黑龙江绥棱试验点种子要比内蒙古磴口大，这与千粒重的结果是一致的。

关于种子的形状同样也可用长宽比来分析，即用种子的纵径与横径的比值来表示。从表 2-1-15 可以看出，引进品种长宽比在 1.90～2.81，根据种子长宽比值的这种特点，引进品种全部为长卵形。

表 2-1-15 不同试验点不同品种种子特征值比较

试验点	品种	长/mm	宽/mm	厚/mm	长宽比	厚宽比
新疆阿勒泰	楚伊	6.02	2.57	1.88	2.34	0.73
	金色	6.45	2.96	1.94	2.18	0.66
	浑金	5.03	2.64	1.73	1.91	0.66
	巨人	6.72	2.71	1.96	2.48	0.72
	卡图尼礼品	5.11	2.14	1.98	2.39	0.93
	向阳	5.25	2.03	1.67	2.58	0.82
	橙色	5.42	2.85	1.92	1.90	0.67
	阿尔泰新闻	5.92	2.63	1.85	2.25	0.70
	深秋红	6.29	2.24	1.73	2.81	0.77

试验点	品种	长/mm	宽/mm	厚/mm	长宽比	厚宽比
黑龙江绥棱	楚伊	6.13	2.87	1.97	2.28	0.74
	金色	6.36	2.86	1.98	2.24	0.70
	浑金	5.51	2.73	1.87	2.01	0.69
	巨人	6.36	2.65	1.95	2.41	0.74
	卡图尼礼品	5.24	2.54	2.18	2.07	0.86
	橙色	5.51	2.86	1.95	1.94	0.69
	阿尔泰新闻	5.97	2.75	1.97	2.20	0.72
	深秋红	6.03	2.21	1.69	2.73	0.76
内蒙古磴口	楚伊	5.82	2.58	1.81	2.27	0.71
	金色	5.78	2.34	1.73	2.50	0.75
	浑金	4.86	2.35	1.63	2.11	0.71
	巨人	5.78	2.20	1.57	2.49	0.68
	卡图尼礼品	4.87	2.49	1.97	1.96	0.80
	向阳	5.75	2.46	1.87	2.35	0.76
	橙色	5.50	2.82	1.80	1.97	0.64
	阿尔泰新闻	5.75	2.47	1.54	2.35	0.63
	深秋红	5.98	2.16	1.67	2.77	0.77

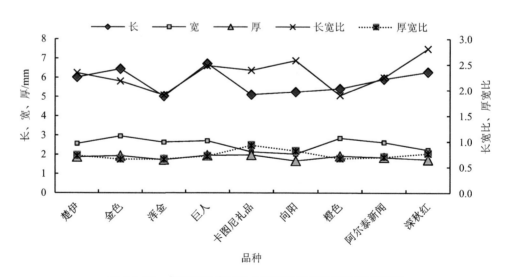

图 2-1-19　新疆阿勒泰试验点不同品种种子特征指标比较

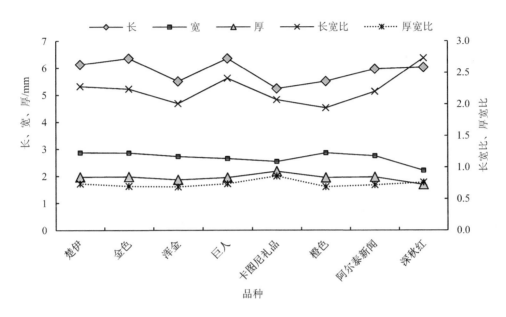

图 2-1-20　黑龙江绥棱试验点不同品种种子特征指标比较

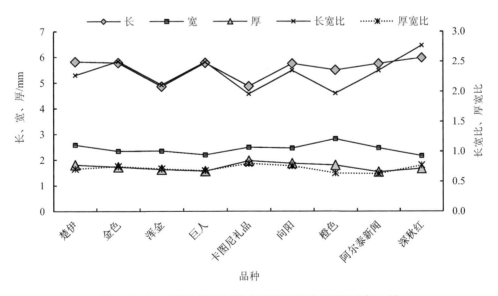

图 2-1-21　内蒙古磴口试验点不同品种种子特征指标比较

1.1.8.3 种子长度、宽度和厚度之间的关系

图 2-1-22 为不同品种种子长度、宽度和厚度之间的关系。从种子长度与宽度的关系看，9 个品种种子宽度均随长度的增加而增加，呈正相关关系，但不同品种宽度随长度增加的幅度是不同的。楚伊、金色、浑金、卡图尼礼品、深秋红呈极显著正相关（$p < 0.01$），向阳表现出显著正相关（$p < 0.05$），巨人、橙色、阿尔泰新闻相关性不明显（$p > 0.05$）。种子宽度与厚度之间不存在明显的相关关系，呈正相关的有楚伊、金色、巨人、卡图尼礼品、向阳、橙色、深秋红，但不显著（$p > 0.05$），同样，呈负相关的浑金、阿尔泰新闻也不显著（$p > 0.05$），说明种子宽度与厚度之间无必然联系。关于长度与厚度的关系，除橙色表现为负相关以外，其余 8 个品种均为正相关关系，但所有品种均未达到显著性水平（$p > 0.05$）。

总之，3 个试验点大部分品种种子宽度随长度的变化而变化，反映出这 2 个指标在遗传和环境适应性上的紧密相关性。相比而言，种子的厚度随种子长度和宽度的变化不明显，反映出种子厚度这一指标在遗传上是比较稳定的，对环境的变化不敏感。

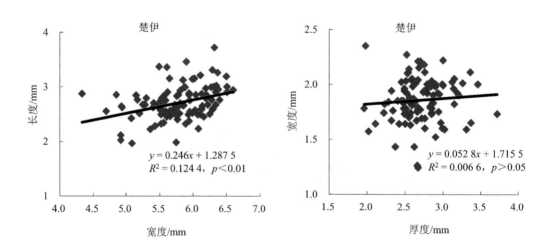

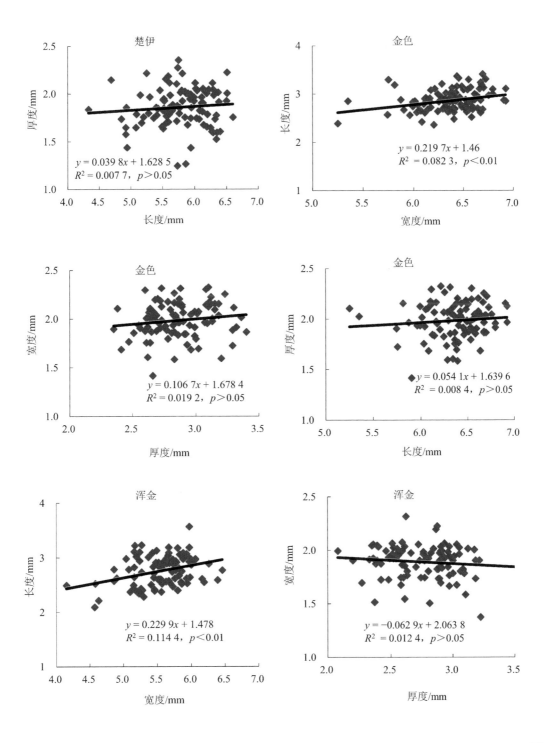

新疆植物组培新技术的研究应用——以花卉、沙棘为例

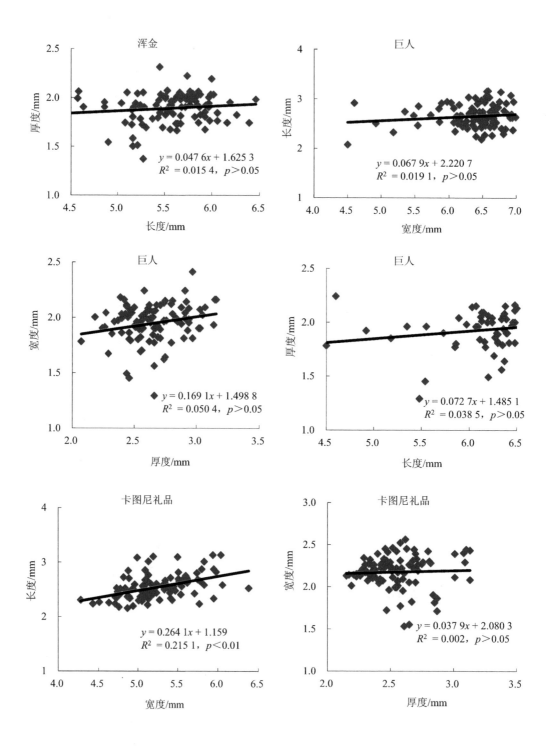

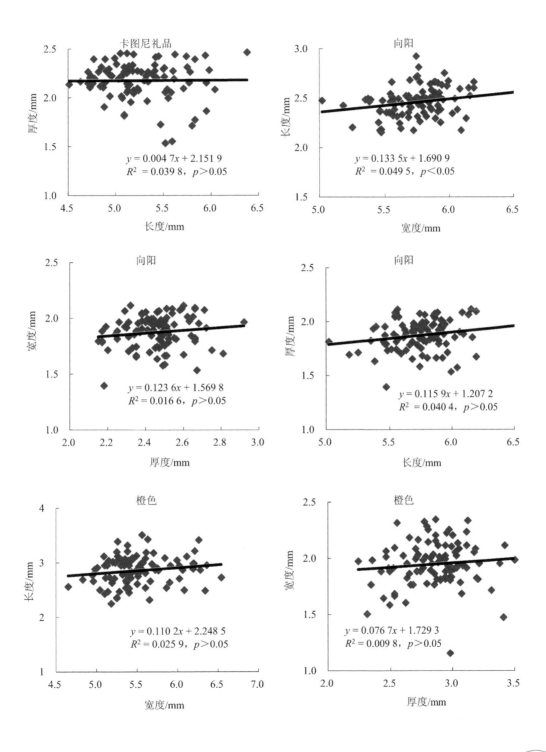

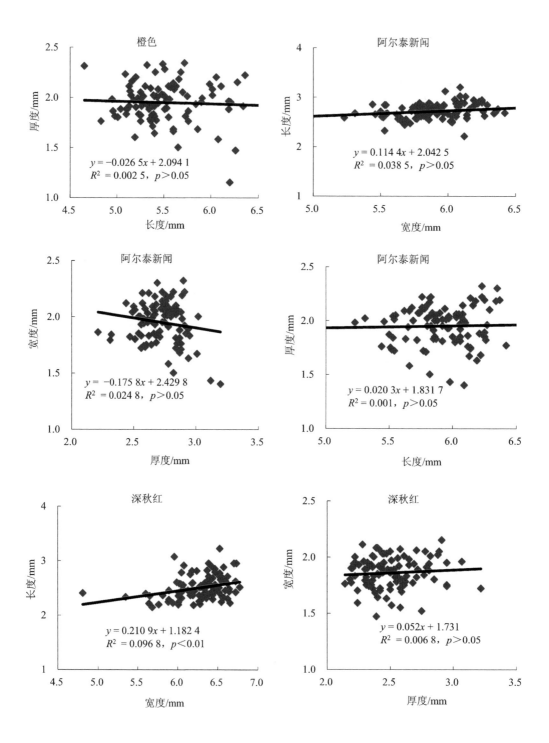

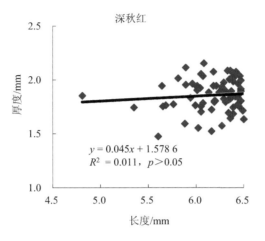

图 2-1-22　不同品种种子长度、宽度和厚度之间的关系

1.1.8.4　种子形态指标与千粒重的关系

图 2-1-23 为 3 个试验点 9 个品种种子形态指标与千粒重的一元线性回归分析结果。从图 2-1-23 可以看出，种子长度、宽度、长宽比 3 个指标均与千粒重呈极显著线性正相关（$p < 0.01$），即种子长度越长、宽度越宽、长宽比越大，种子千粒重越大；厚度与千粒重呈一定线性关系，但未达到显著水平（$p > 0.05$）；厚宽比与千粒重基本没关系。

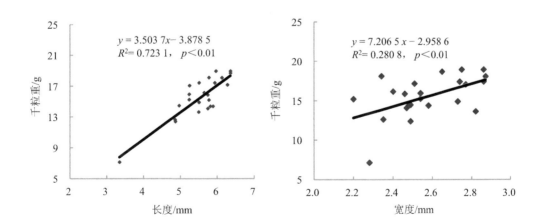

新疆植物组培新技术的研究应用——以花卉、沙棘为例

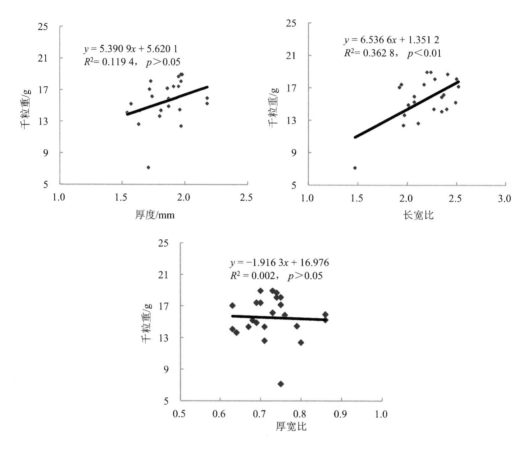

图 2-1-23　种子形态指标与千粒重的关系

1.1.8.5　种子千粒重与百果重的关系

　　关于种子千粒重与百果重的关系见表 2-1-16。从表 2-1-16 可以看出，这 3 个试验点不同品种的千粒重与百果重均呈现极显著线性相关（$p<0.01$），反映出果实的大小与种子呈正相关关系，果实越大，种子也越大，自然千粒重也越大。因此，我们可根据回归方程进行百果重和千粒重之间的相互转换，既可通过百果重预测千粒重，也可通过千粒重预测百果重，其预测精度比较高。

表 2-1-16　种子千粒重与百果重的关系

试验点	c_1	c_2	R^2	F	残差平方和	p
新疆阿勒泰	−6.689 5	3.524 6	0.657 2	42.173 0	1 023.293 3	0.000 0
黑龙江绥棱	−23.028 4	4.518 2	0.667 5	18.068 1	273.328 4	0.002 1
内蒙古磴口	−17.124 7	3.037 4	0.542 4	13.040 9	695.410 9	0.004 1

注：c_1、c_2 为参数；R^2 为决定系数；F 为方差检验量。

1.1.8.6　种子发芽率

为了了解引进品种在我国生产的种子的发芽能力,2003 年 6 月,我们对楚伊、金色、浑金、巨人、卡图尼礼品、橙色、阿尔泰新闻、深秋红进行发芽试验。供试验的引进品种种子均是 2002 年新疆阿勒泰区域化试验林生产的种子。种子预处理方法：用 45℃温水浸泡 24 h,自然冷却。发芽条件为温度 25℃,每天光照 8 h。发芽测定结果见表 2-1-17和图 2-1-24。

表 2-1-17　不同品种发芽率比较　　　　　　　　单位：%

品种	发芽率				腐烂率
	发芽第 6 天	发芽第 10 天	发芽第 14 天	发芽第 19 天	
楚伊	1	12	16	16	84
金色	11	62	68	68	32
浑金	1	23	54	54	46
巨人	4	25	70	70	30
卡图尼礼品	2	17	67	67	33
橙色	11	50	58	58	42
阿尔泰新闻	5	43	73	73	27
深秋红	3	71	79	79	21

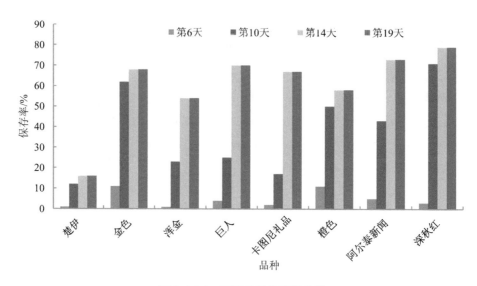

图 2-1-24　不同品种发芽率比较

从表 2-1-17 和图 2-1-24 可以明显看出，发芽在第 6 天时，发芽率最高的 2 个品种是金色和橙色，其原因可能与适应性有关，其他品种发芽率只有 1%～5%。发芽第 10 天，深秋红、金色发芽率大幅上升，达到 60% 以上。相比而言，楚伊、浑金、巨人、卡图尼礼品 4 个品种发芽率较低，其中楚伊最低。发芽第 14 天时，所有供试品种发芽已完全结束，每个品种达到了最大发芽率。发芽率高的品种有深秋红、阿尔泰新闻、巨人、金色、卡图尼礼品，发芽率≥67%；其次为橙色、浑金，发芽率分别为 58%、54%；楚伊的发芽率最低，仅为 16%，其原因是空粒比较多，发霉腐烂率最高，达到 84%。

1.1.8.7　不同品种种子活性物质比较

表 2-1-18 表明，总黄酮在 200 mg/100 g 以上的品种有浑金、巨人、深秋红和阿尔泰新闻，分别为 223.38 mg/100 g、216.98 mg/100 g、211.82 mg/100 g 和 204.62 mg/100 g，其余品种种子的总黄酮均在 200 mg/100 g 以下。相比而言，卡图尼礼品、金色、向阳和橙色 4 个品种总黄酮较高，分别达到 183.55 mg/100 g、177.63 mg/100 g、170.77 mg/100 g 和 165.35 mg/100 g；而楚伊最小，为 144.94 mg/100 g。很明显，不同品种间的总黄酮差异比较显著。

从黄酮的组分看，除向阳 1 个品种的山奈酚（64.42 mg/100 g）高于槲皮素（59.80 mg/100 g）外，其余 8 个品种均是槲皮素高于山奈酚，为 73.81～103.48 mg/100 g。

此外，比较山柰酚和异鼠李素可见，除楚伊和向阳的山柰酚（分别为 42.83 mg/100 g、64.42 mg/100 g）高于异鼠李素（分别为 28.30 mg/100 g、46.55 mg/100 g）外，其余品种均是异鼠李素（47.95～76.00 mg/100 g）高于山柰酚（36.25～54.95 mg/100 g）。

表 2-1-18　不同品种种子黄酮和维生素 E 比较　　　　　单位：mg/100 g

品种	槲皮素	山柰酚	异鼠李素	总黄酮	VE	粗脂肪
楚伊	73.81	42.83	28.30	144.94	9.82	7.30
金色	82.04	40.15	55.44	177.63	11.40	9.91
浑金	103.48	54.95	64.95	223.38	8.74	6.14
巨人	88.65	52.33	76.00	216.98	19.28	7.34
卡图尼礼品	93.83	36.60	53.12	183.55	11.86	8.55
橙色	81.15	36.25	47.95	165.35	11.94	8.74
向阳	59.80	64.42	46.55	170.77	11.98	8.14
阿尔泰新闻	88.37	52.18	64.07	204.62	6.02	5.23
深秋红	100.32	42.41	69.09	211.82	14.60	9.96

注：维生素 E 在表中及下文均简称 VE。

总黄酮与各组分质量分数之间的关系从图 2-1-25 可以明显看出，总黄酮与各组分之间呈明显的正相关，即随着总黄酮的增加，3 种组分均呈增加趋势。相比而言，槲皮素增量最高，其次为异鼠李素，山柰酚最低。

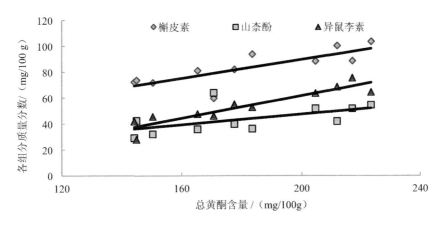

图 2-1-25　总黄酮与槲皮素、山柰酚及异鼠李素含量的关系

从 VE 含量看，9 个品种差异也非常明显（表 2-1-18）。巨人 VE 含量最高，达到 19.28 mg/100 g；阿尔泰新闻最小，为 6.02 mg/100 g；其余品种为 8.74～14.60 mg/100 g。相比而言，深秋红、向阳、橙色、卡图尼礼品和金色 5 个品种比较高，分别为 14.60 mg/100 g、11.98 mg/100 g、11.94 mg/100 g、11.86 mg/100 g 和 11.40 mg/100 g，而楚伊、浑金 2 个品种 VE 含量比较低，分别为 9.82 mg/100 g、8.74 mg/100 g。从粗脂肪的比较看，不同品种间差异也十分显著，总的变化范围为 5.23～9.96 mg/100 g。

不同品种种子脂肪酸成分质量分数见表 2-1-19，结果表明，引进品种的棕榈酸和硬脂酸分别为 9.36%～25.57% 和 2.70%～7.27%，不同品种之间的差异是非常明显的（$p < 0.01$）。

表 2-1-19　不同品种种子脂肪酸成分质量分数　　　　单位：%

品种	饱和脂肪酸		不饱和脂肪酸		
	棕榈酸 $C_{16:0}$	硬脂酸 $C_{18:0}$	油酸 $C_{18:1}$	亚油酸 $C_{18:2}$	亚麻酸 $C_{18:3}$
楚伊	15.02	3.27	65.70	10.89	4.35
金色	15.17	5.01	14.60	26.88	20.47
浑金	9.93	2.70	26.91	45.10	3.51
巨人	11.31	4.15	18.02	34.11	25.66
卡图尼礼品	16.39	6.02	24.14	20.12	11.44
橙色	9.36	3.35	15.27	17.10	17.22
向阳	11.67	4.25	17.96	36.17	19.66
阿尔泰新闻	10.48	3.45	18.70	13.32	10.01
深秋红	25.57	7.27	11.64	17.96	18.15

从不饱和脂肪酸组分看，油酸含量最高为楚伊（65.70%），极显著高于其余品种（$p < 0.01$），浑金和卡图尼礼品次之，分别为 26.91%、24.14%，其余品种均在 20% 以下。就亚油酸而言，浑金（45.10%）、向阳（36.17%）、巨人（34.11%）3 个品种均高于其他品种。就亚麻酸而言，巨人、金色较高，分别为 25.66%、20.47%，其余品种均低于 20%。

关于脂肪酸，近年来随着对脂肪酸营养功能了解的不断增加，研究发现脂肪酸还有重要的免疫调节作用。摄食脂肪酸对免疫机能的促进作用主要表现在以下几个方面：

①促进抗体的产生和抗体对抗原的应答反应。所谓抗体对抗原的应答反应是指机体

接触抗原后，在抗原的刺激下产生抗体的反应。

②增强淋巴细胞的增殖和分化，使体内淋巴细胞的数量和 T 辅助性细胞与 T 抑制性细胞的比率升高。

③提高免疫细胞介导的细胞毒素作用，即免疫细胞释放细胞毒素，溶解并使靶细胞（如病毒感染细胞、肿瘤细胞）死亡的作用。

④促进细胞因子的产生。在免疫过程中产生的细胞因子，是免疫细胞受抗原或丝裂原刺激后产生的非抗体、非补体的具有激素性质的蛋白质分子，在免疫应答和炎症反应中有多种生物学活性作用。

需要指出的是，脂肪酸特别是不饱和脂肪酸，对疾病的发生和肿瘤的生长有明显的抑制作用。例如，在饵料中添加鱼油（属不饱和脂肪酸），能降低心血管疾病和肾小球性肾炎的发生率，抑制人的乳腺癌细胞的生长，而且乳腺癌细胞受抑制的程度随鱼油浓度的升高而增大。但不同的脂肪酸所起的作用是不同的，许多实验证明，鱼油对免疫机能的调节和对疾病的抑制作用明显高于玉米油和饱和脂肪酸，这很可能是因为鱼油通过前列腺素 E2 合成减少，或通过改变细胞膜的结构和流动性而影响了免疫细胞的功能。总之，食物中缺乏脂肪酸，可表现为动物生长缓慢或停滞，淋巴组织萎缩，抗体应答反应能力降低，淋巴细胞增殖和细胞毒作用受抑制。脂肪酸特别是多聚不饱和脂肪酸含量过高，也能抑制机体免疫功能，使人增加对传染病和癌症的易感性。

1.1.9　品种适应性及其综合评价

新引进的大果沙棘品种，在大面积推广之前，都需要经过区域化试验来鉴定其生长适应性及产量水平，为以后的推广和合理利用提供科学依据。目前，我国引进的俄罗斯大果沙棘在推广中存在的主要问题就是缺乏区域化试验成果，沙棘良种的栽培处于盲目阶段，损失相当严重。因此，大果沙棘的区域化试验显得极为必要和迫切。

1.1.9.1　品种区域化试验 AMMI 模型分析

区域化试验中需要研究的主要效应有：①品种效应；②地区效应；③年际效应；④品种与地点的互作效应。评定一个品种的应用价值，一般主要考虑以下 3 个效应值：品种效应、品种与地点的互作效应、品种与年份的互作效应。品种效应显著而互作效应小的品种是具有广泛适应性的丰产型品种，适于大面积推广，而互作效应显著的品种具有特殊适应性（如对环境条件有特殊要求），只能在特定地区推广。

品种区域化试验旨在鉴定品种的丰产性、稳定性和适应性。参加区试的品种在不同地点的生长、产量表现往往是不一致的。这表明品种的基因型与环境互作（G×E）效应的存在。以往对这种互作效应大多采用线性模型进行分析，但是，线性模型一般仅能解释很少一部分交互作用的变化。近年来，一种更为有效的加性主效应和乘积交互作用（Additive Main effects and Multiplicative Interaction，AMMI）模型已开始被用于多年多点的区域化试验资料分析。该模型与方差分析模型、线性回归模型相比，其应用范围更广，且更有效。本研究中，我们采用无区组 AMMI 模型进行分析，详细的分析方法可参阅《实用统计分析及其 DPS 数据处理系统》一书（唐启义等，2002）。

表 2-1-20 为品种比较试验 AMMI 模型分析结果。从表中可以看出，品种效应保存率达到 0.090 400 显著水平，株高达到 0.007 313 极显著水平，冠径达到 0.000 047 极显著水平。很明显，区域化试验反映出的品种效应是比较明显的。从地点效应（环境效应）看，保存率达到 0.000 018 极显著水平，株高达到 0.000 001 极显著水平，冠径达到 0.000 000 极显著水平，可见在地点效应上 3 个生长指标均达到极显著水平。从品种与地点的互作效应看，保存率达到 0.258 379 水平，株高达到 0.235 490 水平，冠径达到 0.007 658 水平，可见互作效应只有冠径达到极显著水平。从 F 值的比较可以明显地看出，地点 F 值明显大于品种和交互作用，表明影响大果沙棘在我国的适应性的主要因子是环境因子。因此，在大果沙棘品种的推广中首先要注意地理位置；其次，由于品种效应比较明显，冠径互作效应也比较显著，在适宜栽培区确定的基础上，还需要考虑品种的适应性差异，即需要进行品种的筛选，只有这样才能达到丰产、稳产的目的。

表 2-1-20　品种比较试验 AMMI 模型分析结果

生长指标	变异来源	df	SS	MS	F	p
保存率/%	总体	29	47 006.26	1 068.324		
	品种	9	11 132.73	795.195	2.134 737	0.090 400
	地点	2	21 107.25	10 553.620	28.331 67	0.000 018
	交互作用	18	14 766.28	527.367	1.415 741	0.258 379
	PCA1	10	9 923.75	661.583	1.776 05	0.152 420
	误差	8	4 842.54	372.503		

生长指标	变异来源	df	SS	MS	F	p
株高/cm	总体	29	228 397.30	5 190.849		
	品种	9	67 690.88	4 835.063	4.145 377	0.007 313
	地点	2	112 742.80	56 371.410	48.33 044	0.000 001
	交互作用	18	47 963.63	1 712.987	1.468 642	0.235 490
	PCA1	10	32 800.75	2 186.717	1.874 798	0.130 963
	误差	8	15 162.87	1 166.375		
冠径/cm	总体	29	187 962.20	4 271.867		
	品种	9	46 703.84	3 335.989	11.188 78	0.000 047
	地点	2	110 007.10	55 003.570	184.479 90	0.000 000
	交互作用	18	31 251.17	1 116.113	3.743 40	0.007 658
	PCA1	10	27 375.16	1 825.010	6.121 02	0.001 094
	误差	8	3 876.01	298.155		

注：df 为自由度；SS 为平方和；MS 为均方，F 为两个均方的比值；p 为显著水平。

1.1.9.2 引进品种气候适应性分析

树木引种的实践表明，原产地与引入地区气候具有相似性是树木引种必须遵循的最基本原则。从这一角度出发，从高纬度的俄罗斯和蒙古引进的大果沙棘品种被栽培到我国的低纬度地区，气候的相似性分析就显得极为重要。本研究在分析原产区气候因子的基础上，提出应用年平均温度、年降水量、最冷月平均气温、最热月平均气温 4 个气象因素指标对大果沙棘在我国的可能适应区进行区划。具体指标范围为，年平均温度为 $-5\sim6$℃、年降水量为 $200\sim650$ mm、最冷月平均气温为 $-50\sim25$℃、最热月平均气温为 $-10\sim50$℃。通过地理信息系统得到的引进大果沙棘品种在我国的气候可能适应性区划结果表明，大果沙棘在我国可能的最佳适应区是东北三省和内蒙古东北部地区，新疆北部局部地区和内蒙古中西部也是适应区，黄河以北的中西部部分地区和青藏高原的部分地区为可能的引种驯化区。有趣的是，这一气候区划与目前沙棘属植物在我国的天然分布和人工栽培区基本重合。

再看看沙棘在新疆引种的情况。新疆有着特殊的地理位置、土壤性状及气候特征。

新疆位于我国西北边陲，东经 75°50′～95°34′，北纬 35°31′～48°34′，面积约 166×10⁴ km²，约占我国国土面积的 1/6。新疆四周环山，中部天山山脉横跨东西，把新疆分成南、北疆两大部分。北疆准噶尔盆地周围形成绿洲农业生产圈，南疆中部塔里木盆地形成周边绿洲农业生产圈及塔里木河沿岸绿洲生产带。新疆地处亚欧大陆腹地，属温带大陆性干旱气候，干旱少雨，光温资源丰富，温差大，日照时间长，地面植被少，荒漠面积大。

由于天山能阻挡冷空气南侵，天山成为气候分界线，北疆属中温带，南疆属暖温带。年平均气温南疆平原为 10～13℃，北疆平原低于 10℃。极端最高气温出现在吐鲁番，曾达 48.9℃；极端最低气温出现在富蕴县境可可托海，曾达–51.5℃。日平均≥10℃的年累积气温，南疆平原达 4 000℃以上，北疆平原大多不到 3 500℃。南疆平原无霜期为 200～220 d，北疆平原大多不到 150 d。天山北坡中山带冬季存在逆温层，逆增率为 3～5℃/1 000 m。逆温层山地是冬季放牧场和避冷胜地，如乌鲁木齐市南山滑雪场。新疆的降水主要来自大西洋的盛行西风气流，其次来自北冰洋的冷湿气流，太平洋和印度洋的季风都难进入新疆。全疆平均年降水量仅有 145 mm，为全国平均值（630 mm）的 23%，在全球同纬度各地中，新疆几乎是最少的。降水分布规律是北疆多于南疆，西部多于东部，山地多于平原，盆地边缘多于盆地中心，迎风坡多于背风坡。阿勒泰地区地处新疆最北部，东部与蒙古国接壤，西部、北部与哈萨克斯坦和俄罗斯交界，边界线长 1 050 km，南部与昌吉回族自治州相连。东西长 402 km，南北宽 464 km，总面积为 11.7 万 km²，占全疆土地面积的 7%。处欧亚大陆腹地，北部有宏伟的阿尔泰山，分布大量的野生蒙古沙棘、部分的中亚沙棘等沙棘资源，为沙棘种植、选育、繁育提供了极好的参考依据。需要说明的是，评价沙棘的品种适应性，仅用气象指标是不够的，还要考虑海拔、灌溉因素，特别是中西部地区的灌溉因素。就准确的适应性区划而言，还需要将区域化试验结果进行叠加才能提出。

1.1.9.3　品种适应性及其综合评价

新疆阿勒泰试验点属中温带、黑龙江绥棱试验点属寒温带，品种适应性的综合评价结果主要反映了品种的抗寒性。内蒙古磴口和陕西永寿试验点为暖温带，试验点影响生长的因子主要是干旱和贫瘠，所以综合评价结果主要反映抗旱性。运用以上分析，根据引进品种试验的目的，综合评价可选择保存率、株高、冠径、产量等指标。如果只考虑适应性，可选择保存率和生长指标；如果既重视适应性又重视经济效益，可选择保存率、生长、产量指标。本试验选择保存率、株高和冠径 3 个指标，并且以第 5 年的数据为基础进行适应性综合评价。在进行综合评价时，我们构造了如下隶属函数：

①保存率　　$\mu_1(x_1) = $ 保存率/100

②株高　　$\mu_2(x_2) = \begin{cases} \text{株高}/300 & x_2 < 300 \\ 1 & x_2 \geqslant 300 \end{cases}$

③冠径　　$\mu_3(x_3) = \begin{cases} \text{冠径}/250 & x_3 > 250 \\ 1 & x_3 \geqslant 250 \end{cases}$

④综合指数　　$E = [\mu_1 + (\mu_2 + \mu_3)/2]/2$

根据以上隶属函数，计算出 4 个试验点的综合指数（表 2-1-21），从综合指数 E 值可以看出，新疆阿勒泰和黑龙江绥棱试验点的 E 值显著高于内蒙古磴口和陕西永寿试验点的 E 值，与前面章节分析的结果一致，原因主要是磴口、永寿 2 个试验点较为干旱，且灌溉条件差。向阳在黑龙江全部死亡，在新疆的 E 值仅为 0.201，反映出这个品种适应性最差，即耐寒性比较差。

表 2-1-21　4 个试验点不同品种适应性综合评价指数

品种	新疆阿勒泰	黑龙江绥棱	内蒙古磴口	陕西永寿
楚伊	0.710	0.756	0.353	0.106
金色	0.566	0.669	0.323	0.119
浑金	0.673	0.719	0.582	0.162
巨人	0.682	0.746	0.244	0.122
卡图尼礼品	0.729	0.744	0.340	0.165
阿列伊	0.751	0.635	0.468	0.149
向阳	0.201	0.000	0.439	0.121
橙色	0.545	0.453	0.512	0.000
阿尔泰新闻	0.622	0.370	0.349	0.159
深秋红	0.791	0.647	0.471	0.234

在新疆阿勒泰试验点，E 值在 0.7 以上的有深秋红、阿列伊、卡图尼礼品、楚伊 4 个品种，分别为 0.791、0.751、0.729、0.710。同样，在黑龙江绥棱试验点也有 4 个品种 E 值高于 0.7，即楚伊、巨人、卡图尼礼品、浑金，分别为 0.756、0.746、0.744、0.719。内蒙古磴口试验点的 E 值全部在 0.6 以下，浑金和橙色的 E 值在该试验点较高，分别为 0.582、0.512，显示出较强的抗旱性；深秋红、向阳、阿列伊的 E 值在 0.4～0.5，表明这 3 个品种也具有一定抗旱性。

从以上的 E 值分析可以明显看出，从高纬度引进的品种，在中国的适应性是随着纬度的下降而逐渐下降的。从这个意义上来说，新疆阿勒泰、黑龙江绥棱试验点是最适宜引种区，内蒙古磴口试验点是适宜引种区，而陕西永寿试验点则是不适应区。

1.1.9.4　不同品种产量比较与评价

引进大果沙棘品种主要是考虑其经济特性，因此区域化试验的目标除适应性评价外，重点还要看其产量和经济效益。但从前面的分析我们已经看出，不同试验点、不同品种、不同年度的产量均有明显的差异，需要综合进行评价。根据沙棘的结实特性观测，进行产量评价最好有连续 3～5 年的数据，但由于本试验只有 2 年的产量数据，其评价准确性尚不够，有待今后进一步补充产量数据。表 2-1-22 为 3 个试验点 2 年平均产量比较结果。从表中可以看出，新疆阿勒泰试验点 300 kg/亩以上的品种有深秋红、浑金、巨人、阿尔泰新闻、向阳、楚伊 6 个品种，分别为 550.00 kg/亩、408.10 kg/亩、396.00 kg/亩、351.45 kg/亩、343.20 kg/亩、338.80 kg/亩；黑龙江绥棱试验点 300 kg/亩以上的品种有深秋红、浑金、橙色、楚伊、阿尔泰新闻 5 个品种，分别为 497.20 kg/亩、395.45 kg/亩、364.65 kg/亩、342.10 kg/亩、319.00 kg/亩；内蒙古磴口试验点 300 kg/亩以上的品种仅有深秋红 1 个，为 321.20 kg/亩。很明显，供试的大果沙棘品种其产量在 3 个试验点是不同的，其原因主要是气候、土壤不同，品种适应性不同。

表 2-1-22　3 个试验点第 4 年和第 5 年产量测定结果　　　　单位：kg/亩

品种	新疆阿勒泰			黑龙江绥棱			内蒙古磴口		
	第 4 年	第 5 年	平均	第 4 年	第 5 年	平均	第 4 年	第 5 年	平均
楚伊	277.20	400.40	338.80	275.00	409.20	342.10	101.20	290.40	195.80
金色	233.20	343.20	288.20	220.00	337.70	278.85	141.90	311.30	226.60
浑金	339.90	476.30	408.10	308.00	482.90	395.45	115.50	251.90	183.70

品种	新疆阿勒泰			黑龙江绥棱			内蒙古磴口		
	第4年	第5年	平均	第4年	第5年	平均	第4年	第5年	平均
巨人	354.20	437.80	396.00	187.00	399.30	293.15	116.60	255.20	185.90
卡图尼礼品	107.80	189.20	148.50	231.00	284.90	257.95	124.30	239.80	182.05
向阳	317.90	368.50	343.20	—	—	—	178.20	331.10	254.65
橙色	221.10	261.80	241.45	344.30	385.00	364.65	115.50	228.80	172.15
阿尔泰新闻	332.20	370.70	351.45	275.00	363.00	319.00	60.50	242.00	151.25
深秋红	487.30	612.70	550.00	424.60	569.80	497.20	204.60	437.80	321.20

1.1.9.5 适应性综合区划

根据以上对大果沙棘的种子保存率、株高、地径、冠径、棘刺数、产量等指标的变异规律的分析可以明显看出，同一试验点不同品种之间的差异比较大，不同试验点之间的差异也非常明显，表明不同品种适应性存在明显差异。但各种指标总的变化趋势是一致的，即高纬度试验点气候条件与原产地更为接近，指标值也最高，纬度下降，指标值也随之降低，即引进的大果沙棘品种适应性由高纬度向低纬度逐渐降低。根据各项指标的综合评价和气候适应性区划，我们将大果沙棘在中国的适应性区划分为3个。

（1）最适引种栽培区

东北三省北纬40°以北地区和内蒙古东北部地区。引进的大果无刺高产品种可直接应用于生产。适生品种有深秋红、浑金、楚伊3个品种。栽培模式为1.5 m×4 m，低密度与大豆间作。

（2）适宜引种栽培区

北纬40°以北中西部地区和新疆北疆地区。引进的部分大果无刺高产品种可直接应用于生产。由于这两个地区年降水量大多低于400 mm，需要具备灌溉条件。适生品种有深秋红、浑金、巨人、阿尔泰新闻、楚伊5个品种。栽培密度为2 m×4 m。

（3）栽培驯化区

北纬36°~40°地区。本区直接引种栽培有一定困难，引进品种生长比较差，落花落果，没有生产价值，需要将引进材料进行消化吸收，办法是通过杂交手段，将其优良遗传资源融入我国乡土沙棘中，以改良品种，选育抗旱性强的生态经济型杂种。

1.1.10 国外沙棘品种引进与选育小结

通过国外优良引种品种和对照的区域化栽培试验，引进的 10 个品种楚伊、金色、巨人、卡图尼礼品、阿列伊、向阳、橙色、浑金、阿尔泰新闻、深秋红（CK），在新疆阿勒泰的试验结论如下。

①成活率和保存率：新疆阿勒泰试验点造林当年成活率在 84% 以上的有楚伊、浑金、巨人、卡图尼礼品、阿列伊、向阳、阿尔泰新闻 7 个品种，保存率在 84% 以上的有浑金、卡图尼礼品和深秋红 2 个品种。

②生长特性：第 4 年株高在 170 cm 以上的有深秋红、阿列伊、阿尔泰新闻、楚伊，第 4 年地径在 4 cm 以上的有巨人、深秋红、阿尔泰新闻、向阳，第 4 年冠径在 150 cm 以上的有深秋红、阿列伊、阿尔泰新闻、楚伊。

③棘刺优良度（棘刺量）：10 cm 枝条平均棘刺数，巨人 1 个品种无刺，楚伊、金色、阿列伊、向阳、橙色、阿尔泰新闻、深秋红 7 个品种近无刺；2 年生枝条平均棘刺数，巨人无刺，楚伊、金色、卡图尼礼品、向阳、阿尔泰新闻均小于 1 个。

④沙棘果实特性：百果重 60 g 以上的品种有楚伊、巨人、阿尔泰新闻、深秋红 4 个品种，50～60 g 的有金色、向阳、橙色 3 个品种；果实纵径指标，楚伊、巨人、向阳、阿尔泰新闻、深秋红果实比较长。

⑤产量高低、丰产性：第 4 年果实产量在 300 kg/亩以上的品种有深秋红、巨人、浑金、阿尔泰新闻、向阳，在 300 kg/亩以下的依次为楚伊、金色、橙色、卡图尼礼品；种子产量在 8 kg/亩以上的品种有深秋红、浑金、巨人、阿尔泰新闻、金色，在 8 kg/亩以下的依次为楚伊、橙色、向阳、卡图尼礼品。

⑥各品种在新疆适生性的排序：深秋红、阿列伊、卡图尼礼品、楚伊、巨人、浑金、阿尔泰新闻、金色、橙色、向阳。

综合以上结果，从国外引进的 10 个沙棘品种在新疆适宜栽培的品种依次为深秋红、浑金、巨人、楚伊、阿尔泰新闻、阿列伊、向阳、金色、橙色、卡图尼礼品；新疆地区沙棘产业应以深秋红为主栽品种、阿列伊为授粉树，适当发展浑金、巨人、楚伊 3 个优良品种。

1.2　国内沙棘品种的引种与选育

沙棘属植物果实，种子和叶片生物活性成分十分丰富，多达 200 余种，同时其水土保持和防风固沙效果非常显著。我国是沙棘资源最丰富的国家，现有沙棘林 140 万 hm^2，占世界沙棘总面积的 90%以上。但是，由于我国的沙棘属植物多数种和亚种，棘刺多、果小、产果量低，企业和群众的种植积极性不高。为了解决这一问题，从 1985 年开始，中国林科院林业所牵头，组织成立了全国沙棘良种选育协作网，到 20 世纪 90 年代中期，先后选育出一批沙棘优良品种。这些品种主要包括三类：第一类是在俄罗斯和蒙古大果沙棘品种基础上通过实生选育出来的品种，如乌兰沙林、辽阜 1 号、辽阜 2 号、白丘、棕丘、草新 2 号、HS4、HS6、绥棘 1 号等；第二类是在中国沙棘种源基础上选育出来的品种，如森淼、橘丰、红霞、丰宁沙棘（优良种源）等；第三类是以俄罗斯和蒙古大果沙棘品种为母本，以中国沙棘优良种源为父本，通过杂交育种选育出来的品种，如丘杂 F1、亚中杂等。

为了科学有效地指导各地的沙棘栽培，避免盲目栽培造成不应有的损失，2000 年，国家林业局科学技术司立项，由中国林科院林业所牵头，组织相关沙棘研究单位和生产单位成立协作组，对近 10 年来我国选育出的沙棘优良品种进行系统的区域化试验，目的是了解这些优良品种的生态适应性特点，为不同沙棘栽培区推荐和选择适宜的优良品种，使我国的沙棘栽培建立在更加科学的基础之上。

1.2.1　材料与方法

系统的区域化试验工作从 2001 年开始，在我国北方近 10 个省（区）开展，试验林连续定位观测了 4 年（注：由于自然条件限制、区试点多、管理因素，个别区试点有数据调查不全和丢失的现象，导致不同区试点的数据量不一致，因此，我们仅对管理正常、数据较全的区试点进行了分析）。

1.2.1.1　试验材料

区域化试验品种选择了通过正式鉴定的品种，共有 7 个，主要供试品种的基本特性如下。

①乌兰沙林：是在蒙古沙棘品种"乌兰格木"的基础上，通过实生选种选育出来的复合无性系品种。属大果粒、无刺、高产的沙棘品种。植株为灌丛型，萌蘖力很强，在条件适宜的情况下，亩产量可达 1 500 kg 左右。该品种的选育地点在内蒙古磴口县中国林科院沙漠林业实验中心（位于内蒙古巴盟乌兰布和沙漠边缘），由中国林科院林业所和沙漠林业实验中心于 1995 年共同选育而成。

②辽阜 1 号：是在俄罗斯西伯利亚地区的沙棘品种"丘依斯克"的基础上，通过实生选种法选育而成。该品种为双无性系品种，属大果、无刺、高产类型。在适宜立地条件下，亩产果量可达 1 000 kg 以上，灌丛型。品种选育地点为辽宁省阜新市阜新县福兴地镇。由中国林科院林业所在辽宁省水利厅和阜新市水利局的支持下，在 20 世纪 90 年代中期选育而成。

③辽阜 2 号：与辽阜 1 号相同，是在"丘依斯克"的基础上，通过实生选种法选育出的双无性系品种。与辽阜 1 号的不同点是树体分枝角度较小，枝条上倾性强，果实成熟期晚于辽阜 1 号半个月。选育者、支持者、选育时间与选育地点与辽阜 1 号相同。

④HS4：是以蒙古的"乌兰格木"为育种材料，通过实生选种法选育出的单一无性系品种。属大果、无刺、丰产型品种。由黑龙江省农业科学院浆果研究所选育。该品种对北方高寒气候区有较强的适应性。

⑤HS6：选育背景、树体情况与 HS4 相同，是在"乌兰格木"的基础上，通过实生选种选育出的单一无性系品种。

⑥丘杂 F1：是在俄罗斯大果品种"丘依斯克"（母本）与中国沙棘（父本）杂交的基础上，以集团选择法选出的大果、少刺、高产单株的实生后代。该品种属多无性系品种，生态适应性较强，果粒大小介于中国沙棘与大果沙棘优良品种之间，枝刺数较中国沙棘减少一半，为适应范围较广的生态经济型品种。该品种由中国林科院林业所和沙漠林业实验中心共同选育而成，选育地点在中国林科院沙漠林业实验中心。

⑦亚中杂：是由中亚沙棘（母本）与中国沙棘（父本）、中亚沙棘（父本）混合授粉形成的杂交种，属单一无性系品种。该品种在生长上具有双亲的特征，其含油量显著高于中国沙棘。该品种由中国林科院林业所和沙漠林业实验中心共同选育而成，选育地点在中国林科院沙漠林业实验中心。

1.2.1.2 区域化试验点设置

为了获得充分的试验结果，区域化试验点的设计重点集中在我国西北、华北、东北地区。具体布局如下。

①新疆青河：由新疆林科院牵头，青河县林业局负责实施，试验地安排在青河县国家大果沙棘良种繁育基地。位于北纬 46°28′、东经 90°12′左右。试验面积 15 亩，4 个重复处理。

②甘肃临夏：由甘肃临夏回族自治州种苗站负责。试验地在林家河滩苗圃。位于北纬 35°30′、东经 103°30′左右。试验面积 15 亩，5 个重复处理。

③陕西永寿：由陕西省水土保持局负责，试验地在永寿县马坊乡。位于北纬 34°40′、东经 108°20′左右。试验面积 15 亩，4 个重复处理。

④山西离石：由山西省水土保持科学研究所负责，试验地在离石区附近地区。位于北纬 37°35′、东经 111°10′左右，为黄土丘陵沟壑区。试验面积 15 亩，5 个重复处理。

⑤内蒙古磴口：由中国林科院林业所与沙漠林业实验中心共同承担，试验地设在第三试验场。位于北纬 40°10′、东经 107°05′左右，为乌兰布和沙漠边缘的干旱灌区。试验面积 30 亩，8 个重复处理。示范林面积 1 000 亩。

⑥内蒙古赤峰：由内蒙古赤峰市种苗站负责，试验地设于克什克腾旗热水林场苗圃。位于北纬 43°30′、东经 117°30′左右，为半干旱草原区。试验面积 15 亩，4 个重复处理。

⑦辽宁阜新：由辽宁省阜新市林业科学研究所负责，试验地设于阜新市内该所的苗圃。位于北纬 41°45′、东经 121°50′左右。试验面积 15 亩，4 个重复处理。

⑧吉林镇赉：由吉林省镇赉县林业局负责，位于北纬 45°30′、东经 123°20′左右。试验面积 15 亩，4 个重复处理。

⑨黑龙江绥棱：由黑龙江省农业科学院绥棱浆果所承担，试验地设于绥棱县。位于北纬 47°00′、东经 127°05′左右。试验面积 15 亩，4 个重复处理。

⑩西藏林芝：具体由西藏农牧学院生态所负责。试验地位于西藏农牧学院生态所的实验苗圃。此外，在拉萨还设置了一个辅助试验点。

1.2.1.3 试验设计

区域化试验采用完全随机区组设计方式。单行小区，小区株数为 10 株或 16 株，4～5 次重复。株行距为 3 m×2 m，雄株为阿列伊，雌雄株配比为 4∶1，试验林周围一般以蒙古沙棘作 2 行保护行。在试验地品种苗木数量不够时，允许各试验点根据实际情况作出适当的调整，但为了确保试验的充分和科学，原则上各区域化点试验林的建设必须保证至少有 3 个重复。

试验林苗木的定植穴规格为 40 cm×40 cm×40 cm，不准挖锅底坑。整地方式可根据各试验点实际情况确定，灵活掌握。但在定植时，需注意墒情合适，不窝根，适当踏实，表土、湿土要回填于定植穴，特别是湿土，原则上应回填于穴底。造林后应立即灌水，以确保试验林的成活率。

1.2.1.4　试验林管理

定植时间：区域化试验林种苗虽然在同一时间提供，但由于各试验点之间地理跨度大，具体定植时间要依各地气候条件和农时变化而定，选择最适宜的时间。如果延时定植，苗木必须认真假植或贮藏，要保持适度低温和湿度，最大限度地保存苗木的活力和保证质量。

定植当年的管护与生长调查：定植成活与否，除受遗传因素影响，还受很多偶然的和人为的因素影响，特别是供试品种苗木出自多个培育地点，因此在定植的当年要精心管护，原则上要按集约经营方式进行管理，以确保成活。各试验点应密切注意墒情变化，适时灌水，适时中耕、除草，在土地特别瘠薄的情况下，还要适当施肥。但需要注意的是，所采取的措施对各试验处理来说必须是同等的、均一的，以便客观地比较不同的试验品种。生长季结束后，进行成活率与生长量的调查，以做分析。生长指标主要调查株高、新梢长度和新梢数量等。

定植后第 2、第 3、第 4 年，仍然需要按集约经营方式管理，以观测不同品种的适应性和经济性能的表现。因为试验选用的品种特别是大果品种，在生产上也是按集约经营方式栽培的，这样做可以判别在适当栽培方式下的经济价值。生长季结束时，要进行全面调查，包括株高、冠幅，当年新梢生长量、新梢数量、果实大小、单株产量、种子特性、棘刺数量、叶片长宽等指标，为评价集约栽培下品种的生态价值和经济价值积累数据。

盛果期以后，改变经营方式，从集约经营改为粗放经营，通常条件下任其自然生长，不做任何处理，以观测其在自然条件下的生长情况，探讨不同品种对环境的适应能力及其反应。生长季结束后，同样进行生长指标的调查。

1.2.1.5　指标测定

不同试验点区域化试验林主要测定指标有株高（cm）、地径（cm）、冠幅（cm）、主梢长（cm）、主梢中径（cm）、新梢数（个）、新梢长（cm）等指标。叶片测定长度（cm）、宽度（cm），每个品种随机抽取 30 个叶片，计算长度、宽度和长宽比平均值。叶片数统计 10 cm 枝条的平均数量，抽样枝数为 10 个。棘刺数调查 2 个指标，一个是调查 2 年生枝条的棘刺数平均值，另一个是调查 10 cm 枝条的平均棘刺数量，抽样枝条数均为 10 个。进入大量结实期后，每年详细调查不同品种的单株产量（kg），并计算单株产量平均值。果实为每个品种随机抽取 3 个百果质量（g），计算平均值。果实形态指标主要测定纵径（mm）、横径（mm）和果柄长（mm），具体为每个品种随机抽取 100 粒，全部测定每一粒纵径、横径和果柄长，然后计算 100 粒的平均值。种子千粒重（g）取 3 个样本的平均值。种子形态指标的测定类似果实，随机抽取 100 粒种子，全部测定每一粒的长度（mm）、宽度（mm）和厚度（mm），然后计算 100 粒种子的平均值。

果实含量采用 HPLC 法进行测定。果实 VC 测定，色谱条件柱：μ-Bondapak C_{18}（0.4 cm×30 cm）；流动相：0.1% $H_2C_2O_4$；流量：1.0 mL/min；检测器：UV254nm×0.1 AUFS。VE 测定，色谱条件柱：μ-Bondapak C_{18}（0.4 cm ×30 cm）；流动相：98% CH_3OH-2% H_2O；流量：1.5 mL/min；检测器：UV280nm×0.1 AUFS。黄酮测定，流动相：甲醇∶水∶磷酸=55∶45∶0.3（体积比）；检测波长：368 nm；流量：0.8 mL/min；进样量：20 μm。脂肪酸测定，分析条件为 N_2：40 mL/min；INJ：260℃；COL：200℃；玻璃填充柱：10%DEGS。果实 VC、VE 和黄酮含量测定色谱图见图 2-1-26～图 2-1-28。

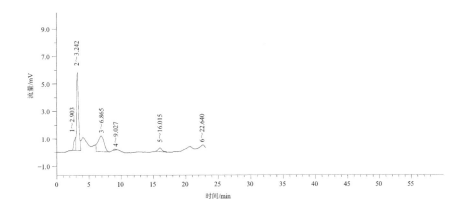

图 2-1-26　亚中杂 VE 含量测定色谱

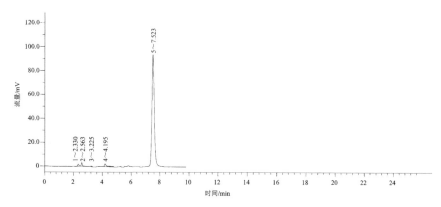

图 2-1-27　亚中杂 VC 含量测定色谱

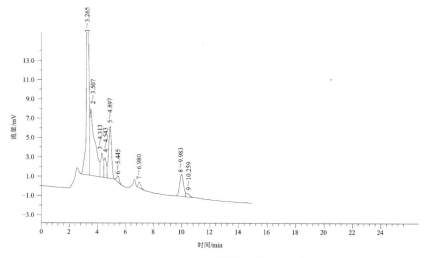

图 2-1-28　亚中杂黄酮含量测定色谱

1.2.2　新品种区域化试验第 1 年结果

本章对区域化试验林第 1 年的测定结果进行了系统分析和总结。重点分析了新疆青河、黑龙江绥棱、内蒙古磴口、内蒙古赤峰、甘肃临夏、山西离石、辽宁阜新、吉林镇赉 8 个区域化试验点（由于管理失误，陕西永寿、西藏林芝 2 个试验点没有数据）不同品种的成活率、株高、冠幅、新梢生长量和新梢数量等指标的差异性及其变化规律，并应用模糊数学的隶属度原理对品种的适应性进行了综合评价。由于采用的是定植当年的数据，结论只是初步的，生产上可作为参考。

1.2.2.1 不同试验点不同品种成活率比较

从表 2-1-23 和图 2-1-29 可以看出，新疆青河试验点供试品种成活率在 43.3%～73.3%，其中成活率在 50% 以上的有丘杂 F1（73.3%）、亚中杂（63.3%）、辽阜 1 号（62.7%）、辽阜 2 号（53.3%）4 个品种；成活率在 50% 以下的有乌兰沙林（43.3%）、HS6（43.3%）、HS4（21.7%）3 个品种。

表 2-1-23　不同试验点不同品种成活率比较　　　　单位：%

品种	新疆青河	黑龙江绥棱	内蒙古磴口	内蒙古赤峰	甘肃临夏	山西离石	辽宁阜新	吉林镇赉
乌兰沙林	43.3	73.3	77.5	85.0	94.7	64.0	49.0	36.0
辽阜 1 号	62.7	85.0	62.5	80.0	96.0	60.0	83.0	41.3
辽阜 2 号	53.3	75.0	—	78.0	85.3	32.0	61.0	38.7
HS4	21.7	51.7	30.0	75.0	78.7	61.8	49.0	14.7
HS6	43.3	58.3	52.5	67.0	72.0	51.4	55.0	16.0
丘杂 F1	73.3	68.3	75.0	63.0	89.3	80.0	63.0	44.0
亚中杂	63.3	58.3	70.0	57.0	82.7	73.3	84.0	60.0

注：由于管理失误，辽阜 2 号在内蒙古磴口试验点没有数据。下同。

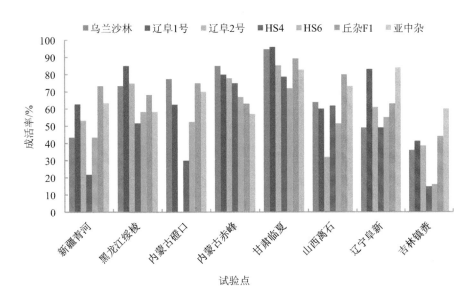

图 2-1-29　不同试验点不同品种成活率比较

黑龙江绥棱试验点成活率达 84% 以上的只有辽阜 1 号 1 个品种,成活率在 50%～84% 的有辽阜 2 号(75.0%)、乌兰沙林(73.3%)、丘杂 F1(68.3%)、亚中杂(58.3%)、HS6(58.3%)、HS4(51.7%)6 个品种。

内蒙古磴口试验点与山西离石试验点类似,供试品种成活率均在 84% 以下。其中成活率在 50%～84% 的有乌兰沙林(77.5%)、丘杂 F1(75.0%)、亚中杂(70.0%)、辽阜 1 号(62.5%)、HS6(52.5%)5 个品种,50% 以下的有 HS4(30.0%)1 个品种。

内蒙古赤峰试验点供试品种成活率达 84% 以上的只有乌兰沙林(85.0%)1 个品种,其余 6 个品种成活率均在 50%～84%,成活率由大到小的排序为辽阜 1 号(80.0%)、辽阜 2 号(78.0%)、HS4(75.0%)、HS6(67.0%)、丘杂 F1(63.0%)、亚中杂(57.0%)。

甘肃临夏试验点供试品种成活率均比较高,成活率在 84% 以上的有辽阜 1 号(96.0%)、乌兰沙林(94.7%)、丘杂 F1(89.3%)、辽阜 2 号(85.3%)4 个品种,其余 3 个品种在 70%～84%,亚中杂为 82.7%,HS4 为 78.7%,HS6 为 72.0%。

山西离石试验点供试品种成活率均在 84% 以下。成活率在 50%～84% 的有丘杂 F1(80.0%)、亚中杂(73.3%)、乌兰沙林(64.0%)、HS4(61.8%)、辽阜 1 号(60.0%)、HS6(51.4%)6 个品种,成活率在 50% 以下的有 1 个品种,为辽阜 2 号(32.0%)。

辽宁阜新试验点供试品种成活率除亚中杂外均在 84% 以下,成活率在 50%～84% 的有亚中杂(84.0%)、辽阜 1 号(83.0%)、丘杂 F1(63.0%)、辽阜 2 号(61.0%)、HS6(55.0%)5 个品种。成活率在 50% 以下的有乌兰沙林(49.0%)、HS4(49.0%)2 个品种。

吉林镇赉试验点供试品种成活率在 50% 以上的只有亚中杂(60.0%),其余品种均在 50% 以下,按大小排序为丘杂 F1(44.0%)、辽阜 1 号(41.3%)、辽阜 2 号(38.7%)、乌兰沙林(36.0%)、HS6(16.0%)、HS4(14.7%)。很明显,镇赉试验点的成活率比较低。

从以上对比分析可以明显看出两点:一是吉林镇赉试验点大部分品种的成活率均低于其他试验点,其原因可能与该试验点干旱、管理粗放(没有灌溉)密切相关;二是不同品种之间、不同试验点之间成活率的变化比较复杂,方差分析表明(表 2-1-28),品种之间、试验点之间的成活率差异均达到了极显著水平($p = 0.000$),这充分说明新品种区域化试验是非常必要的,新品种的推广如果没有通过区域化试验,就有可能造成损失。

1.2.2.2 新梢生长量比较

表 2-1-24 和图 2-1-30 表明,新疆青河试验点供试品种造林当年新梢生长量在 24.0～

60.0 cm，黑龙江绥棱试验点在 18.5～51.7 cm，内蒙古磴口试验点在 10.0～50.0 cm，内蒙古赤峰试验点在 10.6～13.9 cm，甘肃临夏试验点在 8.2～14.1 cm，山西离石试验点在 7.5～27.8 cm，辽宁阜新试验点在 52.0～68.6 cm，吉林镇赉试验点在 7.6～13.5 cm。很明显，甘肃临夏、吉林镇赉、内蒙古赤峰 3 个试验点造林当年新梢生长量比较低，其次是山西离石，一些品种略高于以上 3 个试验点。辽宁阜新、新疆青河、黑龙江绥棱、内蒙古磴口 4 个试验点新梢生长量比较大，但品种之间有明显差异。从试验点比较，辽宁阜新试验点新梢生长量最大。方差分析表明（表 2-1-28），品种和试验点之间均达到了极显著差异水平，p 值分别为 0.018 9 和 0.000。

表 2-1-24　不同试验点不同品种新梢生长量比较　　　　　　单位：cm

品种	新疆青河	黑龙江绥棱	内蒙古磴口	内蒙古赤峰	甘肃临夏	山西离石	辽宁阜新	吉林镇赉
乌兰沙林	28.0	19.5	36.1	10.6	10.3	11.0	54.4	10.0
辽阜 1 号	51.8	18.5	10.0	13.5	12.0	12.9	58.1	11.0
辽阜 2 号	60.0	20.0	—	12.7	8.2	18.6	57.6	13.5
HS4	24.0	26.0	30.0	13.0	10.0	7.5	52.0	8.3
HS6	49.0	37.8	50.0	12.5	12.1	9.3	54.2	7.6
丘杂 F1	41.0	51.7	38.3	13.9	14.1	25.9	63.3	10.2
亚中杂	37.6	40.8	34.4	11.7	11.1	27.8	68.6	11.5

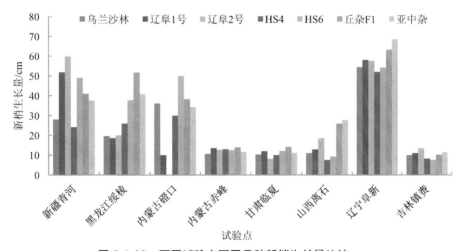

图 2-1-30　不同试验点不同品种新梢生长量比较

1.2.2.3　新梢数量比较

表 2-1-25 和图 2-1-31 表明，新疆青河试验点供试品种造林当年新梢数量在 3.0～5.0 个，黑龙江绥棱试验点在 2.6～9.5 个，内蒙古磴口试验点在 3.0～10.0 个，内蒙古赤峰试验点在 3.6～4.8 个，甘肃临夏试验点在 2.0～4.1 个，山西离石试验点在 1.1～3.0 个，辽宁阜新试验点在 5.0～9.8 个，吉林镇赉试验点在 2.5～4.8 个。很明显，品种之间和试验点之间的新梢数量均有一定差异，方差分析表明（表 2-1-28），品种之间差异没有达到显著水平（p =0.205 9），但试验点之间差异达到极显著水平（p =0.000）。

表 2-1-25　不同试验点不同品种新梢数量比较　　　　　单位：个

品种	新疆青河	黑龙江绥棱	内蒙古磴口	内蒙古赤峰	甘肃临夏	山西离石	辽宁阜新	吉林镇赉
乌兰沙林	4.0	5.2	9.0	4.3	3.0	1.8	7.8	2.5
辽阜 1 号	3.8	9.5	3.0	4.8	3.2	2.2	9.0	3.5
辽阜 2 号	5.0	8.9	—	4.6	2.9	2.1	7.1	4.8
HS4	3.0	2.6	6.0	3.8	2.0	1.3	5.0	2.5
HS6	3.9	4.4	10.0	3.8	3.6	1.1	6.5	2.5
丘杂 F1	4.2	7.1	6.0	3.7	4.1	2.3	6.5	3.0
亚中杂	5.0	6.9	7.0	3.6	3.8	3.0	9.8	3.5

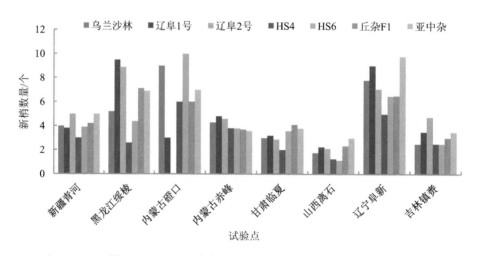

图 2-1-31　不同试验点不同品种新梢数量比较

1.2.2.4 冠幅比较

表 2-1-26 和图 2-1-32 表明，新疆青河试验点供试品种造林当年冠幅在 13.0～52.0 cm，黑龙江绥棱试验点在 27.7～48.4 cm，内蒙古磴口试验点在 16.4～31.5 cm，内蒙古赤峰试验点在 16.1～20.7 cm，甘肃临夏试验点在 5.8～27.2 cm，山西离石试验点在 8.0～31.9 cm，辽宁阜新试验点在 33.6～68.4 cm，吉林镇赉试验点在 8.1～18.8 cm，很明显，品种之间和试验点之间的冠幅均有一定差异，方差分析表明（表 2-1-28），品种之间差异未达到显著水平（p =0.059 8），试验点之间达到极显著差异水平（p =0.000）。

表 2-1-26　不同试验点不同品种冠幅比较　　　　　　　　　　单位：cm

品种	新疆青河	黑龙江绥棱	内蒙古磴口	内蒙古赤峰	甘肃临夏	山西离石	辽宁阜新	吉林镇赉
乌兰沙林	29.3	—	23.3	17.3	11.1	18.5	39.4	8.1
辽阜 1 号	43.8	32.9	31.5	19.1	14.6	13.5	47.4	10.5
辽阜 2 号	52.0	27.7	—	20.7	12.7	15.0	41.1	18.8
HS4	13.0	—	16.4	19.8	5.8	8.0	33.6	9.0
HS6	29.0	—	23.2	17.3	12.9	8.9	42.4	8.6
丘杂 F1	17.5	48.4	17.8	18.0	27.2	18.6	62.1	11.5
亚中杂	20.0	40.7	18.1	16.1	20.8	31.9	68.4	12.6

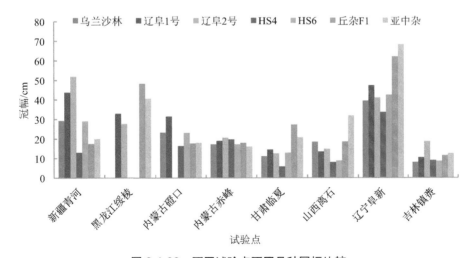

图 2-1-32　不同试验点不同品种冠幅比较

1.2.2.5 株高比较

表 2-1-27 和图 2-1-33 表明,新疆青河试验点供试品种造林当年株高在 31.3~68.2 cm,黑龙江绥棱试验点在 33.7~68.4 cm,内蒙古磴口试验点在 30.0~50.0 cm,内蒙古赤峰试验点在 36.4~42.3 cm,甘肃临夏试验点在 28.1~57.9 cm,山西离石试验点在 22.1~46.6 cm,辽宁阜新试验点在 51.8~80.0 cm,吉林镇赉试验点在 22.4~28.2 cm。很明显,与冠幅一样,品种之间和试验点之间的株高均有一定差异,方差分析表明(表 2-1-28),品种的差异达显著性水平(p =0.023 9),试验点的差异均达到了极显著水平(p =0.000)。

表 2-1-27   不同试验点不同品种株高比较　　　　　　　单位:cm

品种	新疆青河	黑龙江绥棱	内蒙古磴口	内蒙古赤峰	甘肃临夏	山西离石	辽宁阜新	吉林镇赉
乌兰沙林	49.0	33.7	36.1	42.3	33.9	28.0	53.4	22.4
辽阜1号	57.6	56.2	30.0	41.1	57.9	44.1	70.4	28.2
辽阜2号	68.2	55.7	—	40.2	28.1	28.3	59.8	27.2
HS4	31.3	48.0	30.0	39.3	34.1	29.3	51.8	23.5
HS6	62.0	59.4	50.0	37.6	36.0	22.1	55.0	24.1
丘杂 F1	58.4	68.4	38.3	38.0	46.7	46.6	74.1	23.1
亚中杂	50.0	55.2	34.4	36.4	35.1	39.2	80.0	24.1

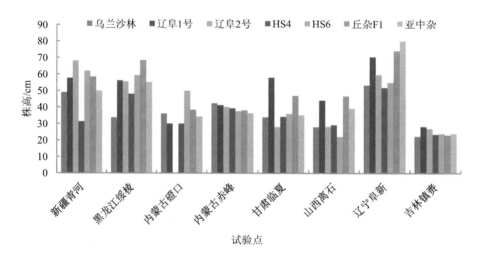

图 2-1-33   不同试验点不同品种株高比较

表 2-1-28　不同试验点不同品种生长指标方差分析结果

指标	变异来源	SS	df	MS	F	p
新梢长	品种间	1 694.813	4	154.073 9	2.263	0.018 9
	地点间	25 487.4	7	3 641.058	53.487	0.000
	误差	5 241.63	28	68.073 1		
	总变异	32 423.85	39			
新梢数	品种间	36.684 5	4	3.335	1.367	0.205 9
	地点间	289.597 8	7	41.371 1	16.954	0.000
	误差	187.894 7	28	2.440 2		
	总变异	514.177	39			
冠幅	品种间	1 513.028	4	137.548	1.869	0.059 8
	地点间	11 323.47	7	1 887.246	25.647	0.000
	误差	4 856.563	28	73.584 3		
	总变异	17 693.06	39			
株高	品种间	1 959.209	4	178.109 9	2.181	0.023 9
	地点间	15 821.86	7	2 260.265	27.676	0.000
	误差	6 288.573	28	81.669 8		
	总变异	24 069.64	39			
成活率	品种间	8 282.848	4	752.986 2	6.582	0.000
	地点间	18 403.87	7	2 629.125	22.982	0.000
	误差	8 808.801	28	114.4		
	总变异	35 495.52	39			

1.2.2.6　适应性综合评价

该区域化试验参试的品种包括两类：一类是在俄罗斯和蒙古大果沙棘品种的基础上通过实生选育出来的品种，如乌兰沙林、辽阜 1 号、辽阜 2 号、HS4、HS6；另一类是通过杂交育种选育出来的品种，如丘杂 F1、亚中杂。由于各个品种的培育目标不完全相同，因此，在评价其适应性时评价目标也不同。例如，大果沙棘品种乌兰沙林、辽阜 1 号、辽阜 2 号、HS4 和 HS6，目标主要是果实和种子的产量，因此属经济型品种；而丘杂 F1、亚中杂 2 个品种的定位是生态经济型品种。但是，综合考虑，无论是经济型品种还是生态经济型品种，用株高、冠幅、果实产量、棘刺数等指标均能很好地反映其品种的基本特性。基于此，在该区域化试验品种未进入结实期之前可用生长指标来直接对供试品种的适应性进行评价，进入结实期后可对生长和产量 2 个指标体系进行评价。具体定量综合评价方法如下。

（1）隶属函数构造

第 1 年区域化试验选择的主要评价指标有株高和冠幅 2 个，由于成活率指标容易受到苗木质量的影响，评价时没有入选。在进行综合评价时，我们根据第 1 年不同品种生长状况构造了如下隶属函数：

$$株高：\mu_1\ (x_1) = \begin{cases} 株高/100 & x_1 < 100\ cm \\ 1 & x_1 \geq 100\ cm \end{cases}$$

$$冠幅：\mu_2\ (x_2) = \begin{cases} 冠幅/100 & x_2 < 100\ cm \\ 1 & x_2 \geq 100\ cm \end{cases}$$

$$综合指数：E = (\mu_1 + \mu_2)/2$$

（2）隶属度与综合指数

根据以上隶属函数，计算不同试验点不同品种株高、冠幅的综合指数 E，结果见表 2-1-29。表 2-1-29 表明，从适应性综合指数 E 值比较，辽宁阜新试验点 7 个大果品种 E 值均比较高，为 0.427～0.742，表明 7 个大果品种在辽宁阜新均表现出很强的适应性。新疆青河和黑龙江绥棱的 E 值分别为 0.222～0.601、0.169～0.584，显示大果品种在这 2 个试验点也有一定适应性。其余试验点的 E 值为 0.152～0.370，反映出大果品种在这些试验点的适应性一般。

表 2-1-29　不同试验点不同品种第 1 年综合指数 E 计算结果

品种	新疆青河	黑龙江绥棱	内蒙古磴口	内蒙古赤峰	甘肃临夏	山西离石	辽宁阜新	吉林镇赉
乌兰沙林	0.392	0.169	0.297	0.298	0.225	0.233	0.464	0.152
辽阜 1 号	0.507	0.446	0.307	0.301	0.363	0.288	0.589	0.193
辽阜 2 号	0.601	0.417	—	0.305	0.204	0.216	0.504	0.230
HS4	0.222	0.240	0.232	0.296	0.200	0.186	0.427	0.163
HS6	0.455	0.297	0.366	0.275	0.245	0.155	0.487	0.164
丘杂 F1	0.380	0.584	0.280	0.280	0.370	0.326	0.681	0.173
亚中杂	0.350	0.480	0.262	0.263	0.280	0.356	0.742	0.184

需要指出的是，以上 E 值仅是第一年的计算结果，不同品种的适应性还未充分体现出来，准确的结果还需要进一步连续观测和评价。

1.2.3 新品种区域化试验第 4 年结果

本节对区域化试验林第 4 年测定的结果进行了系统分析和比较。重点分析了新疆青河、辽宁阜新、黑龙江绥棱、内蒙古赤峰 4 个区域化试验点（由于资金缺乏、人员变动、管理不到位等原因，导致其余 6 个试验点没有连续观察数据）不同品种的保存率、株高、冠幅、新梢生长量和新梢数量等指标的差异性，并对品种的适应性差异进行了综合评价。由于本次供试的 7 个品种与前期从国外引进的 10 个品种相比较，结果表现很差，第 4 年单株产量均未超过 0.6 kg，第 4 年亩产量未超过 66 kg，因此在丰产性方面未做详细调查与评价。

1.2.3.1 保存率

表 2-1-30 和图 2-1-34 表明，新疆青河试验地保存率在 50% 以上的有辽阜 1 号（76.9%）、HS6（59.0%）、HS4（55.9%）、丘杂 F1（51.7%）4 个品种，其余 3 个品种均在 50% 以下。辽宁阜新试验点保存率相对比较高，大部分品种保存率均在 50% 以上，只有 HS6（48.0%）、辽阜 2 号（42.0%）在 50% 以下。黑龙江绥棱试验点保存率在 50% 以上的有 HS6（70.0%）、辽阜 1 号（66.7%）、HS4（51.7%）3 个品种，其余品种保存率均在 50% 以下。内蒙古赤峰试验点保存率在 50% 以上的有辽阜 1 号（54.0%）、辽阜 2 号（53.0%）、丘杂 F1（53.0%）3 个品种，其余品种均在 50% 以下。从以上的比较可以看出，辽宁阜新和新疆青河 2 个试验点保存率相对比较高，各有 4～5 个品种保存率在 50% 以上，而内蒙古赤峰、黑龙江绥棱 2 个试验点保存率相对较低，各有 3 个品种保存率在 50% 以上。由此表明，供试品种在辽宁阜新、新疆青河 2 个试验点的适应性要明显高于其他试点，当然这仅是从保存率这一个指标上所得出的结论。

表 2-1-30　第 4 年不同试验点不同品种保存率

单位：%

品种	新疆青河	辽宁阜新	黑龙江绥棱	内蒙古赤峰
乌兰沙林	49.7	51.0	48.3	43.0
辽阜 1 号	76.9	87.0	66.7	54.0
辽阜 2 号	43.5	42.0	45.0	53.0
HS4	55.9	60.0	51.7	35.0

品种	新疆青河	辽宁阜新	黑龙江绥棱	内蒙古赤峰
HS6	59.0	48.0	70.0	29.0
丘杂F1	51.7	60.0	43.3	53.0
亚中杂	41.7	60.0	23.3	45.0

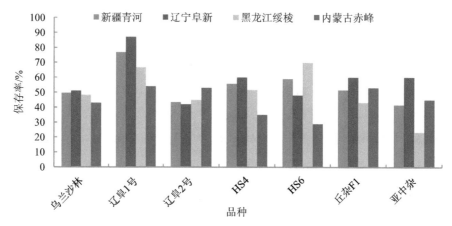

图 2-1-34　第 4 年不同试验点不同品种保存率比较

1.2.3.2　株高比较

　　表 2-1-31 和图 2-1-35 表明，新疆青河试验点大果品种株高在 144～157 cm，沙棘杂种在 183～205 cm。辽宁阜新试验点大果品种株高在 168～192 cm，沙棘杂种在 234～258 cm。很明显，阜新试验点株高与新疆青河相似，沙棘杂种显著高于大果品种。黑龙江绥棱试验点大果品种株高在 112～132 cm，沙棘杂种在 133～153 cm，同样，沙棘杂种也高于大果品种。内蒙古赤峰试验点供试大果品种株高在 100～117 cm，沙棘杂种在 109～141 cm。可见，沙棘杂种略高于大果品种。从以上比较不难发现，供试品种在辽宁阜新试验点株高最大，其次为新疆青河，黑龙江绥棱、内蒙古赤峰 2 个试验点株高比较小。

表 2-1-31　第 4 年不同试验点不同品种株高　　　　　　　　　　单位：cm

品种	新疆青河	辽宁阜新	黑龙江绥棱	内蒙古赤峰
乌兰沙林	147.0	180.0	114.0	111.0
辽阜 1 号	144.0	171.0	117.0	117.0
辽阜 2 号	146.5	168.0	125.0	110.0
HS4	152.0	192.0	112.0	100.0

品种	新疆青河	辽宁阜新	黑龙江绥棱	内蒙古赤峰
HS6	157.0	182.0	132.0	103.0
丘杂 F1	205.0	258.0	153.0	109.0
亚中杂	183.0	234.0	133.0	141.0

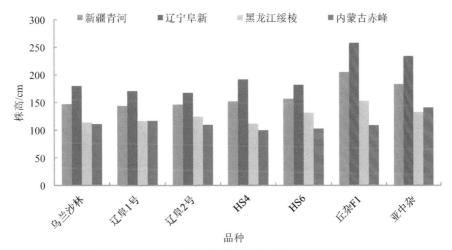

图 2-1-35　第 4 年不同试验点不同品种株高比较

1.2.3.3　冠幅比较

表 2-1-32 和图 2-1-36 表明，新疆青河试验大果品种冠幅为 93.8～102.6 cm，其中乌兰沙林冠幅最小，HS4 最大，杂种冠幅在 155.9～160.8 cm，很明显，沙棘杂种的冠幅显著高于大果品种，这与株高的结果是完全一致的。辽宁阜新试验点大果品种冠幅为 135～157 cm，杂种为 226～230 cm，杂种显著高于大果品种。黑龙江试验点大果品种冠幅为 48.2～60.4 cm，杂种为 81.8～95.5 cm，同样杂种也显著高于大果品种。内蒙古赤峰试验点大果品种冠幅为 38～55 cm，杂种为 55.5～77.3 cm，可见杂种略高于大果品种。综合以上分析可以看出，不同试验点冠幅差异比较明显，无论是大果品种还是杂种，冠幅由大到小的顺序依次为辽宁阜新、新疆青河、黑龙江绥棱、内蒙古赤峰。此外，不同品种之间冠幅差异也是比较明显的，但是总体来说，具有中国沙棘遗传成分的杂种其冠幅均比大果品种大，反映出杂种的适应性总体上强于大果品种。

表 2-1-32 第 4 年不同试验点不同品种冠幅 单位：cm

品种	新疆青河	辽宁阜新	黑龙江绥棱	内蒙古赤峰
乌兰沙林	93.8	135.0	52.7	48.0
辽阜 1 号	97.3	141.0	53.6	55.0
辽阜 2 号	96.0	135.0	57.0	53.5
HS4	102.6	157.0	48.2	38.0
HS6	100.7	141.0	60.4	39.8
丘杂 F1	160.8	226.0	95.5	55.5
亚中杂	155.9	230.0	81.8	77.3

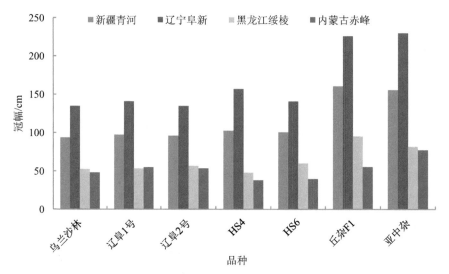

图 2-1-36 第 4 年不同试验点不同品种冠幅比较

表 2-1-33 是第 4 年新疆青河试验点不同品种叶片、棘刺和单株产量比较结果。从表中可以看出，大果品种的叶片长度为 6.2～8.1 cm，叶片宽为 0.9～1.3 cm，长宽比为 5.85～7.36；杂种叶片长度为 5.8～6.3 cm，叶片宽为 0.8～0.9 cm，长宽比为 7.00～7.25。很明显，杂种叶片比大果品种短，宽度也小，叶片短而窄是抗逆性强的一个重要标志。从叶片数比较，除乌兰沙林外（15 个），大果品种 10 cm 枝条叶片数均为 13 个，而杂种为 15 个，杂种叶片数多于大果品种，这是杂种生长量显著高于大果品种的一个重要因素。

从棘刺数的比较来看，大果品种 10 cm 枝条为 1 个棘刺，2 年生枝条为 1～2 个棘刺，而杂种 10 cm 枝条为 3～4 个棘刺，2 年生枝条也为 3～4 个棘刺。棘刺数多是抗逆性强的一个重要标志，但对沙棘的经济价值来说，由于棘刺数多，不易采摘。

从单株产量来看，乌兰沙林、辽阜 1 号、辽阜 2 号为 3.5～5.4 kg，显著高于杂种（丘杂 F1、亚中杂为 2.8～3.2 kg），而 HS4、HS6 表现则较差。

表 2-1-33　第 4 年新疆青河试验点不同品种叶片、棘刺生长和单株产量比较

品种	叶片长/cm	叶片宽/cm	长宽比	叶片数/个	10 cm 枝棘刺数/个	2 年枝棘刺数/个	单株产量/kg
乌兰沙林	6.2	0.9	6.89	15	1	2	5.4
辽阜 1 号	7.3	1.1	6.64	13	1	2	3.5
辽阜 2 号	7.4	1.1	6.73	13	1	2	3.7
HS4	8.1	1.1	7.36	13	1	1	1.4
HS6	7.6	1.3	5.85	13	1	1	1.2
丘杂 F1	6.3	0.9	7.00	15	3	3	2.8
亚中杂	5.8	0.8	7.25	15	4	4	3.2

1.2.3.4　适应性综合评价

（1）隶属函数构造

根据第 4 年不同试验点不同品种总的生长状态，选择株高和冠幅 2 个指标为评价指标构造了如下隶属函数：

$$株高：\mu_1(x_1) = \begin{cases} 株高/300 & x_1 < 300\ cm \\ 1 & x_1 \geqslant 300\ cm \end{cases}$$

$$冠幅：\mu_2(x_2) = \begin{cases} 冠幅/300 & x_2 < 300\ cm \\ 1 & x_2 \geqslant 300\ cm \end{cases}$$

综合指数：$E = (\mu_1 + \mu_2)/2$

（2）隶属度与综合指数

根据以上隶属函数，计算不同试验点不同品种第 4 年的综合指数 E，结果见表 2-1-34。

表 2-1-34　第 4 年不同试验点不同品种综合指数 E 计算结果

品种	新疆青河	辽宁阜新	黑龙江绥棱	内蒙古赤峰
乌兰沙林	0.401	0.525	0.278	0.265
辽阜 1 号	0.402	0.520	0.284	0.287
辽阜 2 号	0.404	0.505	0.303	0.273
HS4	0.424	0.582	0.267	0.230
HS6	0.429	0.538	0.321	0.238
丘杂 F1	0.610	0.807	0.414	0.274
亚中杂	0.565	0.773	0.358	0.364

从表 2-1-34 中可以看出,辽宁阜新试验点 5 个大果品种的 E 值均比较大,为 0.505～0.582,这表明 5 个大果品种在辽宁阜新表现出较强的适应性,这一点与上述株高和冠幅的结果是完全一致的。新疆青河试验点次之,5 个大果品种的 E 值为 0.401～0.429。黑龙江绥棱、内蒙古赤峰 2 个试验点 E 值比较小, 分别为 0.267～0.321、0.230～0.287,表明适应性相对较差。

与大果品种一样,杂种的 E 值在辽宁阜新试验点比较大,为 0.773～0.807,新疆青河次之,为 0.565～0.610,而黑龙江绥棱、内蒙古赤峰 2 个试验点 E 值相对比较小,分别为 0.358～0.414、0.274～0.364,表明自然适应性较差。

1.2.4　不同试验点不同品种果实特性比较

沙棘果实特性是评价沙棘新品种经济价值的重要指标之一。沙棘果实特性主要由百果质量、果柄长、VC、VE、黄酮含量等指标来表达。本章将从百果质量、果实纵径、果实横径、长宽比、果柄长 5 个指标,对不同区域化试验点不同品种的果实特性进行比较,目的是从果实角度对新品种的经济价值和适应性特点进行评价,为不同生态区域选择品种提供依据。

1.2.4.1　百果重比较

表 2-1-35 和图 2-1-37 表明,新疆青河试验点,通过实生选育从俄罗斯和蒙古大果沙棘品种中选育出的乌兰沙林、辽阜 1 号、辽阜 2 号、HS4、HS6 的百果重均表现出大果特性,百果重分别为 42.25 g、53.88 g、39.85 g、48.28 g、54.04 g;沙棘杂种(丘杂

F1、亚中杂）百果重较小，分别为 17.00 g、14.86 g。同时，5 个大果品种之间也表现出显著差异性，辽阜 1 号、HS6 的百果重均超过了 50 g，显著高于其余 3 个品种。

表 2-1-35　新疆青河试验点不同品种果实特性比较

品种	百果重/g	纵径/mm	横径/mm	果柄长/mm	纵横比
乌兰沙林	42.25	9.60	8.46	3.26	1.13
辽阜 1 号	53.88	9.14	6.59	3.14	1.39
辽阜 2 号	39.85	10.13	7.89	2.95	1.28
HS4	48.28	10.96	8.17	3.34	1.34
HS6	54.04	10.49	7.62	2.70	1.38
丘杂 F1	17.00	5.93	6.59	2.73	0.90
亚中杂	14.86	6.23	5.97	2.47	1.04

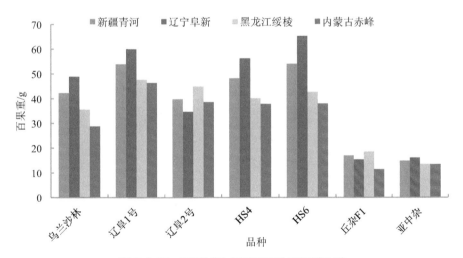

图 2-1-37　不同试验点不同品种百果重比较

表 2-1-36 和图 2-1-37 表明，辽宁阜新试验点 5 个大果品种乌兰沙林、辽阜 1 号、辽阜 2 号、HS4、HS6 的百果重同样表现出大果特性，百果重分别为 48.90 g、60.05 g、34.70 g、56.30 g、65.31 g，显著高于沙棘杂种（丘杂 F1、亚中杂），同样，5 个大果品种百果重之间的差异也是非常显著的，辽阜 1 号、HS6 的百果重均超过了 60 g，优于新

疆青河和黑龙江绥棱 2 个试验点。

表 2-1-36 辽宁阜新试验点不同品种果实特性比较

品种	百果重/g	纵径/mm	横径/mm	果柄长/mm	纵横比
乌兰沙林	48.90	10.01	8.95	3.68	1.12
辽阜 1 号	60.05	10.23	7.26	3.69	1.41
辽阜 2 号	34.70	11.30	9.06	3.67	1.25
HS4	56.30	11.52	8.50	4.05	1.36
HS6	65.31	11.57	7.26	3.09	1.22
丘杂 F1	15.40	5.99	6.29	2.85	0.95
亚中杂	16.10	7.08	6.05	2.90	1.17

表 2-1-37 和图 2-1-37 表明，黑龙江绥棱试验点 5 个大果品种乌兰沙林、辽阜 1 号、辽阜 2 号、HS4、HS6 的百果质量与新疆青河、辽宁阜新 2 个试验点相同，同样表现出大果的特性，百果重分别为 35.60 g、47.70 g、45.00 g、40.25 g、42.76 g，同样，5 个大果品种百果重的差异也是非常显著的。

表 2-1-37 黑龙江绥棱试验点不同品种果实特性比较

品种	百果重/g	纵径/mm	横径/mm	果柄长/mm	纵横比
乌兰沙林	35.60	9.18	7.97	2.84	1.15
辽阜 1 号	47.70	8.05	5.92	2.58	1.36
辽阜 2 号	45.00	8.96	6.72	2.23	1.34
HS4	40.25	10.39	7.84	2.62	1.32
HS6	42.76	9.41	7.98	2.30	1.18
丘杂 F1	18.60	5.87	6.88	2.60	0.86
亚中杂	13.61	5.38	5.88	2.04	0.91

表 2-1-38 和图 2-1-37 表明，内蒙古赤峰试验点与上述 3 个试验点类似，5 个大果品种的百果重同样表现出了大果的特性，百果重分别为 28.80 g、46.40 g、38.70 g、37.90 g、38.03 g，但是低于上述 3 个试验点。

表 2-1-38　内蒙古赤峰试验点不同品种果实特性比较

品种	百果重/g	纵径/mm	横径/mm	果柄长/mm	纵横比
乌兰沙林	28.80	9.63	7.54	3.38	1.28
辽阜 1 号	46.40	11.90	8.52	3.96	1.40
辽阜 2 号	38.70	11.07	7.83	3.60	1.42
HS4	37.90	11.12	8.05	4.55	1.39
HS6	38.03	10.48	7.96	3.10	1.32
丘杂 F1	11.44	5.26	5.56	1.65	0.95
亚中杂	13.44	5.80	6.15	2.34	0.94

1.2.4.2　果实纵径与横径比较

表 2-1-35 和图 2-1-38、图 2-1-39 表明,新疆青河试验点 5 个大果品种的纵径在 9.14～10.96 mm，横径在 6.59～8.46 mm。纵径由大到小的顺序为 HS4、HS6、辽阜 2 号、乌兰沙林、辽阜 1 号，分别为 10.96 mm、10.49 mm、10.13 mm、9.60 mm、9.14 mm，可见大果品种纵径有一定差异，但差异不明显（$p>0.05$）。横径由大到小的顺序为乌兰沙林、HS4、辽阜 2 号、HS6、辽阜 1 号，分别为 8.46 mm、8.17 mm、7.89 mm、7.62 mm、6.59 mm，很明显，纵径大小排序与横径并不一致。2 个杂种丘杂 F1、亚中杂的纵径分别为 5.93 mm、6.23 mm，横径分别为 6.59 mm、5.97 mm，二者差异不明显（$p>0.05$）。

表 2-1-36 和图 2-1-38、图 2-1-39 表明,辽宁阜新试验点 5 个大果品种的纵径在 10.01～11.57 mm，横径在 7.26～9.06 mm。纵径由大到小的顺序为 HS6、HS4、辽阜 2 号、辽阜 1 号、乌兰沙林，分别为 11.57 mm、11.52 mm、11.30 mm、10.23 mm、10.01 mm，大果品种纵径的差异不明显（$p>0.05$）。横径由大到小的顺序为辽阜 2 号、乌兰沙林、HS4、辽阜 1 号、HS6，分别为 9.06 mm、8.95 mm、8.50 mm、7.26 mm、7.26 mm，很明显，纵径与横径排序也不一致。2 个杂种丘杂 F1、亚中杂的纵径分别为 5.99 mm、7.08 mm，横径分别为 6.29 mm、6.05 mm，二者差异不明显（$p>0.05$）。

表 2-1-37 和图 2-1-38、图 2-1-39 表明，黑龙江绥棱试验点 5 个大果品种的纵径在 8.05～10.39 mm，横径在 5.92～7.98 mm。纵径由大到小的顺序为 HS4、HS6、乌兰沙林、辽阜 2 号、辽阜 1 号，分别为 10.39 mm、9.41 mm、9.18 mm、8.96 mm、8.05 mm。横径由大到小的顺序为 HS6、乌兰沙林、HS4、辽阜 2 号、辽阜 1 号，分别为 7.98 mm、

7.97 mm、7.84 mm、6.72 mm、5.92 mm，很明显，纵径与横径排序也不尽相同。2 个杂种丘杂 F1、亚中杂的纵径分别为 5.87 mm、5.38 mm，横径分别为 6.88 mm、5.88 mm，二者差异不明显（$p>0.05$）。

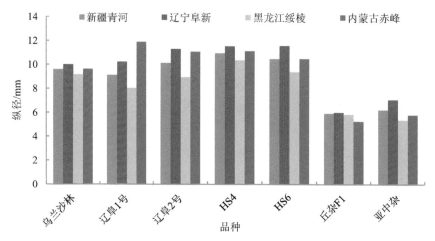

图 2-1-38　不同试验点不同品种纵径比较

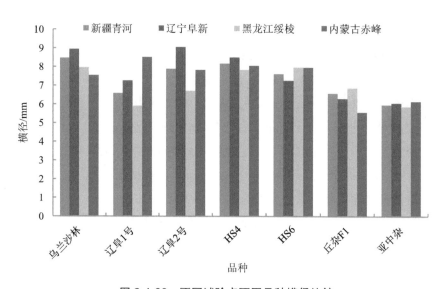

图 2-1-39　不同试验点不同品种横径比较

表 2-1-38 和图 2-1-38、图 2-1-39 表明，内蒙古赤峰试验点 5 个大果品种的纵径在
9.63～11.90 mm，横径在 7.54～8.52 mm。纵径由大到小的顺序为辽阜 1 号、HS4、辽阜
2 号、HS6、乌兰沙林，分别为 11.90 mm、11.12 mm、11.07 mm、10.48 mm、9.63 mm，
同样大果品种纵径差异也不十分显著。横径由大到小的顺序为辽阜 1 号、HS4、HS6、
辽阜 2 号、乌兰沙林，分别为 8.52 mm、8.05 mm、7.96 mm、7.83 mm、7.54 mm，可见
纵径排序与横径基本一致。2 个杂种丘杂 F1、亚中杂的纵径分别为 5.26 mm、5.80 mm，
横径分别为 5.56 mm、6.15 mm，二者差异不明显（$p > 0.05$）。

1.2.4.3　果柄长度比较

表 2-1-35 和图 2-1-40 表明，新疆青河试验点 5 个大果品种的果柄长度为 2.70～
3.34 mm，2 个杂种丘杂 F1、亚中杂果柄长度分别为 2.73 mm、2.47 mm。很明显，5 个
大果品种的果柄长要明显高于杂种，果柄长有利于采收。

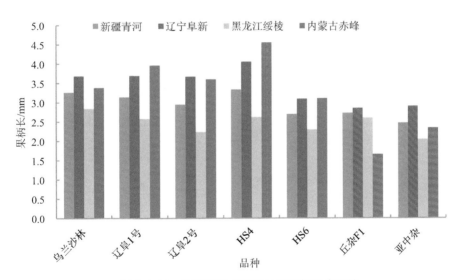

图 2-1-40　不同试验点不同品种果柄长度比较

此外，从表 2-1-36～表 2-1-38 的比较不难看出，辽宁阜新、黑龙江绥棱、内蒙古赤
峰 3 个试验点不同品种果柄长度的表现特性与新疆青河试验点基本一致，存在的差异主
要在数值的大小方面。

1.2.4.4 果实纵横比比较

果实的纵横比反映了果实的形状。前面曾提出果实形状划分的标准为：纵横比<0.9，扁圆形；0.91~1.10，圆形；1.11~1.40，椭圆形；>1.40，圆柱形。按照这一标准，从表2-1-35~表2-1-38和图2-1-41中可以看出，除了辽宁阜新的辽阜1号（纵横比为1.41）和内蒙古赤峰的辽阜2号（纵横比为1.42）为圆柱形外，4个试验点的5个大果品种的纵横比都在1.12~1.40，均为椭圆形。2个杂种方面，除辽宁阜新的亚中杂（纵横比为1.17，椭圆形）和黑龙江绥棱的丘杂F1（纵横比为0.86，扁圆形）外，4个试验点的2个杂种的纵横比都在0.90~1.04，均为圆形。

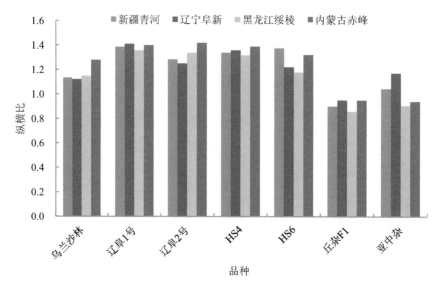

图2-1-41 不同试验点不同品种果实纵横比比较

从以上分析可以看出，除个别试验点的品种外，不同品种在不同试验点的果实纵横比差异较小，这说明环境对果实形状的影响不明显。此外，需要指出的是，果实形状的划分是一个相对概念，特别是纵横比值介于两种果形之间时，果形的归属不是机械的，实际上在这种情况下，果形为过渡类型，归属哪一种果形均可。

1.2.4.5 不同试验点果实特性的变异

以上分析了每个试验点不同品种的果实特性，由于不同试验点立地环境质量的差异，即使同一个品种其对试验点环境的反应或者适应性特点也是不同的，这一点我们从图 2-1-37～图 2-1-41 就可以明显看出。下面就同一品种果实在不同试验点的变化特点做进一步分析。

图 2-1-37 表明，百果重随试验立地条件的变化均有明显变化。乌兰沙林、辽阜 1 号、HS4、HS6 的百果重在不同试验点由大到小的顺序均为阜新＞青河＞绥棱＞赤峰，辽阜 2 号为绥棱＞青河＞赤峰＞阜新；丘杂 F1 为绥棱＞青河＞阜新＞赤峰，亚中杂为阜新＞青河＞绥棱＞赤峰。

图 2-1-38 表明，乌兰沙林果实纵径在 4 个试验点差异不明显（$p>0.05$）。辽阜 1 号在 4 个试验点差异显著，其中在黑龙江绥棱最小，在内蒙古赤峰最高；辽阜 2 号差异显著，辽宁阜新显著高于黑龙江绥棱（$p<0.05$）。HS4 和 HS6 在绥棱试验点纵径均最低，在阜新试验点最高，但差异不显著（$p>0.05$）。2 个杂种（丘杂 F1、亚中杂）在 4 个试验点差异不显著（$p>0.05$）。

图 2-1-39 表明，在果实横径方面，乌兰沙林、HS4 和 HS6 在 4 个试验点差异不明显（$p>0.05$）。辽阜 1 号和辽阜 2 号在 4 个试验点存在显著差异（$p<0.05$），但表现不尽相同，辽阜 1 号以内蒙古赤峰最高，辽阜 2 号以辽宁阜新最高。与果实纵径相同，2 个杂种（丘杂 F1、亚中杂）的横径在 4 个试验点差异不显著（$p>0.05$）。

从以上分析还可以看出，除 HS6 外，5 个大果品种的横径在黑龙江绥棱试验点均表现为较低值，其原因主要是绥棱试验点立地为沙地，与其他 3 个试验点相比较，立地条件最差，土壤肥力也比较低，严重影响到果实的发育和生长。

图 2-1-40 表明，果柄长度的变化也比较明显，几乎所有的供试品种在不同试验点均有一定的差异。5 个大果品种均以内蒙古赤峰、辽宁阜新为最长或较长，新疆青河次之，黑龙江绥棱为最短。2 个杂种（丘杂 F1、亚中杂）在辽宁阜新最长，新疆青河次之，在内蒙古赤峰和黑龙江绥棱最短。

图 2-1-41 表明，果实的形状在不同试验点有一定变化，这说明立地条件对果形也有一定影响，这一点与上面的分析是一致的。从变化的幅度大小看，乌兰沙林、辽阜 2 号、HS6、亚中杂变化幅度均比较大，其余品种变化幅度相对比较小。

1.2.4.6 百果重与果实特性指标的相关分析

图 2-1-42、图 2-1-43 和表 2-1-39 是不同试验点果实百果重与形态指标（纵径、横径、果柄长和纵横比）的相关图和相关分析结果。从图和表中可以看出，在新疆青河试验点，

百果重与果实纵径、横径、果柄长、纵横比均达到了极显著正相关水平（R^2-0.409 3～0.967 2，显著性水平为 p =0.000 1～0.046 4），表明百果重随果实特性指标的增大而线性增大。辽宁阜新和黑龙江绥棱 2 个试验点百果重与果实纵径和横径的关系与新疆青河略有不同，百果重与纵径和横径均呈显著抛物线关系（$y=a+bx+cx^2$），即在纵径和横径的一定范围内，随着纵径和横径的增加百果重随之增加，当超过某一值后开始逐渐下降。略有不同的是，阜新试验点百果重与果柄长呈显著正相关关系（R^2=0.273 2，p =0.099 0），而绥棱试验点百果重与果柄长没有明显关系（R^2=0.000 4，p =0.957 9）。阜新和绥棱试验点百果重与纵横比均呈显著正相关关系。内蒙古赤峰试验点百果重与形态指标的关系规律与新疆青河试验点基本一致。

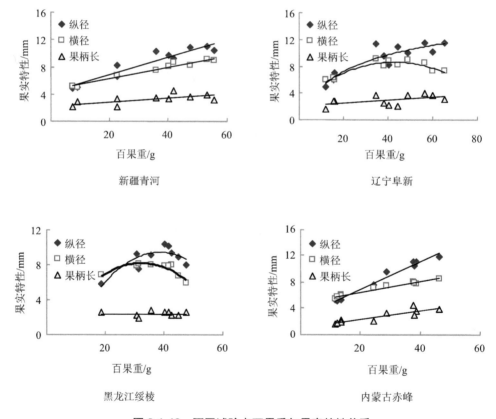

图 2-1-42　不同试验点百果重与果实特性关系

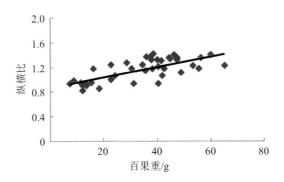

图 2-1-43　百果重与果实纵横比的关系

表 2-1-39　不同试验点百果重与果实特性关系

试验点	x	y	a	b	c	R^2	F	P
新疆青河	百果重	纵径	4.306 1	0.127 9		0.898 6	70.885 5	0.000 1
		横径	4.617 7	0.082 7		0.967 2	235.724 7	0.000 1
		果柄长	2.310 8	0.029 3		0.460 9	6.839 1	0.030 9
		纵横比	0.968 7	0.005 4		0.409 3	5.543 2	0.046 4
辽宁阜新	百果重	纵径	2.589 3	0.271 2	−0.002 2	0.813 9	17.492 5	0.001 2
		横径	2.952 0	0.266 2	−0.003 1	0.877 0	28.507 7	0.000 2
		果柄长	2.070 5	0.022 1		0.273 2	3.383 4	0.099 0
		纵横比	0.883 3	0.007 0		0.468 5	7.933 6	0.020 2
黑龙江绥棱	百果重	纵径	−4.826 8	0.738 1	−0.009 5	0.730 9	8.149 4	0.019 5
		横径	−0.094 3	0.516 2	−0.008 0	0.808 1	12.634 9	0.007 1
		果柄长	2.426 5	0.000 6		0.000 4	0.003 0	0.957 9
		纵横比	0.523 7	0.017 7		0.797 2	27.519 5	0.001 2
内蒙古赤峰	百果重	纵径	2.875 4	0.314 5		0.978 9	371.589 6	0.000 1
		横径	4.870 3	0.081 9		0.964 2	215.749 7	0.000 1
		果柄长	1.116 1	0.066 2		0.795 6	31.133 7	0.000 5
		纵横比	0.728 7	0.016 2		0.939 7	124.714 1	0.000 1
总样本	百果重	纵横比	0.880 7	0.008 2		0.499 8	37.973 4	0.000 1

注：$y=a+bx$，$y=a+bx+cx^2$。

图 2-1-43 是 4 个试验点总样本果实百果重与纵横比的关系。表 2-1-39 和图 2-1-44 表明，百果重与纵横比呈显著线性相关（$R^2=0.499\,8$，$p=0.000\,1$），即随着果实纵横比的增加百果重随之增加。

根据以上分析可以明显看出，果实纵径、横径和纵横比均与百果重达到了极显著相关，不同试验点百果重与果实形态的关系方程存在显著的差异，说明百果重与果实形态的关系受立地环境的影响比较大，要进行准确预测，则要分别针对不同立地或试验区域进行。

1.2.5　不同试验点不同品种种子特性比较

种子特性是沙棘优良品种选育的重要目标之一。本节将从种子千粒重、长度、宽度、厚度、长宽比 5 个指标，对不同试验点不同品种的种子特性进行比较，并对种子形态指标间的相互关系以及与千粒重的关系进行统计分析，以揭示不同品种种子对不同试验区立地环境的反应和适应性特点，为新品种的选择和栽培提供理论依据。

1.2.5.1　种子千粒重比较

表 2-1-40 表明，新疆青河试验点 5 个大果品种种子的千粒重为 13.41～16.42 g，千粒重由大到小的顺序为 HS6（16.42 g）、乌兰沙林（16.37 g）、HS4（15.61 g）、辽阜 2 号（14.45 g）、辽阜 1 号（13.41 g）。2 个杂种（丘杂 F1、亚中杂）千粒重明显低于 5 个大果品种，分别为 8.99 g、8.34 g。

表 2-1-40　新疆青河试验点不同品种种子特性比较

品种	千粒重/g	长度/mm	宽度/mm	厚度/mm	长宽比
乌兰沙林	16.37	5.30	2.71	1.82	1.95
辽阜 1 号	13.41	5.04	2.52	1.77	2.00
辽阜 2 号	14.45	5.36	2.51	1.73	2.13
HS4	15.61	5.59	2.58	1.90	2.16
HS6	16.42	5.36	2.73	1.95	1.96
丘杂 F1	8.99	3.77	2.34	1.69	1.61
亚中杂	8.34	3.79	2.41	1.77	1.57

表 2-1-41 表明，辽宁阜新试验点 5 个大果品种种子的千粒重为 15.66～20.58 g，明显高于新疆青河试验点，千粒重由大到小的顺序为 HS6（20.58 g）、乌兰沙林（18.49 g）、辽阜 1 号（17.13 g）、HS4（16.82 g）、辽阜 2 号（15.66 g）。与新疆青河试验点相同，2 个杂种（丘杂 F1、亚中杂）千粒重明显低于 5 个大果品种，分别为 8.37 g、8.42 g。

表 2-1-41　辽宁阜新试验点不同品种种子特性比较

品种	千粒重/g	长度/mm	宽度/mm	厚度/mm	长宽比
乌兰沙林	18.49	5.58	2.79	1.92	2.03
辽阜 1 号	17.13	5.62	2.61	1.93	2.16
辽阜 2 号	15.66	5.73	2.59	1.71	2.23
HS4	16.82	5.81	2.57	1.92	2.27
HS6	20.58	5.92	2.93	2.11	2.02
丘杂 F1	8.37	3.71	2.15	1.56	1.73
亚中杂	8.42	4.16	2.25	1.77	1.86

表 2-1-42 表明，黑龙江绥棱试验点 5 个大果品种种子的千粒重为 9.70～14.40 g，千粒重由大到小的顺序为 HS4（14.40 g）、乌兰沙林（14.26 g）、辽阜 2 号（13.25 g）、HS6（12.27 g）、辽阜 1 号（9.70 g）。此外，从表中还可以看出，辽阜 1 号的千粒重明显小于其他大果品种，其原因也值得进一步研究。2 个杂种（丘杂 F1、亚中杂）千粒重明显低于 5 个大果品种，分别为 9.61 g、8.26 g。

表 2-1-42　黑龙江绥棱试验点不同品种种子特性比较

品种	千粒重/g	长度/mm	宽度/mm	厚度/mm	长宽比
乌兰沙林	14.26	5.02	2.63	1.72	1.91
辽阜 1 号	9.70	4.47	2.43	1.62	1.84
辽阜 2 号	13.25	4.99	2.43	1.76	2.06
HS4	14.40	5.38	2.59	1.89	2.08
HS6	12.27	4.80	2.53	1.80	1.90
丘杂 F1	9.61	3.84	2.53	1.82	1.52
亚中杂	8.26	3.43	2.58	1.78	1.33

　　表 2-1-43 表明，内蒙古赤峰试验点 5 个大果品种种子的千粒重为 6.71～11.58 g，千粒重由大到小的顺序为辽阜 1 号（11.58 g）、辽阜 2 号（11.51 g）、乌兰沙林（10.94 g）、HS6（7.90 g）、HS4（6.71 g）。2 个杂种（丘杂 F1、亚中杂）千粒重明显低于前 3 个大果品种，分别为 9.57 g、9.71 g，高于 HS4 和 HS6。

表 2-1-43　内蒙古赤峰试验点不同品种种子特性比较

品种	千粒重/g	长度/mm	宽度/mm	厚度/mm	长宽比
乌兰沙林	10.94	5.56	2.70	1.75	2.67
辽阜 1 号	11.58	5.35	2.51	1.62	2.14
辽阜 2 号	11.51	5.98	2.64	1.77	2.28
HS4	6.71	3.34	2.39	1.80	1.40
HS6	7.90	3.56	2.45	1.77	1.46
丘杂 F1	9.57	3.78	2.34	1.64	1.62
亚中杂	9.71	3.85	2.75	1.83	1.40

1.2.5.2　种子长度、宽度和厚度的比较

　　表 2-1-40 表明，新疆青河试验点 5 个大果品种种子的长度为 5.04～5.59 mm，宽度为 2.51～2.73 mm，厚度为 1.73～1.95 mm。长度由大到小的顺序为 HS4、辽阜 2 号、HS6、乌兰沙林、辽阜 1 号，分别为 5.59 mm、5.36 mm、5.36 mm、5.30 mm、5.04 mm，可见，5 个大果品种种子长度有一定差异，但差异比较小。宽度由大到小的顺序为 HS6、乌兰沙林、HS4、辽阜 1 号、辽阜 2 号，分别为 2.73 mm、2.71 mm、2.58 mm、2.52 mm、2.51 mm，很明显长度大小排序与宽度并不一致，但不同品种宽度差异也不显著。厚度由大到小的顺序为 HS6、HS4、乌兰沙林、辽阜 1 号、辽阜 2 号，分别为 1.95 mm、1.90 mm、1.82 mm、1.77 mm、1.73 mm，同样，品种间的厚度差异也不太明显。2 个杂种（丘杂 F1、亚中杂）的长度分别为 3.77 mm、3.79 mm，宽度分别为 2.34 mm、2.41 mm，厚度分别为 1.69 mm、1.77 mm，同样，2 个杂种种子特征差异也不显著。根据以上比较分析，不难发现，5 个大果品种种子特征值比较大，2 个杂种的长度、宽度和厚度均较小。

　　表 2-1-41 表明，辽宁阜新试验点 5 个大果品种种子的长度为 5.58～5.92 mm，宽度为 2.57～2.93 mm，厚度为 1.71～2.11 mm，差异均未达到显著水平（$p > 0.05$）。2 个杂

种（丘杂 F1、亚中杂）的长度分别为 3.71 mm、4.16 mm，宽度分别为 2.15 mm、2.25 mm，厚度分别为 1.56 mm、1.77 mm，同样，2 个杂种种子特征差异也不显著（$p>0.05$）。综合比较 7 个品种的种子特征值，除辽阜 2 号厚度（1.71 mm）低于亚中杂（1.77 mm）外，5 个大果品种种子特征值较 2 个杂种高。

表 2-1-42 表明，黑龙江绥棱试验点 5 个大果品种种子的长度为 4.47～5.38 mm，差异达显著水平（$p<0.05$），HS4 显著高于辽阜 1 号；宽度为 2.43～2.63 mm，厚度为 1.62～1.89 mm，这两个特征值未达到显著差异（$p>0.05$）。2 个杂种（丘杂 F1、亚中杂）的长度分别为 3.84 mm、3.43 mm，宽度分别为 2.53 mm、2.58 mm，厚度分别为 1.82 mm、1.78 mm，种子特征值的差异不显著（$p>0.05$）。综合比较，5 个大果品种种子长度显著高于 2 个杂种（$p<0.05$），在种子宽度和厚度方面无显著性差异（$p>0.05$）。

表 2-1-43 表明，内蒙古赤峰试验点 5 个大果品种种子的长度为 3.34～5.98 mm，乌兰沙林、辽阜 1 号和辽阜 2 号明显高于 HS4 和 HS6（$p<0.05$）；宽度为 2.39～2.70 mm，厚度为 1.62～1.80 mm，品种间的差异不显著（$p>0.05$）。2 个杂种（丘杂 F1、亚中杂）的长度分别为 3.78 mm、3.85 mm，宽度分别为 2.34 mm、2.75 mm，厚度分别为 1.64 mm、1.83 mm，品种间的差异不显著（$p>0.05$）。总体而言，乌兰沙林、辽阜 1 号和辽阜 2 号的长度明显高于其余 4 个品种（$p<0.05$），7 个品种间的宽度、厚度没有明显差异（$p>0.05$）。

1.2.5.3 种子长宽比比较

表 2-1-40 表明，新疆青河试验点 5 个大果品种的长宽比为 1.95～2.16，2 个杂种（丘杂 F1、亚中杂）分别为 1.61、1.57，很明显，5 个大果品种的长宽比值均比较大。与果实类似，本研究基于长宽比提出沙棘种子形状划分的标准：当长宽比值为 1.1～1.5 时，种子呈卵形；当长宽比值高于 1.5 时，种子呈长卵形。由于试验点 7 个品种的长宽比值均超过了 1.5，所以种子均呈长卵形。

表 2-1-41 表明，辽宁阜新试验点 5 个大果品种的种子长宽比值较大，为 2.02～2.27，丘杂 F1、亚中杂分别为 1.73、1.86，很明显，阜新试验点 5 个大果品种和 2 个杂种种子均呈长卵形。

表 2-1-42 表明，黑龙江绥棱试验点 5 个大果品种的种子长宽比为 1.84～2.08，丘杂 F1、亚中杂分别为 1.52、1.33。可见，黑龙江绥棱试验点 5 个大果品种和丘杂 F1 的种子均呈长卵形，与阜新试验点一致；亚中杂呈卵形。

表 2-1-43 表明，内蒙古赤峰试验点 5 个大果品种的种子长宽比为 1.40~2.67，HS4 和 HS6 的长度和宽度均比较小，特别是长度。关于内蒙古赤峰试验点造成 HS4 和 HS6 种子偏小的原因有待进一步研究。丘杂 F1、亚中杂长宽比分别为 1.62、1.40。从形状看，乌兰沙林、辽阜 1 号、辽阜 2 号、丘杂 F1 种子呈长卵形，HS4、HS6、亚中杂为卵形。

1.2.5.4 不同试验点种子特性的变异

从以上分析可以看出，每个试验点不同品种的种子特性因立地环境的差异均有不同程度的变化，反映出不同品种对试验立地的适应性变化特点。下面就同一品种种子在不同试验点的变化特点做进一步的分析和归纳，具体比较见图 2-1-44~图 2-1-48。

图 2-1-44 为不同试验点不同品种种子千粒重的变化。图中表明，5 个大果品种除辽阜 1 号千粒重在黑龙江绥棱表现为最小外，在辽宁阜新表现为最大，其次为新疆青河和黑龙江绥棱，在内蒙古赤峰最小。而 2 个杂种（丘杂 F1、亚中杂）的千粒重则刚好相反，在内蒙古赤峰最大，在辽宁阜新、黑龙江绥棱较小。

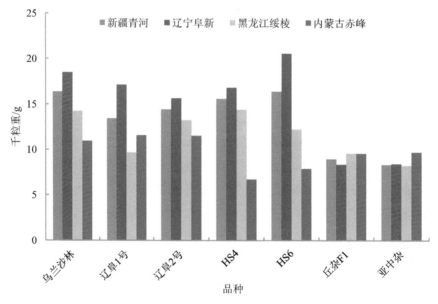

图 2-1-44 不同试验点不同品种种子千粒重的变化

图 2-1-45 为不同试验点不同品种种子长度的变化。图中表明，除辽阜 2 号外的大果品种均在辽宁阜新为最长；辽阜 2 号在内蒙古赤峰长度最长；乌兰沙林、辽阜 1 号在内蒙古赤峰为较长，长度大于新疆青河、黑龙江绥棱；HS4 和 HS6 在内蒙古赤峰的长度均为最小，在新疆青河的长度仅次于辽宁阜新。丘杂 F1 的长度在 3.71～3.84 mm，不同试验点之间无明显差异；亚中杂则在辽宁阜新为最长，在新疆青河和内蒙古赤峰次之，在黑龙江绥棱最短。

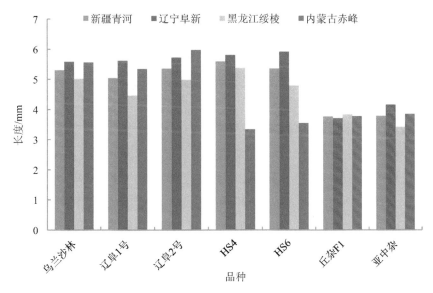

图 2-1-45　不同试验点不同品种种子长度的变化

图 2-1-46 为不同试验点不同品种种子宽度的变化。图中表明，乌兰沙林、辽阜 1 号、辽阜 2 号的宽度基本上表现为辽宁阜新、新疆青河、内蒙古赤峰大于黑龙江绥棱，但差异不显著（$p > 0.05$）；而同长度一样，HS4 和 HS6 的宽度在内蒙古赤峰又表现为最小，但差异也不显著（$p > 0.05$）；丘杂 F1、亚中杂分别在黑龙江绥棱、内蒙古赤峰的宽度最大，但差异也不显著（$p > 0.05$）。总体而言，不同品种种子宽度在不同试验点的差异皆不显著，说明宽度受地理环境的影响较小，稳定性好。

新疆植物组培新技术的研究应用——以花卉、沙棘为例

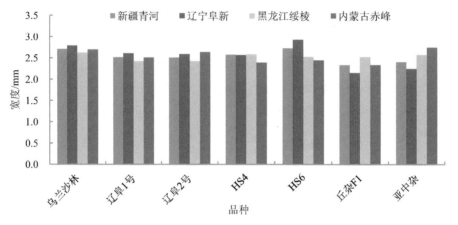

图 2-1-46　不同试验点不同品种种子宽度的变化

图 2-1-47 为不同试验点不同品种种子厚度的变化。图中表明，除辽阜 2 号外，大果品种的种子厚度均以辽宁阜新为最大，新疆青河次之，黑龙江绥棱和内蒙古赤峰最小，但均未达显著性差异（$p>0.05$）；辽阜 2 号的种子厚度在内蒙古赤峰最大，黑龙江绥棱和新疆青河次之，辽宁阜新最小，刚好与其他品种相反，但均未达显著性差异（$p>0.05$）；与长度一样，丘杂 F1、亚中杂的厚度分别在黑龙江绥棱、内蒙古赤峰较大，但差异也不显著（$p>0.05$）。同样，种子厚度在不同试验点的差异皆不显著，说明厚度的稳定性好。

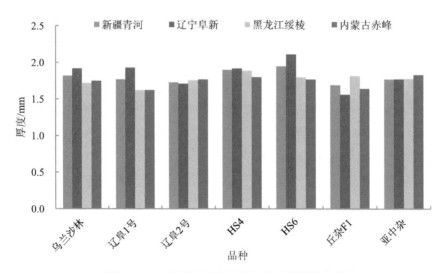

图 2-1-47　不同试验点不同品种种子厚度的变化

图 2-1-48 为不同试验点不同品种种子长宽比的变化。图中表明，乌兰沙林在内蒙古赤峰试验点的种子长宽比显著大于其他 3 个试验点（$p<0.05$），而在新疆青河、辽宁阜新、黑龙江绥棱 3 个试验点差异较小（$p>0.05$）；辽阜 1 号和辽阜 2 号在辽宁阜新、内蒙古赤峰较大，在新疆青河、黑龙江绥棱较小，差异不明显（$p>0.05$）；HS4 和 HS6 在新疆青河、辽宁阜新、黑龙江绥棱无显著差异（$p>0.05$），但皆显著高于内蒙古赤峰（$p<0.05$）。丘杂 F1 在 4 个试验点间的差异不显著（$p>0.05$），亚中杂在辽宁阜新最高，显著高于其他 3 个试验点。

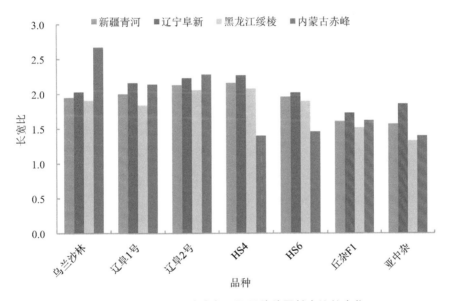

图 2-1-48　不同试验点不同品种种子长宽比的变化

1.2.5.5　种子特性指标相关分析

表 2-1-44 和图 2-1-49 是不同试验点种子千粒重与种子形态指标（长度、宽度、厚度和长宽比）的相关分析结果以及特性关系。从表 2-1-44 和图 2-1-49 中可以看出，在新疆青河试验点，种子千粒重与长度、宽度、厚度和长宽比均达到了极显著正相关水平（$R^2=0.508\,3\sim0.892\,4$，$p=0.000\,1\sim0.020\,7$），表明种子千粒重随特性指标的增大而线性增大。辽宁阜新与新疆青河试验点类似，种子千粒重与长度、宽度、厚度和长宽比均达到了极显著正相关水平（$R^2=0.497\,0\sim0.848\,7$，$p=0.000\,1\sim0.015\,4$）。黑龙江绥棱试验点种子千粒重与长度和长宽比达到了显著正相关水平（$R^2=0.497\,8\sim0.589\,0$，$p=0.015\,8\sim$

0.033 7），而与宽度和厚度均未有明显的相关性（R^2=0.032 1～0.090 7，p =0.430 9～0.649 9）。内蒙古赤峰试验点种子千粒重与长度、厚度和长宽比达到了极显著正相关水平（R^2=0.465 6～0.883 3，p =0.000 1～0.029 7），与宽度达到显著相关水平（R^2=0.305 2，p =0.097 7）。

表 2-1-44　不同试验点不同品种种子千粒重与种子特性指标的相关分析结果

试验点	y	x	a	b	R^2	F	P
新疆青河	千粒重	长度	2.709 9	0.163 2	0.892 4	66.382 7	0.000 1
		宽度	1.880 8	0.044 4	0.661 4	15.624 2	0.004 2
		厚度	1.541 9	0.025 7	0.592 3	11.620 5	0.009 2
		长宽比	1.543 1	0.032 2	0.508 3	8.268 2	0.020 7
辽宁阜新	千粒重	长度	2.019 6	0.206 6	0.848 7	50.503 7	0.000 1
		宽度	1.943 3	0.038 8	0.721 5	9.773 2	0.012 2
		厚度	1.391 1	0.032 0	0.551 2	11.054 8	0.008 9
		长宽比	1.230 4	0.051 8	0.497 0	8.894 1	0.015 4
黑龙江绥棱	千粒重	长度	1.774 4	0.242 9	0.589 0	10.032 0	0.015 8
		宽度	2.396 0	0.008 8	0.032 1	0.232 2	0.649 9
		厚度	1.550 8	0.018 5	0.090 7	0.698 6	0.430 9
		长宽比	0.783 6	0.091 3	0.497 8	6.939 5	0.033 7
内蒙古赤峰	千粒重	长度	-0.802 5	0.555 8	0.883 3	60.525 8	0.000 1
		宽度	2.252 8	0.032 3	0.305 2	3.513 6	0.097 7
		厚度	2.046 5	-0.031 4	0.465 6	6.961 5	0.029 7
		长宽比	-0.233 4	0.213 7	0.700 8	18.733 6	0.002 5
总样本	千粒重	长宽比	1.348 3	0.047 8	0.348 9	20.363 0	0.000 1

注：$y=a+bx$。

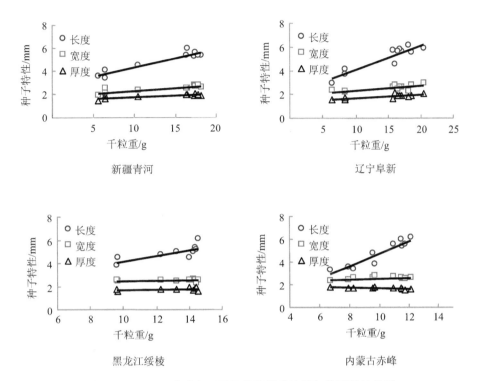

图 2-1-49　不同试验点不同品种种子千粒重与种子特性关系

　　此外，从表 2-1-44 中还可以看出，不同试验点种子千粒重与形态指标的关系方程存在一定的差异，这一点与百果质量与果实形态的关系一样，表明种子形态指标间的关系同样受立地环境的影响。关于表 2-1-44 中的参数 b 值，由于千粒重与长度关系方程的 b 值显著大于宽度、厚度和长宽比的 b 值，表明千粒重随长度增加而增加的幅度显著大于随宽度、厚度和长宽比增加而增加的幅度。

　　图 2-1-50 是 4 个试验点总样本种子千粒重与长宽比的关系。由表 2-1-44 和图 2-1-50 中可知，种子千粒重与长宽比呈显著线性相关（$R^2=0.348\,9$，$p=0.000\,1$），很明显，总样本种子千粒重与长宽比的关系分析结果与各试验点分析结果完全一致，表明随着长宽比的增加千粒重随之增加。

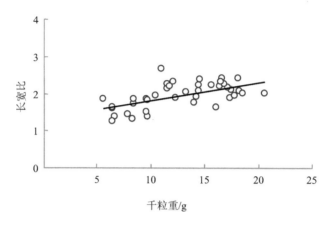

图 2-1-50　种子千粒重与长宽比的关系

1.2.6　不同品种生物活性物质比较

　　沙棘属植物富含生物活性物质。大量研究发现，沙棘果实、种子和叶片中的活性物质就有 200 余种，如 VC、VE、黄酮类、脂肪酸等物质含量远远超过了许多水果和蔬菜，在医疗和保健方面具有重要价值。本节将从果实、叶片两个方面分析、比较不同沙棘优良品种的主要生物活性物质的质量数及其变化规律，分析结果可为优良品种的产业化开发利用提供基础依据。

1.2.6.1　果实 VC 和 VE 含量比较

　　表 2-1-45 为新疆青河试验点的 7 个优良品种果实 VC 和 VE 含量比较。表 2-1-45 表明，7 个优良品种的 VC 含量为 50.41～445.27 mg/100 g，很明显，不同品种果实 VC 含量的差异是非常显著的（图 2-1-51）。乌兰沙林、HS4 和 HS6 均是以蒙古大果沙棘品种乌兰格木为基础，通过实生选种的方法选育出的大果沙棘品种，遗传背景基本还是乌兰格木，VC 含量均比较低，分别为 58.20 mg/100 g、86.25 mg/100 g、50.41 mg/100 g。辽阜 1 号、辽阜 2 号是以俄罗斯大果沙棘品种丘依斯克为基础，通过实生选种的方法选育出的大果沙棘品种，因此，遗传背景基本还是丘依斯克，VC 含量比较低，分别为 85.78 mg/100 g、98.72 mg/100 g。丘杂 F1 为俄罗斯大果沙棘丘依斯克与中国沙棘（无刺雄株）的杂种子代，VC 含量比较高，为 445.27 mg/100 g。亚中杂为中亚沙棘与中国沙棘的杂种，VC 含量为 202.24 mg/100 g。从以上比较不难看出，从蒙古亚种的优良品种

乌兰格木和俄罗斯品种丘依斯克中通过实生选育出的大果新品种 VC 含量比较低，而从中国沙棘亚种中选育出的优良品种和种源的 VC 含量均比较高，通过蒙古亚种与中国沙棘亚种杂交选育出的杂种，其 VC 含量均介于二者之间。很明显，如果需要选育大果无刺高 VC 含量的新品种，则需要引进中国沙棘的遗传成分，直接从蒙古亚种中选育高 VC 含量的品种难度比较大。相较之下，俄罗斯制定的食用沙棘新品种选育标准中"VC 含量应大于 120 mg/100 g"是比较低的。

表 2-1-45 新疆青河试验点不同品种果实 VC 和 VE 含量比较　　　单位：mg/100 g

品种	VC 含量	VE 含量
乌兰沙林	58.20	1.53
辽阜 1 号	85.78	0.44
辽阜 2 号	98.72	0.46
HS4	86.25	0.13
HS6	50.41	1.50
丘杂 F1	445.27	1.09
亚中杂	202.24	2.07

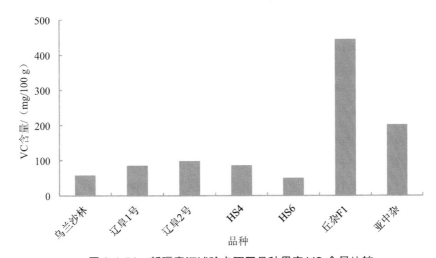

图 2-1-51 新疆青河试验点不同品种果实 VC 含量比较

　　表 2-1-45 和图 2-1-52 表明，7 个供试品种果实 VE 的含量为 0.13～2.07 mg/100 g，可见与 VC 含量一样，不同品种 VE 含量的差异也是非常明显的，VE 含量的差异为高 VE 含量优良品种的选育提供了可能。VE 含量在 2 mg/100 g 以上的品种只有亚中杂 1 个，1～2 mg/100 g 的品种有乌兰沙林、HS6、丘杂 F1 3 个，其他品种均在 1 mg/100 g 以下。关于 VC 和 VE 含量的关系比较复杂，二者之间的关系趋势不甚明显。

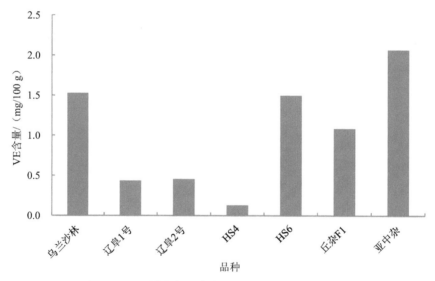

图 2-1-52　新疆青河试验点不同品种果实 VE 含量比较

1.2.6.2　果实黄酮含量比较

　　表 2-1-46 为新疆青河试验点优良品种果实黄酮含量比较。此表表明，不同优良品种的果实总黄酮含量差异非常显著。相比而言，20 mg/100 g 以上的有丘杂 F1、HS4 2 个品种，其余品种均在 20 mg/100 g 以下。俄罗斯食用新品种的黄酮标准是，黄酮类化合物的含量要高于 100 mg/100 g，如果按此标准，本试验中的国外沙棘品种在总黄酮含量方面低于原来的品种选育地的含量，表明果实黄酮含量随着环境的变化而发生变化，不具有遗传稳定性。

表 2-1-46 新疆青河试验点不同品种果实黄酮含量比较   单位：mg/100 g

品种	槲皮素	山奈酚	异鼠李素	总黄酮
乌兰沙林	1.03	0.30	0	1.33
辽阜 1 号	1.82	1.31	0.78	3.91
辽阜 2 号	2.34	1.03	0.75	4.12
HS4	14.87	2.27	5.41	22.55
HS6	8.31	3.79	5.97	18.07
丘杂 F1	20.29	4.41	10.36	35.06
亚中杂	2.98	3.12	0.95	7.05

从黄酮组分含量比较，槲皮素含量为 1.03～20.29 mg/100 g，山奈酚含量为 0.30～4.41 mg/100 g，异鼠李素含量为 0～10.36 mg/100 g，很明显，黄酮的组分主要以槲皮素和异鼠李素为主，山奈酚的含量比较小。

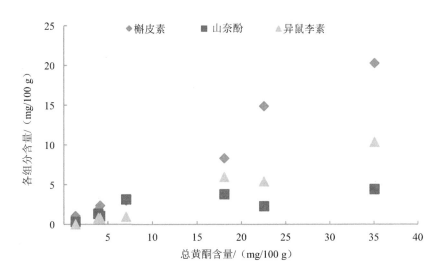

图 2-1-53 新疆青河试验点不同品种果实黄酮含量比较

此外，从图 2-1-53 还可以看出，尽管在总黄酮含量中槲皮素和异鼠李素是主要成分，而且总体上二者显著高于山柰酚，但是从各组分含量随总黄酮含量变化的趋势看，随着总黄酮含量的增加，3个组分含量均随之增大，各组分含量与总黄酮含量呈明显的正相关关系。相反，如果果实总黄酮含量下降，槲皮素、异鼠李素和山柰酚三者的含量不仅随之下降，而且3个组分含量之间的差异也随之变小，这是沙棘果实黄酮组分含量变化的一个重要规律。

1.2.6.3 叶片黄酮含量比较

表2-1-47为新疆青河试验点不同品种叶片黄酮含量比较，从中可以看出，不同品种其黄酮组分含量和总黄酮含量均有明显差异。

比较总黄酮含量，亚中杂最高，为3 341.8 mg/100 g；丘杂F1最低，为870.6 mg/100 g；其余品种均介于2 000～3 000 mg/100 g之间。

表2-1-47　新疆青河试验点不同品种叶片黄酮含量比较　　单位：mg/100 g

品种	槲皮素	山柰酚	异鼠李素	总黄酮
乌兰沙林	1 435.6	387.3	566.7	2 389.6
辽阜1号	1 459.8	219	491.8	2 170.6
辽阜2号	1 554.8	343.4	355.4	2 253.6
HS4	1 998.2	306.3	666.1	2 970.6
HS6	1 515.2	282.7	546.1	2 344
丘杂F1	511.3	188.7	170.6	870.6
亚中杂	2 146.5	518.7	676.6	3 341.8

比较槲皮素含量，亚中杂最高，为2 146.5 mg/100 g；丘杂F1最低，为511.3 mg/100 g；其余品种均介于1 000～2000 mg/100 g之间。

比较山柰酚含量，亚中杂最高，为518.7 mg/100 g；丘杂F1最低，为188.7 mg/100 g；其余品种均介于200～500 mg/100 g之间。

比较异鼠李素含量，亚中杂最高，为676.6 mg/100 g；丘杂F1最低，为170.6 mg/100 g；其余品种均介于200～600 mg/100 g之间。

表2-1-47表明，叶片黄酮主要由槲皮素组成，占总黄酮含量的58.73%～68.99%，山柰酚和异鼠李素分别占10.09%～21.67%和15.77%～23.72%。此外，山柰酚和异鼠李

素含量在不同品种之间略有差异，但从总的趋势看，二者之间的差异比较小。此外，图2-1-54还表明，随着叶片总黄酮含量的下降，各组分含量也随之下降，相比而言，槲皮素的下降幅度大于山奈酚和异鼠李素；并且随着叶片总黄酮含量的下降，3个组分含量的差异也在逐渐缩小。这是一个非常有趣的规律。

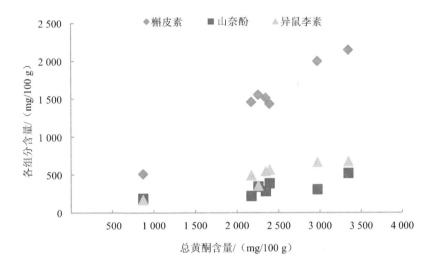

图 2-1-54　新疆青河试验点不同品种叶片黄酮含量比较

1.2.7　国内沙棘品种引进与选育小结

针对我国选育出的 7 个沙棘优良品种（5 个经济型大果品种，即乌兰沙林、辽阜 1号、辽阜 2 号、HS4、HS6，2 个杂交品种，即丘杂 F1、亚中杂），我们开展了系统的区域化试验，在新疆青河的试验结论如下。

①成活率和保存率：新疆青河试验点第 1 年成活率在 50%以上的品种有丘杂 F1、亚中杂、辽阜 1 号、辽阜 2 号等 4 个，其余 3 个品种均在 50%以下；第 4 年保存率在50%以上的品种有辽阜 1 号、HS6、HS4、丘杂 F1 4 个，其余 3 个品种均在 50%以下。

②生长与结果特性：5 个经济型大果品种株高在 144～157 cm，2 个杂交品种在 183～205 cm；大果品种冠幅在 93.8～102.6 cm，杂种冠幅在 155.9～160.8 cm；很明显，沙棘杂种的株高和冠幅显著高于大果品种。7 个品种的结果性能与从国外引进的品种相比，

结果量很差，栽培意义不大。

③沙棘果实特性：百果重 50 g 以上的有 HS6、辽阜 1 号 2 个品种，40～50 g 的有 HS4、乌兰沙林 2 个品种，30～40 g 的为辽阜 2 号；2 个杂交品种均在 20 g 以下。

④各品种在新疆适生性的排序为丘杂 F1、亚中杂、HS6、HS4、辽阜 2 号、辽阜 1 号、乌兰沙林，沙棘杂种的适生性显著高于大果品种。

综合以上结果，我国自主选育出的 5 个经济型大果沙棘品种和 2 个杂交品种在新疆适宜栽培的品种排序是 HS6、辽阜 1 号、HS4、乌兰沙林、辽阜 2 号、亚中杂、丘杂 F1；但与从国外引进的品种相比较，栽培意义不大。

1.3 新疆沙棘良种的选育与区试

新疆阿勒泰地区是蒙古沙棘的重要分布区之一，在阿勒泰野生沙棘中存在许多优良的大果沙棘资源，我们引种的俄罗斯大果沙棘也是俄罗斯科研人员从阿尔泰山系蒙古沙棘资源中优选出的优良品种。因此，在阿勒泰地区开展大果沙棘优良品种选育工作意义重大，可筛选出优良的适宜于新疆区域生长的品种。

新疆沙棘的良种选育由新疆林业科学院、阿勒泰地区林业局、吉木萨尔林木良种试验站等单位的科研、技术人员共同从第二次林业资源调查（2005—2008 年）期间展开。

1.3.1 材料与方法

1.3.1.1 优树、良种的选育

（1）选择的主要经济指标

试验原始材料调查区域主要在阿勒泰地区的阿勒泰市、青河县、布尔津县、哈巴河县等 30 万亩野生沙棘林中进行，选择的主要技术经济指标如下：①树体生长发育良好，树干自然整枝良好，枝下高度不小于树干总长的 1/3；②树体健壮，无病虫害；③已开花结实的单株，果实纵横径大于 0.7 cm 以上，色泽鲜亮，果面干净，口感较好，平均百粒重≥30 g，可食率≥50%；④抗逆性较强，棘刺少，果柄长。

（2）优树选择方法

在 30 万亩野生沙棘林中，根据技术经济指标进行初选；在初选的基础上，根据生

长表现、结果率、生物学特性等方面的观测与调查、测定，进行复选；在复选的基础上，对每个单株采条并进行无性繁殖，建立试验地，建立试验林，定点定时观测，进行决选；在决选的基础上，对决选优株进行多点栽培试验，逐一观察它们的各项指标是否符合良种要求，进行良种确定与审定。

1.3.1.2 区域多点栽培试验

选择新疆沙棘的主要分布和栽培区作为区试地点：①阿勒泰地区青河县大果沙棘良种基地；②昌吉回族自治州吉木萨尔县石场沟乡；③克孜勒苏柯尔克孜自治州阿合奇县库兰萨日克乡。试验材料为决选的优良单株，对照品种为深秋红（雌株）、阿列伊（雄株），株行距为 2 m×3 m，雌雄株配比为 8∶1。试验园的施肥、除草、修剪、病虫害防治等方面实行措施一致、统一管理，对其树体生长发育、丰产性、抗逆性等情况进行全面调查和统计、比较分析，最终选出适于当地栽培的品种。

青河县地处阿勒泰地区最东边，准噶尔盆地东北边缘，阿尔泰山东南麓。地势北高南低向西倾斜，依次分为高山、中山、低山、丘陵、戈壁、沙漠等地带。县城海拔高度 1 218 m，境内最高点海拔 3 659 m，最低处 900 m。乌伦古河流经此处，属大陆性北温带干旱气候，高山高寒，四季变化不明显，空气干燥，冬季漫长而寒冷，风势较大，夏季凉爽，年降水量小，蒸发量大。极端最低气温为-53℃，最高气温达 36.5℃，年平均气温为 0℃，年均降水量为 161 mm，蒸发量达 1 495 mm，无霜期平均为 103 d。

吉木萨尔县为典型的温带大陆性干旱气候，冬季寒冷，夏季炎热，昼夜温差大。由于地形条件的影响，由南向北气候差异较大，南部夏季降水较多，北部沙漠性气候特征显著。

阿合奇县为中温带大陆性干旱气候，四季不甚分明，长冬无夏，春秋相连，昼夜温差较大，多年平均气温为 6.2℃，冬季严寒，极端最低气温达-30℃，夏季凉爽，无霜期为 120～160 d，年均降水量为 180 mm 左右，蒸发量达 2 311 mm。

注：从 2014 年起，自治区工作重点转移，课题组主要成员参与了"访惠聚"工作，造成吉木萨尔县和阿合奇县没有严格按试验设计执行，导致数据测定不全，但是每年年底安排课题成员进行现场观测，观测优良单株和对照的生长表现、适应性均良好，与青河县的生长情况基本相同，因此，本研究采用青河县数据进行分析和总结。

1.3.1.3 品质测定

2016 年，随机选树势健壮、生长一致的树体，果实成熟时在每株向南枝条的中间部位取果实 500 g，送新疆农科院分析检查中心进行果实营养成分测试分析。测定指标包括果实百粒重、种子千粒重、果肉 VC 含量、含水量、总糖、总酸等。

1.3.2 优良品种的选育

1.3.2.1 优良品种的选育过程

初选：根据选优目标和标准，通过查阅资料、现场调查测定、走访群众等方式，确定目标单株，进行初选，对初选的母株进行编号、挂牌、登记、定期观察等，从 30 万亩野生沙棘林中根据棘刺量、果实产量、生长表现筛选出在野外分布的 227 个表型优良的单株（GPS 定位）。

复选：对初选出的沙棘优选单株，进行室内外鉴定和调查、对比，在综合分析评判的基础上，对 227 个优良单株的生长表现、结果率、生物学特性等进行认真观测、仔细调查、测定，从中筛选出 72 个沙棘的优良单株。

决选：72 个优株，对每个单株采条并进行无性繁殖，在青河县、吉木萨尔县建立了 20 亩试验地，每个优株各选取 70 株建立试验林，进行定点定时观测，从物候、树体、果实生长发育特征、病虫危害情况、抗逆的强弱性等方面进行比较、决选，从果实品质及营养成分测定分析等方面，再次对母树进行多点试验的系统调查、比较鉴定及选优小组鉴评，选出 29 个雌株和 1 个雄株。

良种确定：对 30 个决选优株进行多点栽培试验，逐一观察它们的各项指标是否符合良种要求。对这 30 个优良单株在生物学特性、棘刺量、抗逆性、果实产量、果品品质等方面进行系统对比，并以深秋红和阿列伊 2 个品种作为对照，经过 5 年观测和系统的评判，确定了 5 个良种，并进行了审定，命名为新棘 1~5 号，这些良种在生长、开花结实、抗病虫害等方面的总体表现都非常好，并且成活率高，抗逆性、适应性均强，长势好，棘刺少；选育的雄株花粉量大，树体生长旺盛，树形高大，同样棘刺少。

1.3.2.2 多点栽培试验结果分析

（1）30 个不同沙棘优株物候期调查

2016 年，在青河县试验点对 30 个优选单株的物候期观察统计，结果见表 2-1-48。从表 2-1-48 可以看出，30 个野生沙棘良种基本是在 4 月下旬开始萌动发芽，5 月初开始开花。早熟品种 8 月上旬就已成熟，晚熟品种 9 月中旬成熟。

表 2-1-48　不同沙棘优株物候期调查结果

序号	芽萌动期	展叶初期	抽梢期	始花期	盛花期	成熟期
BT-01-27	4.22	4.25	4.29	5.3	5.8	8.20
BT-02-01	4.21	4.24	4.28	5.2	5.7	8.15
BT-03-01	4.23	4.25	4.29	5.3	5.8	8.10
BT-04-01	4.24	4.26	5.1	5.4	5.9	9.10
BT-05-01	4.24	4.26	4.30	5.4	5.9	9.15
BT-06-01	4.21	4.24	4.28	5.2	5.7	8.15
BT-06-04	4.24	4.27	5.1	5.4	5.9	9.17
BT-06-05	4.22	4.25	4.29	5.3	5.8	8.20
BT-07-02	4.22	4.25	4.29	5.3	5.8	8.25
BT-08-01	4.23	4.25	4.29	5.3	5.8	8.25
BT-08-02	4.25	4.28	5.3	5.5	5.10	9.15
BT-09-01	4.23	4.25	4.29	5.4	5.9	9.10
BT-10-01	4.24	4.27	5.1	5.4	5.9	9.10
BT-11-01	4.24	4.27	4.30	5.4	5.9	9.15
BT-12-01	4.25	4.28	5.3	5.5	5.9	9.15
HH-01-01	4.24	4.27	5.1	5.3	5.8	9.15
HH-02-01	4.23	4.25	4.30	5.4	5.9	9.10
HH-02-02	4.24	4.27	5.1	5.4	5.9	9.20
HH-03-01	4.25	4.29	5.3	5.4	5.9	9.15
HH-04-01	4.23	4.26	5.1	5.3	5.8	9.20
HH-05-01	4.25	4.29	5.3	5.4	5.9	9.15
HH-06-01	4.23	4.27	5.1	5.4	5.9	9.20
HH-07-01	4.23	4.26	4.30	5.2	5.7	8.25
HH-08-01	4.24	4.28	5.1	5.4	5.9	9.20
HH-08-02	4.22	4.25	4.30	5.3	5.8	9.15

序号	芽萌动期	展叶初期	抽梢期	始花期	盛花期	成熟期
HT-01-01	4.22	4.25	4.28	5.2	5.7	8.15
HK-01-01	4.25	4.29	5.2	5.4	5.9	9.20
HK-02-01	4.23	4.24	4.29	5.3	5.8	9.15
HK-03-01	4.23	4.25	5.1	5.4	5.9	9.20
深秋红（CK）	4.26	4.30	5.3	5.6	5.11	10.15
XT-01（雄）	4.21	4.24	4.28	5.1	5.6	—
阿列伊（CK）	4.21	4.24	4.28	4.30	5.6	—

（2）30个不同沙棘优株的形态特性

2016年，在青河县试验点，我们对优选出的30个优良单株4年生的植株进行株高、冠幅、地径、叶片、枝条等的观察与测定，优良雌株以深秋红作为对照，雄株以阿列伊作为对照。

1）树高、冠幅、地径和新梢生长量特性

选取区组内各参试沙棘4年生优株测量其冠幅、地径、树高和新梢生长量。冠幅为苗木南北和东西方向宽度的平均值，地径为离地面10 cm处的树干直径。树高、冠幅和新梢生长量采用标好刻度的竹竿测量，地径用游标卡尺测量，结果见表2-1-49。

表2-1-49　不同沙棘优株生长调查结果

优株	株高/cm	地径/cm	冠幅/cm	新梢生长量/cm	优株	株高/cm	地径/cm	冠幅/cm	新梢生长量/cm
BT-01-27	188.3	3.72	167.6	12.9	HH-02-01	242.1	4.67	207.2	16.7
BT-02-01	315.6	6.41	286.9	22.4	HH-02-02	248.7	4.86	216.7	17.8
BT-03-01	166.7	2.36	159.3	11.7	HH-03-01	241.6	4.81	238.1	19.6
BT-04-01	153.2	3.71	121.6	10.6	HH-04-01	233.6	4.64	215.4	17.5
BT-05-01	303.5	6.82	290.6	23.6	HH-05-01	205.2	4.75	189.7	14.7
BT-06-01	245.7	4.27	222.7	18.6	HH-06-01	214.4	4.27	196.5	15.2
BT-06-04	240.3	5.19	219.6	18.2	HH-07-01	272.3	4.62	245.9	20.7
BT-06-05	231.1	5.32	209.6	16.9	HH-08-01	232.1	4.47	205.4	16.5

优株	株高/cm	地径/cm	冠幅/cm	新梢生长量/cm	优株	株高/cm	地径/cm	冠幅/cm	新梢生长量/cm
BT-07-02	195.6	5.74	178.9	13.8	HH-08-02	266.5	4.92	218.4	18.2
BT-08-01	208.7	4.35	199.8	16.2	HT-01-01	273.9	4.97	243.6	19.8
BT-08-02	220.1	5.92	198.6	16.1	HK-01-01	223.8	6.08	198.1	15.9
BT-09-01	243.5	5.64	213.2	17.4	HK-02-01	273.1	5.32	251.6	21.3
BT-10-01	198.2	3.3	170.3	13.5	HK-03-01	175.6	3.76	151.3	11.3
BT-11-01	206.3	4.31	180.6	13.9	深秋红（CK）	205.3	4.81	183.2	14.2
BT-12-01	290.3	6.31	256.7	21.6	XT-01（雄）	203.6	3.87	199.8	17.3
HH-01-01	262.9	5.09	225.8	18.9	阿列伊（CK）	198.2	3.36	191.9	15.4

由表 2-1-49 可以看出，30 个沙棘优株和 2 个对照品种 4 年生苗株高在 153.2～315.6 cm，都达到了 150 cm 以上，植株生长健壮，29 个优选雌株与深秋红株高相比存在较大差异，2 个雄株之间株高差异不显著（图 2-1-55）。

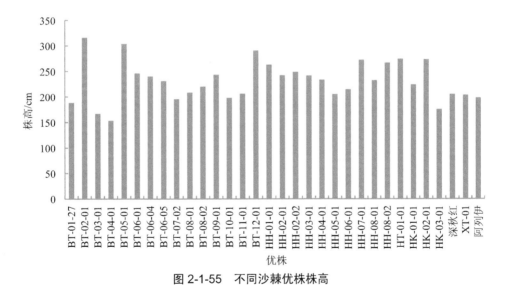

图 2-1-55　不同沙棘优株株高

由表 2-1-49 可以看出，29 个优选雌株 4 年生苗地径为 2.36～6.82 cm，深秋红地径为 4.81 cm，优选雌株与深秋红 4 年生苗地径存在较大差异。优选雄株 4 年生苗地径为 3.87 cm，阿列伊地径为 3.36 cm，2 个雄株间地径差异不显著，优选雄株生长势较好。

地径对比见图 2-1-56。

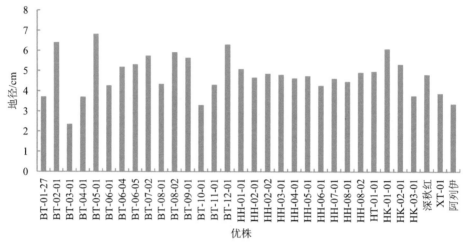

图 2-1-56　不同沙棘优株地径

由表 2-1-49 可以看出，29 个优选雌株 4 年生苗冠幅为 121.6～290.6 cm，深秋红冠幅为 183.2 cm，优选雌株与深秋红 4 年生苗冠幅之间存在较大差异。优选雄株 4 年生苗冠幅与阿列伊差异不显著，29 个优选雌株冠幅排在前 10 位的依次为 BT-05-01、BT-02-01、BT-12-01、HK-02-01、HH-07-01、HT-01-01、HH-03-01、HH-01-01、BT-06-01、BT-06-04。两个雄株间冠幅差异不显著，优选雄株 4 年生苗冠幅大于阿列伊。冠幅对比见图 2-1-57。

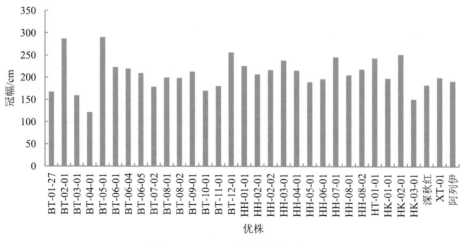

图 2-1-57　不同沙棘优株冠幅

由表 2-1-49 可以看出，29 个优选雌株 4 年生苗新梢生长量在 10.6~23.6 cm，与深秋红新梢生长量相比存在较大差异，29 个优选雌株排在前 10 位的依次为 BT-05-01、BT-02-01、BT-12-01、HK-02-01、HH-07-01、HT-01-01、HH-03-01、HH-01-01、BT-06-01、BT-06-04。优选雄株 4 年生苗新梢生长量高于阿列伊，新梢生长旺盛。新梢生长量对比见图 2-1-58。

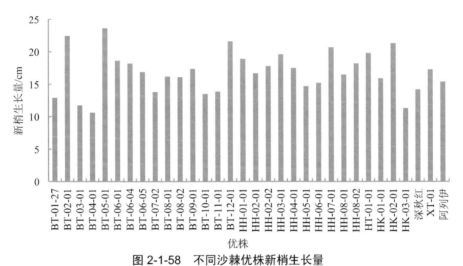

图 2-1-58　不同沙棘优株新梢生长量

对各优株株高、冠幅和地径进行相关分析，结果见表 2-1-50。

表 2-1-50　株高、地径和冠幅的相关关系

测定项	株高	地径	冠幅
株高	1	0.711**	0.972**
地径	0.711**	1	0.706**
冠幅	0.972**	0.706**	1

注：**$p < 0.01$。

由表 2-1-50 可以看出株高、地径和冠幅间存在正相关关系，株高与冠幅、株高与地径、地径与冠幅之间都存在极显著的相关性，即株高越高、地径越粗，冠幅越大。在青河县试验点观察优株株高、冠幅、地径和新梢生长量时还发现，不同的试验区，同一优

株在株高、冠幅、地径和新梢生长量上也存在一定差异，这可能与试验区内的立地条件及土、肥、水、植株、田间管埋有关。在沙棘林的管理方面，适当进行修剪，调整冠幅，有利于丰产。

2）枝条特性

棘刺是果实采摘的主要限制因子，故在优树选择时将其作为一个选择指标。选取区组内各参试沙棘优株向阳方位树冠中部的中等长度的枝条，统计 1 年生枝中间部位 10 cm 段生长的棘刺数和 2 年生枝中间部位 10 cm 段生长的棘刺数，结果见表 2-1-51。

表 2-1-51　不同沙棘优株 10 cm 枝条棘刺统计数

优株	1 年生数量/个	2 年生数量/个	树皮色	优株	1 年生数量/个	2 年生数量/个	树皮色
BT-01-27	6	7	灰褐	HH-02-01	7	15	褐色
BT-02-01	7	18	灰褐	HH-02-02	3	9	棕褐
BT-03-01	6	10	浅灰	HH-03-01	2	3	褐色
BT-04-01	3	8	褐色	HH-04-01	3	11	灰褐
BT-05-01	1	4	褐色	HH-05-01	6	13	褐色
BT-06-01	3	5	褐色	HH-06-01	4	9	棕褐
BT-06-04	3	6	灰褐	HH-07-01	2	6	红褐
BT-06-05	5	11	棕褐	HH-08-01	6	15	灰褐
BT-07-02	4	8	褐色	HH-08-02	11	14	灰褐
BT-08-01	5	6	灰褐	HT-01-01	3	6	灰褐
BT-08-02	5	8	褐色	HK-01-01	5	9	灰褐
BT-09-01	5	7	灰褐	HK-02-01	7	10	棕褐
BT-10-01	7	8	棕褐	HK-03-01	5	11	棕褐
BT-11-01	3	4	褐色	深秋红（CK）	1	2	灰褐
BT-12-01	2	6	红褐	XT-01（雄）	2	5	褐色
HH-01-01	5	7	灰褐	阿列伊（CK）	3	5	绿褐

由表 2-1-51 可以看出,29 个优选雌株中 HH-02-01 的 2 年生枝条 10 cm 枝棘刺数达到了 15 个,最少的为 HH-03-01 和深秋红,分别仅为 3 个和 2 个。我们在选择优株时尽量选择棘刺少的优株。按照 2 年生枝条棘刺数量由低到高排列,在前 10 位的是,深秋红<HH-03-01<BT-05-01、BT-11-01<BT-06-01<BT-12-01、HH-07-01、BT-06-04、HT-01-01、BT-08-01(图 2-1-59)。优选雄株(XT-01)10 cm 枝条棘刺数和阿列伊的差异不显著,2 年生枝条 10 cm 枝棘刺数平均在 6～7 个。试验中发现,在略微干旱的地块,枝刺有明显的增加趋势,这也许是对干旱环境的一种适应。

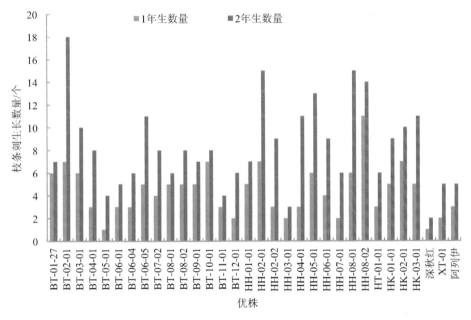

图 2-1-59　不同优株 10 cm 枝棘刺数

3)叶片生长特性

叶片的生长对产量的形成起着重要作用。我们测定了优株叶片的形状和 10 cm 枝条平均叶片数量。叶片形状分别选取各参试沙棘优株平均生长木向阳方位树冠中部的中等长度枝条中间位置的健康叶 30 片,以区组为单元,重复 4 次,采用精确度达 0.001 mm 的电子数显游标卡尺测量每片叶子的长和宽,记录数据精确到 0.001 cm。统计一年生枝条中间部位 10 cm 段的叶片数量,测定结果见表 2-1-52。

表 2-1-52　不同沙棘优株叶片生长情况

优株	叶片		叶长宽比	10 cm 枝叶片数/个	优株	叶片		叶长宽比	10 cm 枝叶片数/个
	长度/cm	宽度/cm				长度/cm	宽度/cm		
BT-01-27	3.774	0.606	6.228	14.25	HH-02-01	4.944	0.528	9.364	16.75
BT-02-01	3.362	0.526	6.392	20.25	HH-02-02	5.674	0.570	9.954	17.25
BT-03-01	3.682	0.540	6.819	14	HH-03-01	5.530	0.576	9.601	18.25
BT-04-01	4.362	0.680	6.415	11.75	HH-04-01	4.648	0.544	8.544	17.25
BT-05-01	3.746	0.598	6.264	20.75	HH-05-01	4.520	0.527	8.577	15.25
BT-06-01	5.758	0.596	9.661	17.50	HH-06-01	6.495	0.550	11.809	15.50
BT-06-04	5.326	0.608	8.760	17.50	HH-07-01	5.096	0.550	9.265	19.25
BT-06-05	4.986	0.582	8.567	16.75	HH-08-01	5.334	0.538	9.914	16.50
BT-07-02	6.922	0.656	10.552	14.75	HH-08-02	7.200	0.700	10.286	17.25
BT-08-01	4.504	0.662	6.804	16.25	HT-01-01	5.606	0.596	9.406	18.75
BT-08-02	4.078	0.914	4.462	15.75	HK-01-01	4.732	0.466	10.155	15.50
BT-09-01	5.162	0.454	11.370	17.25	HK-02-01	5.966	0.564	10.578	19.25
BT-10-01	4.210	0.616	6.834	14.75	HK-03-01	3.752	0.516	7.271	13.75
BT-11-01	4.425	0.640	6.914	14.75	深秋红（CK）	6.460	0.890	7.258	15.25
BT-12-01	7.910	0.862	9.176	19.75	XT-01（雄）	7.356	0.873	8.426	20.25
HH-01-01	5.274	0.552	9.554	18	阿列伊（CK）	7.610	0.940	8.096	20

一般认为，叶片长宽比可作为衡量品种抗逆性或者适应性的一个指标。我们优选的 29 株雌株除 BT-12-01 为芽变品种外，其余来源均为阿勒泰地区当地的野生种，由表 2-1-52 可以看出，优株 BT-03-01 4 年生植株叶片平均长度只有 3.682 cm，叶片宽度也仅有 0.54 cm，叶片细长，较窄。优株叶片长宽比较大，HH-06-01 优株叶片长宽比达到了 11.809，这可能是沙棘优株长期适应干旱瘠薄环境的结果。不同优株叶片长宽比的对比见图 2-1-60。

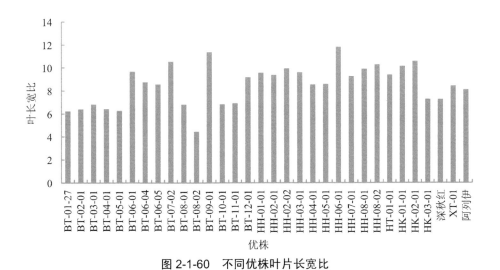

图 2-1-60　不同优株叶片长宽比

从表 2-1-52 可以看出，优选雌株 10 cm 枝条的叶片数在 11.75～20.75 个，各优株间叶片数量差异显著，按照叶片数量从高到低排列，在前 10 位的依次为 BT-05-01、BT-02-01、BT-12-01、HK-02-01、HH-07-01、HT-01-01、HH-03-01、HH-01-01、BT-06-01、BT-06-04（图 2-1-61）。我们筛选出的雄株 XT-01 在叶片长度、叶片宽度和叶片数量上与主栽品种阿列伊差异不显著，叶片生长较为茂盛。

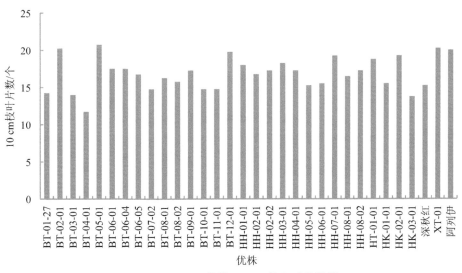

图 2-1-61　不同优株 10 cm 枝条叶片数量

我们对冠幅、新梢生长量和叶片数量进行相关分析，发现三者之间存在正相关性，结果见表 2-1-53。

表 2-1-53 冠幅、新梢生长量和叶片数量的相关关系

测定项	冠幅	新梢生长量	10 cm 枝条叶片数
冠幅	1	0.985**	0.875**
新梢生长量	0.985**	1	0.895**
10 cm 枝条叶片数	0.875**	0.895**	1

注：**$p<0.01$。

叶片数量也是反映植物生长量的重要指标，由表 2-1-53 可以看出，冠幅、新梢生长量和 10 cm 枝条叶片数间存在正相关关系，叶片数与冠幅的相关系数为 0.875，与新梢生长量的相关系数为 0.895，新梢生长量与冠幅相关系数为 0.985，均呈现极显著的正相关关系。即冠幅越大，新梢生长量越多，新梢 10 cm 段的叶片数量也越多。这也说明了叶片数量越大，自然光合产物的累积越大，因此生长量越大。

4）29 个优选雌株果实性状特性

果实形状测定：对试验林内 4 个区组 29 个优选雌株和深秋红品种单株进行人工采果，采用精确度达 0.001 mm 的电子数显游标卡尺测量优株果实的纵横径，记录数据精确到 0.001 cm。用万分之一天平测定各优株百果重，数据精确到 0.01 g。

根据果实长宽比，我们提出以下划分标准：圆形（0.91～1.10）、椭圆形（1.11～1.40）、圆柱形（>1.41）。以当地主栽品种深秋红为对照，测定结果见表 2-1-54。

表 2-1-54 优选雌株果实性状测定结果

优株	百果重/g	纵径/cm	横径/cm	果长宽比	色泽	形状	汁液	风味
BT-01-27	43.20	1.128	0.822	1.372	黄色	椭圆形	汁多爽口	略甜，后味稍涩
BT-02-01	48.50	1.068	0.806	1.335	黄色	椭圆形	汁多爽口	略甜，后味稍涩
BT-03-01	68.50	1.344	0.874	1.538	黄色	圆柱形	汁多爽口	略甜，后味稍涩
BT-04-01	48.70	1.276	0.800	1.595	橙黄色	圆柱形	汁多	味稍涩

优株	百果重/g	纵径/cm	横径/cm	果长宽比	色泽	形状	汁液	风味
BT-05-01	57.62	1.564	0.908	1.722	橙黄色	圆柱形	汁多爽口	略甜
BT-06-01	55.2	1.136	0.868	1.309	黄色	椭圆形	汁少	略甜
BT-06-04	70.50	1.138	1.108	1.027	黄色	圆形	汁多爽口	略甜，后味稍涩
BT-06-05	61	1.140	0.928	1.228	橙黄色	圆柱形	汁多爽口	略甜，后味稍涩
BT-07-02	63	1.136	0.938	1.211	黄色	椭圆形	汁多爽口	略甜，后味稍涩
BT-08-01	53.20	1.164	0.848	1.373	橙黄色	椭圆形	汁多	略甜
BT-08-02	59.70	1.030	0.950	1.084	黄色	圆形	汁多爽口	略甜，后味稍涩
BT-09-01	54.20	1.140	0.876	1.301	黄色	椭圆形	汁少	略甜
BT-10-01	51.70	1.106	0.844	1.310	黄色	椭圆形	汁多	味稍涩
BT-11-01	77.50	1.128	0.976	1.156	橙黄色	椭圆形	汁多爽口	略甜，后味稍涩
BT-12-01	84.40	1.330	1.064	1.250	鲜红色	椭圆形	汁多爽口	略甜，后味稍涩
HH-01-01	57.45	1.244	0.840	1.481	黄色	圆柱形	汁多爽口	略甜，后味稍涩
HH-02-01	51	1.156	0.836	1.383	橙红色	椭圆形	汁一般	略甜，后味稍涩
HH-02-02	55.70	1.126	0.882	1.277	黄色	椭圆形	汁一般	涩味重
HH-03-01	65	1.206	0.966	1.248	橘黄色	椭圆形	汁多爽口	略甜，后味稍涩
HH-04-01	56.70	1.290	0.866	1.490	黄色	圆柱形	汁多爽口	略甜，后味稍涩
HH-05-01	37	1.060	0.810	1.309	橙黄色	椭圆形	汁一般	涩味重
HH-06-01	53.50	1.226	0.886	1.384	黄色	椭圆形	汁多爽口	略甜，后味稍涩
HH-07-01	52.50	1.080	0.931	1.160	黄色	椭圆形	汁一般	略甜，后味稍涩
HH-08-01	36	1.044	0.757	1.379	黄色	椭圆形	汁一般	略甜
HH-08-02	37.20	0.980	0.700	1.400	黄色	椭圆形	汁一般	略甜，后味稍涩
HT-01-01	39	1.090	0.791	1.378	橙黄色	椭圆形	汁多	味稍涩
HK-01-01	37.20	1.062	0.764	1.390	黄色	椭圆形	汁少	略甜
HK-02-01	52.20	1.224	0.862	1.420	黄色	圆柱形	汁多	味稍涩
HK-03-01	51.20	1.168	0.87	1.343	黄色	椭圆形	汁一般	涩味重
深秋红（CK）	60.02	1.290	0.872	1.479	红色	圆柱形	汁多	味稍涩

由表 2-1-54 和图 2-1-62 可以看出，29 个优选雌株纵径在 0.980～1.564 cm，果实颗粒个头较大，按照果实纵径由高到低排列，前 10 位的依次为 BT-05-01、BT-03-01、BT-12-01、HH-04-01、深秋红、BT-04-01、HH-01-01、HH-06-01、HK-02-01、HH-03-01。

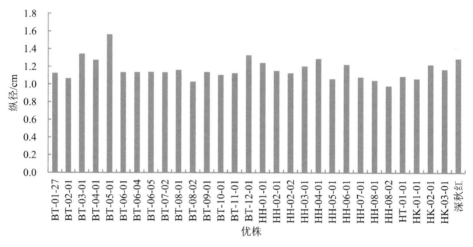

图 2-1-62　不同优株果实纵径

由表 2-1-54 和图 2-1-63 可以看出，29 个优选雌株横径在 0.700～1.108 cm，按照果实横径由高到低排列，前 10 位的依次为 BT-06-04、BT-12-01、BT-11-01、HH-03-01、BT-08-02、BT-07-02、HH-07-01、BT-06-05、BT-05-01、HH-06-01。

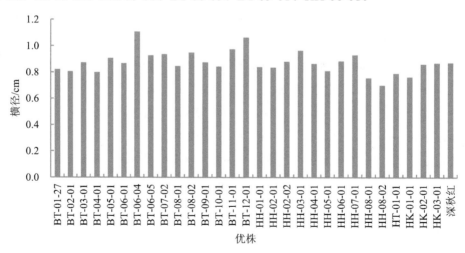

图 2-1-63　不同优株果实横径

果实百果重是衡量果实大小的重要指标，由表 2-1-54 和图 2-1-64 可以看出，筛选出的 29 个沙棘优株的百果重存在较大差异，BT-12-01 的百果重达到 84.4 g，最小的是 HH-08-01，为 36 g。按照果实百果重由高到低排序，前 10 位依次为 BT-12-01、BT-11-01、BT-06-04、BT-03-01、HH-03-01、BT-07-02、BT-06-05、深秋红、BT-05-01、HH-01-01。

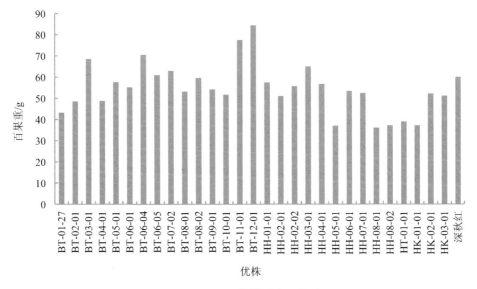

图 2-1-64 不同优株果实百果重

从表 2-1-54 可以看出，我们选择的优株果实色泽有黄色、橙黄色、鲜红色、橙红色和红色，果实较为饱满，形状以椭圆形居多。通过品尝果实，只有 HH-05-01、HK-03-01、HH-02-02 涩味重，大多都是略甜后味稍涩，个别味道酸中带甜，口感非常好。

对优株果实百果重、果实纵横径进行相关关系分析，结果见表 2-1-55。

表 2-1-55 果实百果重、果实纵横径的相关关系

测定项	百果重	果实纵径	果实横径
百果重	1	0.470*	0.872**
果实纵径	0.470*	1	0.307
果实横径	0.872**	0.307	1

注：*$p < 0.05$，**$p < 0.01$。

　　由表 2-1-55 可以看出，果实百果重、果实纵径和果实横径之间存在正相关关系，其中果实百果重与果实纵径的相关系数为 0.470，呈显著相关关系。果实百果重与果实横径的相关系数为 0.872，呈极显著相关关系，且相关性高于果实百果重与果实纵径的相关关系。果实纵横径之间不存在相关关系。这说明果实纵横径越大，果实百果重也越大。根据测定的 29 个优株的果实纵横径、百果重，结合口感，我们筛选出较优的 10 个优株：BT-12-01、BT-11-01、BT-06-04、BT-03-01、BT-05-01、HH-03-01、HH-01-01、HH-06-01、BT-07-02、BT-06-05。

　　5）29 个优选雌株的种子特性

　　对选出的 29 个优良单株的雌株分别测定种子千粒重及种子长、宽。对试验林内 4 个区组 29 个优选雌株和深秋红品种单株进行人工采果，去除汁液及果皮后，将种子置于阴凉处至恒质量，用万分之一天平称取不同优株的种子千粒质量，结果保留到 0.01 g。利用精确度达 0.001 mm 的电子数显游标卡尺测量优株种子的长和宽，记录数据精确到 0.001 cm，其结果见表 2-1-56。

　　按照种子的长宽比，我们提出了如下的划分标准：卵形（1.0～1.5），长卵形（＞1.5）。

表 2-1-56　优选雌株种子性状测定结果

优株	千粒重/g	长度/cm	宽度/cm	厚度/cm	长宽比	优株	千粒重/g	长度/cm	宽度/cm	厚度/cm	长宽比
BT-01-27	13.16	0.539	0.239	0.159	2.255	HH-01-01	18.42	0.622	0.282	0.195	2.206
BT-02-01	18.06	0.602	0.281	0.204	2.142	HH-02-01	15.66	0.558	0.256	0.175	2.180
BT-03-01	19.65	0.673	0.301	0.194	2.236	HH-02-02	17.78	0.591	0.277	0.197	2.134
BT-04-01	14.32	0.547	0.243	0.184	2.251	HH-03-01	21.44	0.726	0.315	0.219	2.305
BT-05-01	16.24	0.559	0.262	0.192	2.149	HH-04-01	17.92	0.597	0.278	0.199	2.147
BT-06-01	17.26	0.582	0.265	0.196	2.196	HH-05-01	10.94	0.508	0.216	0.163	2.352
BT-06-04	18.21	0.606	0.282	0.205	2.134	HH-06-01	17.71	0.591	0.271	0.201	2.181
BT-06-05	18.63	0.627	0.284	0.203	2.208	HH-07-01	16.82	0.566	0.263	0.193	2.152
BT-07-02	20.03	0.636	0.288	0.212	2.208	HH-08-01	10.67	0.486	0.213	0.172	2.282
BT-08-01	17.23	0.572	0.264	0.198	2.167	HH-08-02	11.36	0.511	0.227	0.173	2.251

优株	千粒重/g	长度/cm	宽度/cm	厚度/cm	长宽比	优株	千粒重/g	长度/cm	宽度/cm	厚度/cm	长宽比
BT-08-02	13.28	0.542	0.241	0.181	2.249	HT-01-01	12.79	0.522	0.235	0.157	2.221
BT-09-01	17.41	0.585	0.267	0.185	2.191	HK-01-01	11.28	0.509	0.221	0.165	2.303
BT-10-01	15.23	0.549	0.247	0.186	2.223	HK-02-01	16.08	0.559	0.257	0.177	2.175
BT-11-01	19.43	0.651	0.294	0.197	2.214	HK-03-01	15.54	0.556	0.252	0.187	2.206
BT-12-01	18.91	0.651	0.291	0.191	2.237	深秋红	11.77	0.629	0.224	0.173	3.636

种子千粒重、长度、宽度和厚度指标是能直接体现种子性状的指标。由表 2-1-56 可以看出，19 个优选雌株的种子千粒重在 10.67～21.44 g，差异较为显著，其中优选雌株 HH-03-01 的种子千粒重达到了最大值 21.44 g，且种子的长度、宽度和厚度均达到了最大值，分别为 0.726 cm、0.315 cm 和 0.219 cm。种子千粒重对比见图 2-1-65。

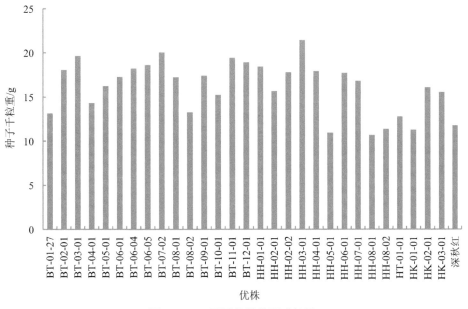

图 2-1-65　不同优株种子千粒重

由表 2-1-56 可以看出，19 个优选雌株的种子长度在 0.486～0.726 cm，宽度在 0.213～0.315 cm，厚度在 0.157～0.219 cm。由表 2-1-56 可以看出，19 个优选雌株种子的长宽比均在 2 以上，按照种子形状划分标准，19 个优选雌株种子均为长卵形。不同优株种子长度、宽度和厚度的对比见图 2-1-66。

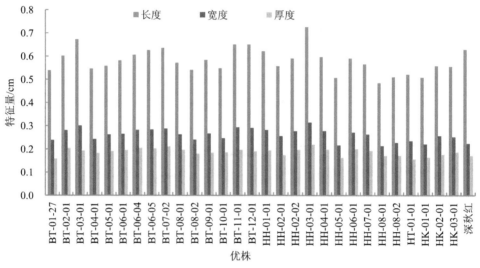

图 2-1-66　不同优株种子长度、宽度和厚度

对种子千粒重、宽度、厚度和长度进行相关分析，结果见表 2-1-57。

表 2-1-57　种子千粒重、种子长宽厚的相关关系

测定项	千粒重	长度	宽度	厚度
千粒重	1	0.845**	0.986**	0.884**
长度	0.845**	1	0.880**	0.751**
宽度	0.986**	0.880**	1	0.858**
厚度	0.884**	0.751**	0.858**	1

注：**$p<0.01$。

由表 2-1-57 可以看出，种子千粒重、长度、宽度和厚度存在极显著的正相关关系（$p<0.01$），即种子越宽，千粒重越大；种子越长，千粒重也越大；种子越厚，千粒重也越大。种子的千粒重和种子的长、宽、厚及种子长宽比等性状，可以为沙棘今后利用播种育苗实现高产提供理论依据。

（3）30 个不同优株沙棘抗性情况调查

将优选雌株栽植到青河县试验林内，对试验区内的 29 个雌株和 1 个雄株进行成活率和保存率的统计。其间，每年观察树体的生长发育情况、病虫害危害情况和树体受伤情况，进行抗性评价，以深秋红和阿列伊为对照，结果见表 2-1-58。

表 2-1-58　不同沙棘优株抗性特性

序号	成活率/%	保存率/%	树体生长发育情况	病虫害危害情况	树体受伤情况	抗性评价
BT-01-27	90.25	83.50	良好	轻	个别小枝	较强
BT-02-01	80.25	71.25	一般	较轻	部分小枝	一般
BT-03-01	75.75	65.75	一般	较轻	部分小枝	一般
BT-04-01	87.75	84.50	良好	较轻	部分小枝	较强
BT-05-01	95.00	90.25	健壮	轻	个别小枝	强
BT-06-01	81.00	70.25	良好	较轻	部分小枝	较强
BT-06-04	91.75	87.50	健壮	轻	个别小枝	强
BT-06-05	90.50	73.00	一般	较轻	个别小枝	一般
BT-07-02	93.25	91.25	一般	较轻	部分小枝	一般
BT-08-01	78.25	58.75	弱	重	整株死亡	弱
BT-08-02	58.75	49.00	弱	重	整株死亡	弱
BT-09-01	80.50	71.25	一般	较轻	部分小枝	一般
BT-10-01	97.50	91.25	一般	较轻	部分小枝	一般
BT-11-01	74.25	60.75	较弱	较重	整枝受伤	一般
BT-12-01	91.00	86.25	健壮	轻	个别小枝	强
HH-01-01	89.75	85.25	良好	轻	个别小枝	强
HH-02-01	89.25	65.75	一般	较轻	部分小枝	一般
HH-02-02	83.25	75.75	一般	较轻	部分小枝	一般
HH-03-01	90.25	85.75	健壮	轻	个别小枝	强
HH-04-01	87.75	83.25	健壮	轻	个别小枝	强
HH-05-01	90.75	84.25	良好	较轻	部分小枝	较强

序号	成活率/%	保存率/%	树体生长发育情况	病虫害危害情况	树体受伤情况	抗性评价
HH-06-01	81.75	78.25	一般	较轻	部分小枝	一般
HH-07-01	81.50	79.50	一般	较轻	部分小枝	一般
HH-08-01	70.25	62.75	较弱	较重	整枝受伤	较弱
HH-08-02	93.75	88.25	良好	轻	个别小枝	较强
HT-01-01	78.75	65.25	一般	较轻	部分小枝	一般
HK-01-01	55.50	50.25	较弱	重	整株死亡	弱
HK-02-01	59.75	53.75	较弱	重	整株死亡	弱
HK-03-01	67.25	56.75	较弱	较重	整枝受伤	较弱
深秋红（CK）	91.25	87.25	健壮	较轻	个别小枝	强
XT-01（雄）	88.25	80.00	健壮	轻	个别小枝	强
阿列伊（CK）	89.00	80.75	健壮	轻	个别小枝	强

由表2-1-58可以看出，30个优株和2个品种第一年移栽成活率在55.50%～97.50%，其中成活率达到90%以上的优选雌株有11个品种，分别为BT-10-01、BT-05-01、HH-08-02、BT-07-02、BT-06-04、深秋红、BT-12-01、HH-05-01、BT-06-05、HH-03-01、BT-01-27。优选雄株XT-01的成活率为88.25%，略低于阿列伊的成活率。30个优株和2个品种第4年的保存率在49.00%～91.25%，其中保存率达到85%以上的优选雌株有9个品种，分别为BT-07-02、BT-10-01、BT-05-01、HH-08-02、BT-06-04、深秋红、BT-12-01、HH-03-01、HH-01-01（图2-1-67）。优选雄株XT-01的保存率为80%，略低于阿列伊的保存率。在实际观察中也发现，成活率、保存率较高的品种其树势较旺，整体生长发育情况较好，病虫害危害较轻，只有个别小枝断裂受伤。优选单株选自阿勒泰当地的野生种，经过长期的自然选择，其本身已适应当地的气候生长条件，因此，在青河栽种的这些优选株的适应性、抗逆性和耐瘠薄能力都强，总体生长较好。

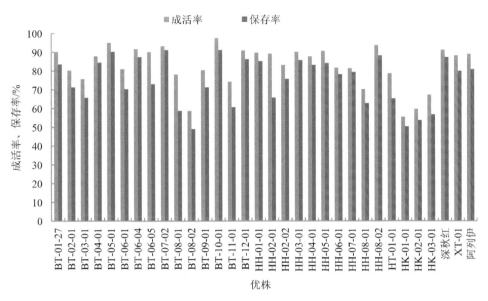

图 2-1-67　不同优株成活率和保存率

（4）29 个优选雌株果实产量的特性

将优选雌株栽植到青河县试验林内，对 4 年生优选雌株进行单株果实产量和亩产量测定，结果见表 2-1-59。

表 2-1-59　29 个沙棘优株单株产量和亩产量比较

序号	单株产量/kg	亩产量/kg	序号	单株产量/kg	亩产量/kg
BT-01-27	2.41	265.1	HH-01-01	3.71	368.1
BT-02-01	3.42	276.2	HH-02-01	2.74	301.4
BT-03-01	3.69	305.9	HH-02-02	3.37	370.7
BT-04-01	2.62	288.2	HH-03-01	3.56	391.6
BT-05-01	3.49	343.9	HH-04-01	3.39	372.9
BT-06-01	3.31	364.1	HH-05-01	1.84	202.4
BT-06-04	3.52	357.2	HH-06-01	3.24	356.4
BT-06-05	3.59	360.9	HH-07-01	3.02	332.2

序号	单株产量/kg	亩产量/kg	序号	单株产量/kg	亩产量/kg
BT-07-02	3.61	377.1	HH-08-01	1.72	189.2
BT-08-01	2.08	228.8	HH-08-02	2.28	250.8
BT-08-02	2.53	278.3	HT-01-01	2.32	255.2
BT-09-01	3.27	359.7	HK-01-01	2.12	233.2
BT-10-01	2.88	316.8	HK-02-01	2.98	327.8
BT-11-01	3.73	379.3	HK-03-01	2.81	309.1
BT-12-01	3.76	380.6	深秋红（CK）	3.41	375.1

单株产量和亩产量是衡量沙棘果树丰产性状的重要指标，由表 2-1-59 可以看出，29 个优选雌株单株平均产量在 1.72～3.76 kg。各优株间单株产量存在较大差异，其中高于 3.0 kg 的有 17 个优株，排在前 10 位的依次为 BT-12-01、BT-11-01、HH-01-01、BT-03-01、BT-07-02、BT-06-05、HH-03-01、BT-06-04、BT-05-01、深秋红（图 2-1-68）。

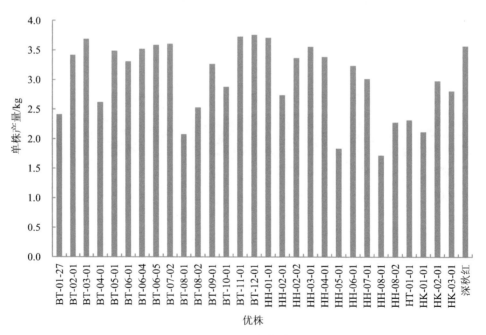

图 2-1-68 不同优株单株产量

由表2-1-59可以看出，29个优株亩产量在189.2～391.6 kg。第4年亩产量超过300 kg的除对照深秋红外还有19个优株。深秋红第4年亩产量达到375.1 kg，超过对照深秋红产量的有3个优株：HH-03-01、BT-12-01和BT-07-02，亩产量分别为391.6 kg、380.6 kg和377.1 kg，产量较高。不同优株亩产量对比见图2-1-69。

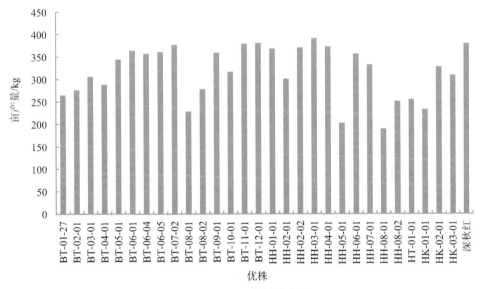

图 2-1-69　不同优株亩产量

我们在选择沙棘优良单株时，选择标准应突出经济性状及与经济性状密切相关的其他性状。因此，针对上述测定的树高、冠幅、地径、新梢生长量、叶片长宽、10 cm 枝条棘刺数、叶片数、果实百粒重、果实纵横径、种子千粒重、单株产量等指标，我们进行了综合分析，主要以适应性、棘刺数、产量为主要评价指标，采用 AMMI 模型对优株进行了显著性检验分析，最终筛选出4个表型较好的优良雌株：HH-03-01、BT-06-04、BT-12-01、BT-05-01，依次命名新棘1号、新棘2号、新棘3号、新棘4号。筛选出1个雄株XT-01，命名为新棘5号，并对筛选出来的5个良种进行多点栽培试验并予以推广。其余优选雌株作为种植资源保存在青河县大果沙棘良种基地种植资源库中，继续观察其生长性状，为进一步选择优株或是改良沙棘性状、进行杂交育种提供亲本。

1.3.2.3　决选出的5个沙棘优株性状总结

综上分析，对筛选出的5个良种性状总结如下。

（1）新棘 1 号

除具有沙棘品种的基本特性外，还表现为结实量大，棘刺少，抗逆性强，耐贫瘠、耐盐碱，萌蘖力强。4 年生株高 2.42 m，地径为 4.81 cm，冠幅为 2.38 m，新梢生长量为 19.6 cm。树干及老枝褐色，枝条开张度中等；无刺或具少量长棘刺。叶披针形，叶面绿色，叶背面灰白色，叶片长 5.53 cm、宽 0.576 cm，10 cm 枝叶片数为 18.25 个。果实橘黄色，椭圆形，两端有小红晕，百果重 65 g，果实纵径 1.206 cm，果实横径 0.966 cm，汁多爽口，口感略甜后味稍涩。种子长卵形，种子千粒重 21.44 g，种子长 0.726 cm、宽 0.315 cm、厚 0.219 cm。当年生植株成活率为 90.25%，4 年生植株保存率为 85.75%，植株长势健壮。果实一般在 9 月中旬成熟，4 年生植株单株产量为 3.56 kg。新棘 1 号最重要的特性是种子大、含油量高，是一种提取籽油的好品种，籽油的价格远高于果油，市场前景广阔（图 2-1-70）。

图 2-1-70　新棘 1 号

（2）新棘 2 号

除具有沙棘品种的基本特性外，还表现为坐果率高，棘刺少，结实年限长，耐贫瘠、耐盐碱，萌蘖力强，抗病虫害能力强。新棘 2 号 4 年生株高 2.4 m，地径为 5.19 cm，冠幅为 2.2 m，新梢生长量为 18.2 cm。树干及老枝呈现灰色，幼枝有银白色鳞片，开张度大；树干少量长棘刺。叶剑形，叶面绿色稍带银白色，叶背面具有银白色鳞片，叶片长 5.326 cm、宽 0.608 cm，10 cm 枝叶片数为 17.5 个。果柄长 0.4～0.6 mm，脱落、成熟果实橘黄色，果实黄色，圆形，百果重 70.5 g，果实纵径为 1.138 cm，果实横径为 1.108 cm，汁多爽口，口感略甜后味稍涩。种子椭圆形，种子千粒重 18.21 g，种子长 0.606 cm、宽 0.282 cm、厚 0.205 cm。当年生植株成活率为 91.75%，4 年生植株保存率为 87.50%，植株长势健壮。果实一般在 9 月中旬成熟，4 年生植株单株产量为 3.52 kg。新棘 2 号良种果实的口感优于其他品种，可直接鲜食和制干，是非常好的鲜食品种（图 2-1-71）。

图 2-1-71　新棘 2 号

（3）新棘 3 号

除具有沙棘品种的基本特性外，还表现为耐贫瘠，萌蘖力极强，结实量大，棘刺少且软，果柄长、果皮厚，果实饱满、颜色艳丽、大小均匀，抗逆性强，生长势强。新棘 3 号 4 年生株高 2.9 m，地径为 6.31 cm，冠幅为 2.57 m，新梢生长量为 21.6 cm。树干及枝条红褐色，开张度大；树干少量长棘刺。叶披针形，叶面灰绿色、带银白色鳞片，叶背面灰白色、具有银色鳞片，叶片长 7.91 cm、宽 0.862 cm，10 cm 枝叶片数为 19.75 个。叶果柄长 0.5～0.7 cm，果实鲜红色，椭圆形，汁多爽口，口感略甜后味稍涩，百果重 84.4 g，果实纵径为 1.33 cm，果实横径为 1.064 cm，种子呈长卵形，种子千粒重 18.91 g，种子长 0.651 cm、宽 0.291 cm、厚 0.191 cm。当年生植株成活率为 91%，4 年生植株保存率为 86.25%，植株长势健壮。果实中晚熟，一般在 9 月中旬左右成熟，4 年生植株单株产量为 3.76 kg。新棘 3 号良种是个芽变品种，品质较好，果实为红色，既可用作鲜食也可供观赏（图 2-1-72）。

图 2-1-72　新棘 3 号

（4）新棘 4 号

除具有沙棘品种的基本特性外，还表现为结实量非常大，丰产几乎不分大小年，棘刺少或无，生长旺，耐贫瘠、耐盐碱，抗逆性强，萌蘖力强，生长势强。新棘 4 号 4 年生株高 3 m，地径为 6.82 cm，冠幅为 2.9 m，新梢生长量为 23.6 cm。树干及枝条褐色，枝条开张度大，树干少量长棘刺。叶披针形，叶面绿色，叶背面灰色。叶片长 3.746 cm、宽 0.598 cm，10 cm 枝叶片数为 20.75 个，果柄长 0.6～0.8 cm。成熟果实橙黄色，圆柱形，汁多爽口，口感略甜，百果重为 57.62 g，果实纵径为 1.564 cm，果实横径为 0.908 cm，种子长卵形，种子千粒重为 16.24 g，种子长 0.559 cm、宽 0.262 cm、厚 0.192 cm。当年生植株成活率为 95%，4 年生植株保存率为 90.25%，植株长势健壮。果实中晚熟，一般 9 月上旬成熟，坐果部位很少在主干上，果皮厚，易采收，对树体的伤害小，4 年生植株单株产量为 3.49 kg。新棘 4 号果实果粒大，种子小，含汁量高，口感偏甜，是加工果汁的好品种（图 2-1-73）。

（5）新棘 5 号

从阿勒泰地区的野生沙棘林中选育出的优良雄株之一，其主要特性：无刺或少刺，生长旺盛，树体高大。4 年生植株株高 2.04 m，地径为 3.87 cm，冠幅为 2 m，新梢生长量为 17.3 cm。树干及枝条粗大、褐色，枝条开张度大，树干少量长棘刺。叶披针形，叶面绿色，叶背面灰色，叶片长 7.356 cm，宽 0.873 cm，10 cm 枝叶片数为 20.25 个。在阿勒泰青河县 5 月 1 日前后开花，花芽饱满，花朵密集，个头较大，花抗寒，花粉量大。当年生植株成活率达 88.25%，4 年生植株保存率达 80%，植株长势健壮，抗病虫害能力、抗逆性强。作为授粉树，可与青河当地主栽品种阿列伊媲美，可作为阿列伊的替代品种（图 2-1-74）。

图 2-1-73　新棘 4 号

图 2-1-74　新棘 5 号

1.3.3 筛选的 5 个沙棘良种的经济学特性

为进一步确定我们优选的沙棘良种经济学特性，果实成熟时，于 2016 年 9 月的第一周，随机选取新棘 1～4 号树势健壮、生长一致的树体，在每株向南枝条的中间部位取果实 250 g，送新疆农业科学院分析检查中心进行果实营养成分的测试分析。测定指标为含油量、脂肪酸、果肉 VC 含量、含水量、总糖、总酸等性状指标，以青河县当地主栽品种深秋红、辽阜 1 号、辽阜 2 号为对照。

1.3.3.1 出油率分析

近年来随着我国及世界沙棘综合加工利用的进一步发展，依据工业生产需要，引种、培育富含沙棘油的优良品种和为企业提供准确、可靠、科学的加工原料定量数据，已成为目前沙棘产业的热点，而选择富含沙棘油的优质种源及确定其适宜的生长环境是其中的关键。为此，我们对新棘 1～4 号 4 个良种的鲜果、果汁、干果渣和种子进行了含油量测定，测定采用氯仿甲醇法，以青河县主栽品种深秋红、辽阜 1 号、辽阜 2 号为对照，结果见表 2-1-60、图 2-1-75。

表 2-1-60　沙棘良种含油量比较　　　　　　　　单位：%

良种	果汁含油量	干果渣含油量	种子含油量	鲜果含油量
新棘 1 号	2.68	20.54	21.73	4.73
新棘 2 号	3.74	23.03	10.83	5.84
新棘 3 号	2.06	27.02	9.17	4.96
新棘 4 号	1.79	19.69	9.76	3.52
深秋红	1.86	20.05	11.25	4.83
辽阜 1 号	2.13	25.76	13.67	5.22
辽阜 2 号	1.97	24.38	12.78	4.76

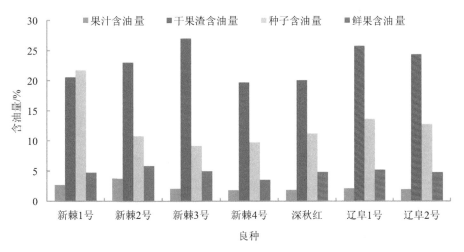

图 2-1-75　沙棘良种含油量比较

沙棘果实和种子是积累油脂的主要组织，由表 2-1-60 可以看出，4 个良种和 3 个对照品种的果汁、干果渣、种子和鲜果均含有一定量的沙棘油，不同的试材含油量存在较大的差异，其中果汁含油量在 1.79%～3.74%，干果渣含油量在 19.69%～27.02%，种子含油量在 9.17%～21.73%，鲜果含油量在 3.52%～5.84%。对其进行差异显著性分析，结果见表 2-1-61。

表 2-1-61　沙棘良种含油量差异显著性分析　　　　　　　　　单位：%

良种	果汁含油量	干果渣含油量	种子含油量	鲜果含油量
新棘 1 号	（2.68±0.05）Bb	（20.54±0.15）Ee	（21.73±0.02）Aa	（4.73±0.03）Dc
新棘 2 号	（3.74±0.07）Aa	（23.03±0.03）Dd	（10.83±0.03）Ee	（5.84±0.04）Aa
新棘 3 号	（2.06±0.03）Ccd	（27.02±0.04）Aa	（9.17±0.06）Gg	（4.96±0.07）Cc
新棘 4 号	（1.79±0.04）Ee	（19.69±0.04）Ff	（9.76±0.04）Ff	（3.52±0.03）Ed
深秋红	（1.86±0.02）DEe	（20.05±0.27）Ee	（11.25±0.02）Dd	（4.83±0.02）Cc
辽阜 1 号	（2.13±0.02）Cc	（25.76±0.03）Bb	（13.67±0.04）Bb	（5.22±0.04）Bb
辽阜 2 号	（1.97±0.03）CDd	（24.38±0.02）Cc	（12.78±0.05）Cc	（4.76±0.05）Dc

注：小写字母不同表示差异显著（$p<0.05$），大写字母不同表示差异极显著（$p<0.01$）。

由表 2-1-61 可以看出，果汁含油量高于 3 个对照品种的是新棘 1 号和新棘 2 号，其中新棘 2 号达到了 3.74%，新棘 3 号与辽阜 1 号和辽阜 2 号差异不显著，新棘 4 号果汁含油量最少，仅有 1.77%。干果渣含油量在 4 个指标中含量最高，除新棘 4 号外均达到了 20% 以上，干果渣含油量高于 3 个对照品种的是新棘 3 号，达到了 27.02%。鲜果含油量方面，4 个良种与 3 个品种间也存在显著性差异，鲜果含油量高于 3 个对照品种的是新棘 2 号，达到了 5.84%。种子含油量中新棘 1 号为 21.73%，极显著高于其他的良种和品种，新棘 3 号种子含油量仅为 9.17%。目前，市场上籽油的价格远高于果油，市场前景广阔，新棘 1 号种子含油量极高，为此，我们优选新棘 1 号作为提取籽油的优良品种予以推广。

1.3.3.2　脂肪酸含量分析

沙棘中含有丰富的脂肪酸，而脂肪酸是衡量油脂品质及生物活性大小的重要依据，并且具有重要的药用价值。我们主要采用气相色谱法测定了 4 个良种和 3 个对照品种的脂肪酸含量，即月桂酸、肉豆蔻酸、棕榈酸、硬脂酸、油酸、亚油酸、亚麻酸、花生酸、芥酸占总脂肪酸的百分比，实际检测中未检出月桂酸和芥酸。测定依据为 GB/T 17377—2008，测定结果见表 2-1-62。

表 2-1-62　沙棘种子及果肉中脂肪酸含量　　　　　　　　单位：%

测定部位	良种名称	肉豆蔻酸	棕榈酸	硬脂酸	花生酸	饱和脂肪酸总量	油酸	亚油酸	亚麻酸	不饱和脂肪酸总量	其他
种子	新棘1号	0.1	6.4	2.8	0.5	9.8	42.2	30	16.4	88.6	1.6
	新棘2号	0.1	7.5	2.5	0.4	10.5	23.7	41.4	20.4	85.5	4.0
	新棘3号	未检出	5.9	3.0	0.4	9.3	14.9	38	35.4	88.3	2.4
	新棘4号	0.1	10.5	2.3	0.4	13.3	13.5	38.3	26.2	78.0	8.7
	深秋红	0.2	13.0	2.5	0.5	16.2	10.6	34.6	20.8	66.0	17.8
	辽阜1号	0.1	8.0	2.9	0.5	11.5	16.0	33.9	34.2	84.1	4.4
	辽阜2号	0.2	11.6	2.6	0.5	14.9	17.2	35.2	25.4	77.8	7.3
果肉	新棘1号	未检出	24.3	1.3	0.07	25.67	27.4	9.8	1.7	38.9	35.43
	新棘2号	未检出	30.2	1.7	0.06	31.96	29.6	5.9	1.6	37.1	30.94
	新棘3号	未检出	26.5	1.5	0.05	28.05	26.5	7.4	1.5	35.4	36.55

测定部位	良种名称	肉豆蔻酸	棕榈酸	硬脂酸	花生酸	饱和脂肪酸总量	油酸	亚油酸	亚麻酸	不饱和脂肪酸总量	其他
果肉	新棘4号	未检出	29.8	0.4	0.12	30.32	27.4	5.5	2.1	35.0	34.68
	深秋红	未检出	24.8	1.1	0.09	25.99	21.7	10.1	1.9	33.7	40.31
	辽阜1号	未检出	27.6	0.9	0.08	28.58	22.8	7.9	2.0	32.7	38.72
	辽阜2号	未检出	24.5	0.8	0.06	25.36	23.6	9.8	1.8	35.2	39.44

由表 2-1-62 可以看出，4 个良种、3 个品种的种子和果肉中均检测出含有脂肪酸，且含量较高。种子的饱和脂肪酸包括肉豆蔻酸、棕榈酸、硬脂酸和花生酸，总量在 9.3%～16.2%。其中，肉豆蔻酸含量较低，仅有 0.1%～0.2%，棕榈酸含量在 5.9%～11.6%，硬脂酸含量在 2.3%～3%，花生酸含量在 0.4%～0.5%。新棘 3 号未检测出肉豆蔻酸。种子的不饱和脂肪酸包括油酸、亚油酸和亚麻酸，总量在 66%～88.6%，其中油酸含量在 10.6%～42.2%，亚油酸含量在 30%～41.4%，亚麻酸含量在 16.4%～35.4%。果肉的饱和脂肪酸包括棕榈酸、硬脂酸和花生酸，未检测出肉豆蔻酸，总量在 25.36%～31.96%，其中棕榈酸含量在 24.3%～30.2%，硬脂酸含量在 0.4%～1.7%，花生酸含量在 0.05%～0.12%，果肉的不饱和脂肪酸总量在 32.7%～38.9%，其中油酸含量在 21.7%～29.6%，亚油酸含量在 5.5%～10.1%，亚麻酸含量在 1.5%～2.1%。据报道，果肉的不饱和脂肪酸主要在棕榈油酸中，此次我们未测定棕榈油酸，所以造成测定的果肉不饱和脂肪酸总量偏低。

由图 2-1-76 可以看出，在所有类型的种子和果肉中不饱和脂肪酸均高于饱和脂肪酸含量，种子中 4 个良种的不饱和脂肪酸含量从高到低依次为新棘 1 号、新棘 3 号、新棘 2 号、新棘 4 号，果肉中不饱和脂肪酸含量从高到低依次为新棘 1 号、新棘 2 号，新棘 3 号、新棘 4 号。新棘 1 号种子和果肉中的不饱和脂肪酸总量均为最高。不饱和脂肪酸具有软化血管、防止动脉粥样硬化之功效，而且高含量的不饱和脂肪酸与沙棘油的生物活性密切相关。

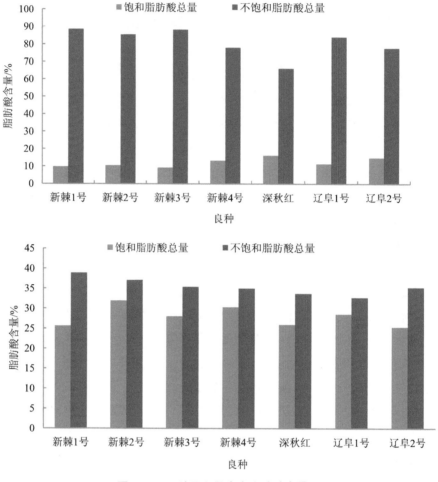

图 2-1-76　种子和果肉中脂肪酸含量

　　由图 2-1-77 可以看出，种子中饱和脂肪酸中的棕榈酸含量远高于硬脂酸含量，其中含量最高的是对照品种深秋红，达到了 13%，新棘 1 号、新棘 2 号和新棘 3 号的棕榈酸含量均低于 3 个对照品种。各样品的硬脂酸含量均较低，在硬脂酸中含量最高的是新棘 3 号，达到了 3.0%，其次为辽阜 1 号，为 2.9%。各样品不饱和脂肪酸中油酸、亚油酸、亚麻酸含量均较高，其中种子中油酸含量最高的是新棘 1 号，为 42.2%，远远高于其余良种和品种；亚油酸含量最高的是新棘 2 号，达到了 41.4%；亚麻酸含量最高的是新棘 3 号，为 35.4%。

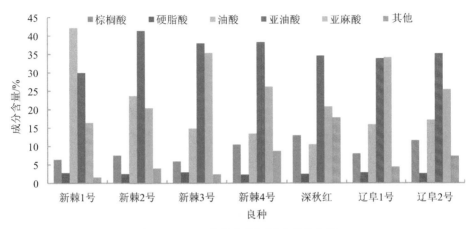

图 2-1-77　种子脂肪酸各组成成分含量

由图 2-1-78 可以看出，果肉中饱和脂肪酸中的棕榈酸含量也是远高于硬脂酸含量，其中含量最高的是良种新棘 2 号，达到了 30.2%，其次是新棘 4 号，为 29.8%。各品种的硬脂酸含量均较低，含量最高的是新棘 2 号，为 1.7%，含量最低的是新棘 4 号，为 0.4%。各品种不饱和脂肪酸中的油酸含量明显高于亚油酸和亚麻酸，含量最高的是新棘 2 号，达到了 29.6%。亚油酸含量最高的是对照品种深秋红，为 10.1%。亚麻酸含量最高的是新棘 4 号，为 2.1%。

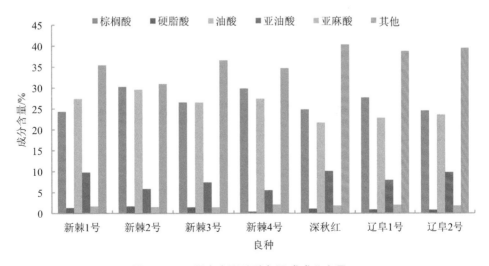

图 2-1-78　果肉中脂肪酸各组成成分含量

由表 2-1-63 可以看出，饱和脂肪酸中，果肉中的棕榈酸含量高于种子中的棕榈酸含量，存在显著差异。种子中的硬脂酸、化生酸含量高于果肉中的含量，与果肉中的含量相比存在显著差异。不饱和脂肪酸中的油酸在果肉和种子中差异不显著，且含量均较高。种子中的亚油酸和亚麻酸含量显著高于果肉中的含量。由表 2-1-63 可知，种子中含量较高的饱和脂肪酸为棕榈酸，含量较高的不饱和脂肪酸是亚油酸，其次是亚麻酸。这后两种酸被认为对治疗皮肤病有重要作用。果肉中含量较高的饱和脂肪酸为棕榈酸，不饱和脂肪酸含量较高的是油酸，其次是亚油酸。

表 2-1-63 不同部位各脂肪酸之间的差异   单位：%

测定部位	棕榈酸	硬脂酸	花生酸	饱和脂肪酸总量	其他	油酸	亚油酸	亚麻酸	不饱和脂肪酸总量
果肉	26.81±0.94	1.10±0.17	0.08±0.01	27.99±0.95	36.58±1.23	25.57±1.09	8.06±0.72	1.80±0.08	35.43±0.78
种子	8.98±1.93	2.65±0.09	0.46±0.02	12.21±1.00	6.60±2.10	19.73±10.70	35.91±1.39	25.54±2.70	81.19±3.03

1.3.3.3 粗脂肪、粗蛋白、可溶性固形物及灰分分析

对 4 个良种和 3 个对照品种的果实、种子和叶片进行粗脂肪、粗蛋白和灰分测定，对新棘 5 号和对照阿列伊的叶片进行测定，测定依据 GB 5009.5—2010。粗脂肪采用索氏提取法，测定依据 GB/T 5009.6—2003。灰分的测定采用重量法，测定依据 GB 5009.4—2010，结果见表 2-1-64。

表 2-1-64 沙棘良种粗脂肪、蛋白质、灰分测定   单位：%

测定部位	良种	粗脂肪	粗蛋白	灰分
果实	新棘 1 号	3.6	1.88	0.5
	新棘 2 号	5.4	2.27	0.6
	新棘 3 号	4.8	1.14	0.4
	新棘 4 号	1.6	1.46	0.5
	深秋红	3.6	2.12	0.5
	辽阜 1 号	2.0	1.62	0.5
	辽阜 2 号	3.2	1.54	0.4

测定部位	良种	粗脂肪	粗蛋白	灰分
种子	新棘 1 号	10.6	23.56	5.79
	新棘 2 号	11.5	25.97	6.48
	新棘 3 号	10.7	22.86	5.42
	新棘 4 号	8.9	23.56	4.98
	深秋红	9.96	21.69	6.36
	辽阜 1 号	10.4	20.73	5.87
	辽阜 2 号	9.7	22.97	6.03
叶片	新棘 1 号	4.7	13.5	5.5
	新棘 2 号	6.2	15.4	7.4
	新棘 3 号	5.1	14.3	5.2
	新棘 4 号	4.9	15.6	6.7
	深秋红	5.1	19.4	6.3
	辽阜 1 号	5.8	13.7	5.9
	辽阜 2 号	5.4	11.2	6.2
	新棘 5 号	5.9	17.9	6.6
	阿列伊	5.6	18.2	7.0

由表 2-1-64 可以看出，4 个沙棘良种中，果实粗脂肪含量在 1.6%～5.4%，超过 3 个对照品种的是新棘 2 号和新棘 3 号，含量分别是 5.4%和 4.8%；新棘 1 号与对照品种深秋红的粗脂肪含量同为 3.6%，高于其他 2 个对照；含量最少的是新棘 4 号，仅有 1.6%。种子中粗脂肪含量在 8.9%～11.5%，超过 3 个对照品种的是新棘 1 号、新棘 2 号和新棘 3 号，含量分别为 10.6%、11.5%和 10.7%；含量最少的是新棘 4 号，为 8.9%。叶片中粗脂肪含量在 4.7%～6.2%，超过 3 个对照品种的是新棘 2 号，为 6.2%，其次是辽阜 1 号，为 5.8%，含量最少的是新棘 1 号，为 4.7%。由图 2-1-79 可以看出，种子中的粗脂肪含量高于叶片中的，叶片中的粗脂肪含量高于果实中的。

197

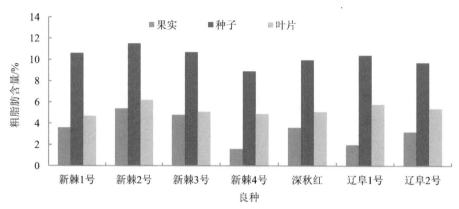

图 2-1-79　4 个良种和 3 个对照沙棘果实、种子和叶片中的粗脂肪含量

　　由表 2-1-64 和图 2-1-80 可以看出，4 个沙棘良种中，粗蛋白含量在种子和果实中存在较大差异，种子中的含量远远高于果实中的含量。果实中粗蛋白含量在 1.14%～2.27%，超过 3 个对照品种的是新棘 2 号，为 2.27%，含量最少的是新棘 3 号，为 1.14%。种子中，4 个沙棘良种和 3 个对照品种粗蛋白含量差异较小，粗蛋白含量在 20.73%～25.97%，超过 3 个对照品种的是新棘 1 号、新棘 2 号和新棘 4 号，含量分别为 23.56%、25.97% 和 23.56%，含量最少的是辽阜 1 号，为 20.73%。叶片中粗蛋白含量在 11.2%～19.4%，含量最高的是深秋红，为 19.4%，其次是新棘 4 号，为 15.6%，含量最少的是辽阜 2 号，为 11.2%。粗蛋白在种子中含量最高，其次为叶片，含量最低的是果实。

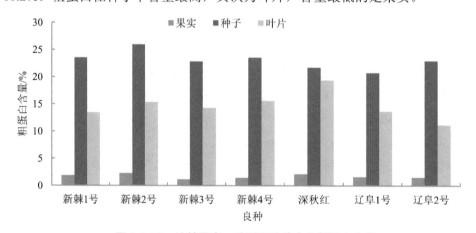

图 2-1-80　沙棘果实、种子和叶片中的粗蛋白含量

将烘干的沙棘果实和种子在 600℃ 下灼烧，对残留的白色残烬进行称量。灰分中含有大量的矿物质元素，以氧化物、硫酸盐、磷酸盐、硅酸盐等形式存在于灰分中。由表 2-1-64 和图 2-1-81 可以看出，4 个沙棘良种和 3 个对照品种种子中的灰分含量远远高于果实中的含量。各品种果实中灰分含量在 0.4%~0.6%，差异极小，最高的是新棘 2 号，为 0.6%。种子中灰分含量在 4.98%~6.48%，超过 3 个对照品种的是新棘 2 号；含量在 6% 以上的有 3 个，新棘 2 号、深秋红和辽阜 2 号，依次为 6.48%、6.36% 和 6.03%。叶片中灰分含量在 5.2%~7.4%，含量高于 3 个对照品种的是新棘 2 号和新棘 4 号，分别为 7.4% 和 6.7%。

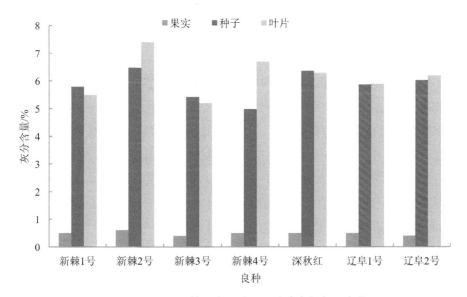

图 2-1-81　沙棘果实、种子和叶片中的灰分含量

由图 2-1-82 比较新棘 5 号和阿列伊叶片的 3 个成分含量可以看出，新棘 5 号的粗脂肪含量略高于阿列伊，粗蛋白和灰分略低于阿列伊，差异不显著。

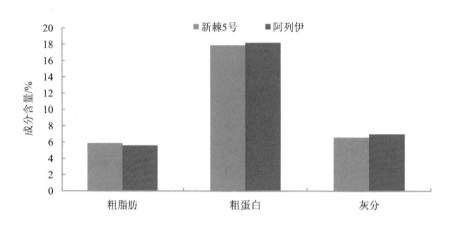

图 2-1-82　新棘 5 号和阿列伊叶片中的粗脂肪等含量

　　由表 2-1-65 可以看出，粗脂肪含量在果实、叶片和种子中存在极显著的差异，在种子中含量最高，平均含量为 10.25%，果实中含量最低，平均为 3.46%。粗蛋白含量在果实、叶片和种子中也存在极显著的差异，在种子中含量最高，平均值达到了 23.04%，果实中含量极低，仅有 1.72%。灰分含量在种子和叶片中差异不显著，平均值分别为 5.85% 和 6.17%，二者与果实之间差异极显著，果实中灰分含量仅有 0.49%。综合分析 4 个良种和 3 个对照品种发现，新棘 2 号在粗脂肪、粗蛋白、灰分测定指标中，含量均高于其他样品，可以说其干物质含量较高，为此，我们将新棘 2 号作为加工良种予以育种、推广。

表 2-1-65　果实、叶片和种子中粗脂肪等含量差异性分析　　　　　　单位：%

测定部位	粗脂肪	粗蛋白	灰分
果实	（3.457 1±0.51）c	（1.718 6±0.15）c	（0.485 7±0.03）b
叶片	（5.314 3±0.19）b	（14.728 6±0.95）b	（6.171 4±0.28）a
种子	（10.251 4±0.31）a	（23.04±0.62）a	（5.847 1±0.2）a

1.3.3.4　氨基酸含量分析

　　沙棘蛋白质中的氨基酸种类齐全，包含人体必需的全部氨基酸。沙棘果肉蛋白的主要组成为球蛋白和白蛋白，还含有大量的非蛋白氮。果汁中非蛋白氮的主要组成为游离氨基酸。沙棘种子中有 13 种氨基酸,果肉和果汁中有 17 种,其中包括人体必需的 8 种。我们对 4 个沙棘良种和 3 个对照品种的果实进行了氨基酸含量的测定,对雄株新棘 5 号和对照品种阿列伊的叶片进行了氨基酸含量测定。测定采用氨基酸自动分析仪(日立 835-50),测定依据为 GB/T 5009.124—2003 食品中氨基酸的测定。

由表 2-1-66 可以看出,沙棘果实和叶片中均含有氨基酸,且氨基酸种类较多,测出了 17 种。

表 2-1-66　沙棘良种氨基酸含量分析　　单位:%

氨基酸	雌株果实含量							雄株叶片含量	
	新棘1号	新棘2号	新棘3号	新棘4号	深秋红	辽阜1号	辽阜2号	新棘5号	阿列伊
天冬氨酸	0.28	0.35	0.38	0.34	0.40	0.52	0.40	2.36	1.98
苏氨酸	0.056	0.072	0.065	0.058	0.058	0.068	0.052	0.70	0.67
丝氨酸	0.081	0.12	0.10	0.075	0.086	0.093	0.078	0.74	0.64
谷氨酸	0.32	0.40	0.39	0.28	0.35	0.30	0.31	1.76	1.63
甘氨酸	0.076	0.091	0.092	0.062	0.078	0.080	0.072	0.88	0.83
丙氨酸	0.067	0.078	0.10	0.054	0.068	0.078	0.064	0.91	0.84
胱氨酸	0.030	0.038	0.017	0.030	0.032	0.045	0.038	0.13	0.12
缬氨酸	0.086	0.10	0.11	0.077	0.090	0.094	0.090	0.97	0.88
甲硫氨酸	0.006	0.011	0.008	0.008	0.010	0.011	0.014	0.12	0.063
异亮氨酸	0.068	0.081	0.081	0.062	0.072	0.074	0.065	0.76	0.72
亮氨酸	0.12	0.14	0.14	0.10	0.12	0.12	0.12	1.28	1.18
酪氨酸	0.070	0.076	0.076	0.057	0.066	0.062	0.052	0.69	0.64
苯丙氨酸	0.11	0.14	0.17	0.086	0.11	0.11	0.10	1.01	0.94
组氨酸	0.060	0.076	0.059	0.059	0.066	0.064	0.056	0.48	0.47
赖氨酸	0.098	0.13	0.10	0.10	0.099	0.12	0.094	1.08	1.06
精氨酸	0.18	0.24	0.22	0.14	0.18	0.18	0.15	0.80	0.73
脯氨酸	0.079	0.12	0.081	0.058	0.075	0.12	0.13	0.80	0.70
总量	1.79	2.26	2.19	1.65	1.96	2.14	1.88	15.50	14.10

由图 2-1-83 可以看出，4 个优良雌株和 3 个对照品种果实测定氨基酸总量范围在 1.65%～2.26%，其中含量最高的是新棘 2 号，为 2.26%，其他依次为新棘 3 号、辽阜 1 号、深秋红、辽阜 2 号、新棘 1 号、新棘 4 号。新棘 5 号叶片氨基酸总量为 15.5%，阿列伊为 14.1%，二者之间差异不明显。

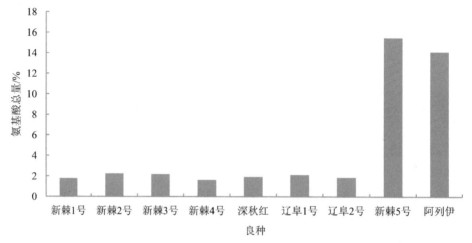

图 2-1-83　沙棘良种及对照品种氨基酸总量比较

1.3.3.5　含水量、总糖、总酸含量分析

沙棘果实皮薄汁多，含水量较高，果实中的糖分主要是葡萄糖和果糖，果实的含糖量对果汁的糖酸比有很大的影响。果实中含有苹果酸、柠檬酸、酒石酸、草酸等多种天然有机酸类。我们对 4 个良种的果实进行了含水量、总糖和总酸测定，含水量采用重量法，依据 GB 5009.3—2010 食品中水分的测定；总糖含量采用裴林试剂法，依据 GB/T 5009.8—2008 食品中总酸的测定；总酸采用纸层析法，依据 GB/T 12456—2008 食品中总酸的测定，结果见表 2-1-67。

由表 2-1-67 和图 2-1-84 可以看出，鲜果含水量差异较大，4 个良种和 3 个对照品种的含水量在 78.7%～84.3%，超过 3 个对照品种的是新棘 3 号和新棘 4 号，分别为 83.6% 和 84.3%。种子含水量在 9.54%～11.4%，差异较小，含水量 4 个良种的种子含水量差异不大，除了新棘 3 号，其他均超过了 3 个对照品种，其中含水量最高的是新棘 1 号，为 11.4%；含水量最低的是辽阜 1 号，为 9.54%。

表 2-1-67　沙棘良种含水量、总糖、总酸比较

良种	含水量/%		总糖/%	总酸/（mg/100 g）
	鲜果	种子		
新棘 1 号	82.6	11.4	4.1	19.67
新棘 2 号	80.4	11	3.4	13.15
新棘 3 号	83.6	10.6	6.7	16.48
新棘 4 号	84.3	10.9	7.2	9.44
深秋红	82.4	10.3	3.1	20.38
辽阜 1 号	78.7	9.54	3.9	17.8
辽阜 2 号	83	10.7	3.7	19.85

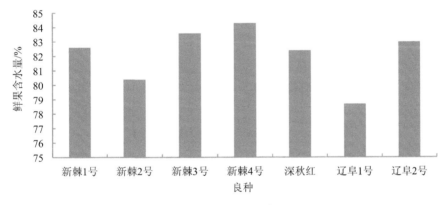

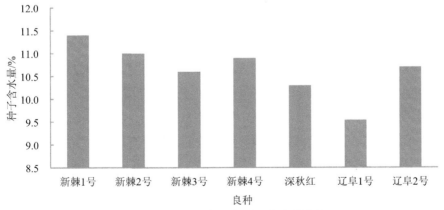

图 2-1-84　鲜果与种子含水量比较

新疆植物组培新技术的研究应用——以花卉、沙棘为例

由表 2-1-67 和图 2-1-85 可以看出，沙棘果实总糖含量差异较大，在 3.1%～7.2%。含糖量超过 3 个对照品种的是新棘 1 号、新棘 3 号和新棘 4 号，分别为 4.1%、6.7%和 7.2%。在制造沙棘饮料时，果汁含糖量越高，加入的糖量就越少，成本也就越低。

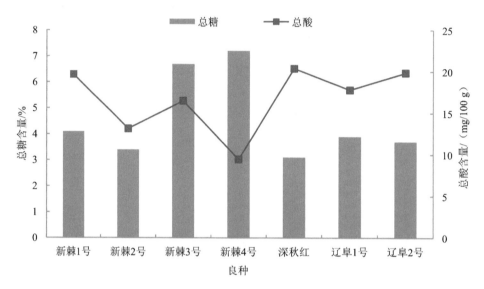

图 2-1-85　沙棘果实的总糖、总酸含量比较

沙棘果实的有机酸含量高是其突出特点之一，经检测，4 个沙棘良种和 3 个对照品种的总酸含量在 9.44～20.38 mg/100 g，由高到低依次为深秋红、辽阜 2 号、新棘 1 号、辽阜 1 号、新棘 3 号、新棘 2 号、新棘 4 号。在总酸含量高的情况下，制造果汁饮料时，为了调配合适的糖酸比，就需要加糖并加水稀释到合适的浓度。

由表 2-1-68 可以看出，新棘 4 号鲜果含水量最高，与新棘 2 号和辽阜 1 号存在显著性差异，与其他良种间差异不显著。新棘 4 号种子含水量较高，与含水量最高的新棘 1 号间差异不显著。新棘 4 号总糖含量最高，与新棘 3 号之间差异不显著，与其余良种和品种间存在显著性差异。新棘 4 号在总酸含量上最低，与所有良种和品种间均存在显著性差异。综合分析认为，新棘 4 号汁多、含糖量高、含酸量低，适宜用作加工果汁的优良品种，我们优选出来准备予以推广。

表 2-1-68　各良种间含水量、总糖、总酸差异性分析

良种	含水量/%		总糖/%	总酸/（mg/100 g）
	鲜果	种子		
新棘 1 号	（82.6±0.56）a	（11.4±0.47）a	（4.1±0.17）b	（19.67±0.55）a
新棘 2 号	（80.4±0.73）b	（11±0.31）a	（3.4±0.15）cd	（13.15±0.12）d
新棘 3 号	（83.6±0.68）a	（10.6±0.36）ab	（6.7±0.19）a	（16.48±0.12）c
新棘 4 号	（84.3±0.61）a	（10.9±0.23）ab	（7.2±0.22）a	（9.44±0.09）e
深秋红	（82.4±0.60）a	（10.3±0.29）bc	（3.1±0.20）d	（20.38±0.11）a
辽阜 1 号	（78.7±0.61）b	（9.5±0.24）c	（3.9±0.25）bc	（17.8±0.22）b
辽阜 2 号	（83±0.41）a	（10.7±0.23）ab	（3.7±0.19）bcd	（19.85±0.11）a

1.3.3.6　总黄酮含量分析

沙棘果实和叶片中含有丰富的黄酮类成分，已被鉴定的有：槲皮素、异鼠李素、山奈酚及苷类、杨梅酮、氯原酸等。据报道，沙棘黄酮类和其他分类化合物可增强人体的耐受性，减少毛细血管壁的渗透性，而且还能把被氧化的 VC 重新还原过来。这些物质还具有抑制动脉粥样硬化的发展、降低血胆固醇水平、使甲状腺功能亢进恢复正常的功效，也有抗炎症的作用。我们主要测定了沙棘 4 个良种和 3 个品种的槲皮素、山奈酚和异鼠李素 3 个指标，测定了总黄酮的含量。测定方法主要采用高效液相色谱法，结果见表 2-1-69。

表 2-1-69　各良种间黄酮比较　　　　单位：mg/100 g

测定部位	良种	槲皮素	山奈酚	异鼠李素	总黄酮
果实	新棘 1 号	18.97	4.02	9.43	32.42
	新棘 2 号	21.38	4.58	11.62	37.58
	新棘 3 号	18.76	3.97	7.71	30.44
	新棘 4 号	6.97	2.75	3.84	13.56
	深秋红	9.42	3.86	6.98	20.26
	辽阜 1 号	1.82	1.31	0.78	3.91
	辽阜 2 号	2.34	1.03	0.75	4.12

测定部位	良种	槲皮素	山柰酚	异鼠李素	总黄酮
叶片	新棘 1 号	1 438.6	295.8	503.9	2 238.3
	新棘 2 号	2 016.7	498.4	613.7	3 128.8
	新棘 3 号	1 558.9	312.4	486.5	2 357.8
	新棘 4 号	1 769.3	315.6	589.4	2 674.3
	深秋红	1 986.3	371.2	645.3	3 002.8
	辽阜 1 号	1 459.8	219	491.8	2 170.6
	辽阜 2 号	1 554.8	343.3	355.4	2 253.5
种子	新棘 1 号	121.71	54.21	32.74	208.66
	新棘 2 号	130.63	65.69	54.28	250.6
	新棘 3 号	98.74	32.82	59.63	191.19
	新棘 4 号	101.36	49.64	70.72	221.72
	深秋红	100.32	42.41	69.06	211.79
	辽阜 1 号	118.41	37.45	58.42	214.28
	辽阜 2 号	108.66	48.62	49.53	206.81

由表 2-1-69 可以看出，在沙棘果实、叶片和种子中均含有槲皮素、山柰酚和异鼠李素，总黄酮含量较高。果实中总黄酮含量在 3.91～37.58 mg/100 g，其中槲皮素含量在 1.82～21.38 mg/100 g，山柰酚含量在 1.03～4.58 mg/100 g，异鼠李素的含量在 0.75～11.62 mg/100 g。叶片中总黄酮含量在 2 170.6～3 128.3 mg/100 g，其中槲皮素含量在 1 438.6～2 016.7 mg/100 g，山柰酚含量在 219～498.4 mg/100 g，异鼠李素的含量在 355.4～645.3 mg/100 g。种子中总黄酮含量在 206.81～250.6 mg/100 g，其中槲皮素含量在 98.74～130.63 mg/100 g，山柰酚含量在 32.82～65.69 mg/100 g，异鼠李素的含量在 32.74～70.72 mg/100 g。果实、叶片和种子中槲皮素的含量均明显高于其余 2 种物质。

由图 2-1-86 可以看出，沙棘果实中的槲皮素含量明显高于山柰酚和异鼠李素，新棘 2 号果实中三者的含量均达到了最高值，分别为 21.38 mg/100 g、4.58 mg/100 g、11.62 mg/100 g。新棘 1 号、新棘 2 号和新棘 3 号中的槲皮素、山柰酚和异鼠李素的含量均高于 3 个对照品种。为此，果实中沙棘总黄酮含量最高的是新棘 2 号，为 37.58 mg/100 g；其次是新棘 1 号，为 32.42 mg/100 g；再次是新棘 3 号，为 30.44 mg/100 g。

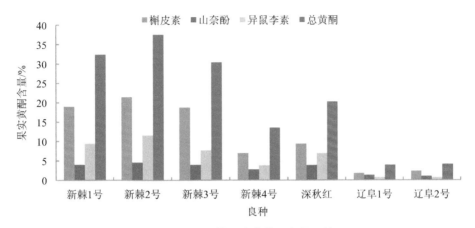

图 2-1-86 沙棘果实中黄酮含量比较

由图 2-1-87 可以看出，沙棘叶片中槲皮素含量远高于山柰酚和异鼠李素，同样是新棘 2 号，三者的含量均达到了最高值，分别为 2 016.7 mg/100 g、498.4 mg/100 g、613.7 mg/100 g。槲皮素含量均高于 3 个对照品种的是新棘 2 号。山柰酚含量均高于 3 个对照品种的只有新棘 2 号。异鼠李素含量最高的是深秋红，为 645.3 mg/100 g。4 个沙棘良种中叶片总黄酮含量超过 3 个对照品种的是新棘 2 号，其含量为 3 128.8 mg/100 g，其次是深秋红，为 3 002.8 mg/100 g。

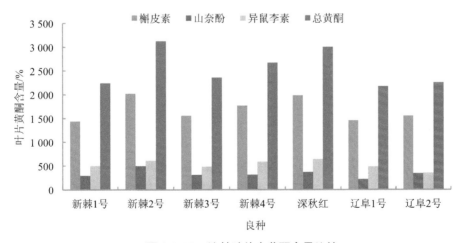

图 2-1-87 沙棘叶片中黄酮含量比较

从图 2-1-88 可以看出，沙棘种子中也是槲皮素含量最高。槲皮素含量高于对照的是新棘 1 号和新棘 2 号，其含量分别为 121.71 mg/100 g 和 130.63 mg/100 g。山柰酚含量高于 3 个对照的是新棘 1 号、新棘 2 号和新棘 4 号，其含量分别为 54.21 mg/100 g、65.69 mg/100 g 和 49.64 mg/100 g。异鼠李素含量均高于 3 个对照的仅有新棘 4 号，为 70.72 mg/100 g。4 个沙棘良种中种子总黄酮含量超过 3 个对照的是新棘 2 号和新棘 4 号，其含量分别为 250.60 mg/100 g 和 221.72 mg/100 g。

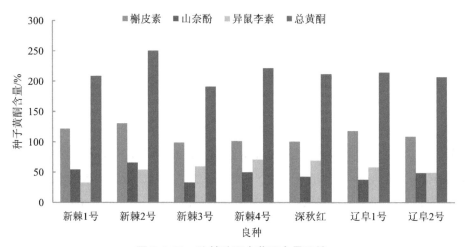

图 2-1-88　沙棘种子中黄酮含量比较

由表 2-1-70 可以看出，沙棘叶片中槲皮素、山柰酚和异鼠李素的含量与果实和种子中的含量存在极显著差异，果实与种子之间差异不显著。随着总黄酮含量的增加，3 个组成成分的含量均随之增加，各组分含量与总黄酮含量呈明显的正相关关系。相反，果实的总黄酮含量降低，三者的含量不仅随之下降，而且 3 个组分含量之间的差异也随之变小。

表 2-1-70　不同部位的沙棘黄酮含量差异　　　　　　　　　单位：mg/100 g

部位	槲皮素	山柰酚	异鼠李素	总黄酮
果实	（11.38±3.12）b	（3.07±0.53）b	（5.87±1.59）b	（20.327 1±5.17）b
叶片	（1 683.49±91.57）a	（336.53±32.35）a	（526.57±37.25）a	（2 546.585 7±148.11）a
种子	（111.4±4.67）b	（47.26±4.15）b	（56.34±4.86）b	（215.007 1±6.90）b

由图 2-1-89 可以看出，沙棘果实中总黄酮含量最高的是新棘 2 号，其次为新棘 1 号；叶片中总黄酮含量最高的是新棘 2 号，其次为深秋红；种子中总黄酮含量最高的是新棘 2 号，其次为新棘 4 号。新棘 2 号与其他良种和品种相比，在果实、叶片和种子中的总黄酮含量均达到了最高值。

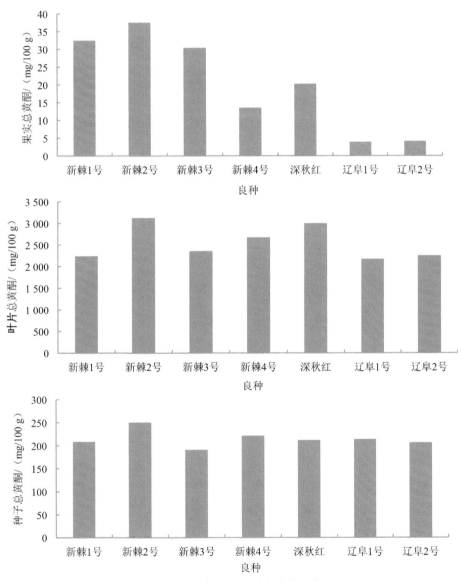

图 2-1-89　沙棘不同部位的总黄酮含量

1.3.3.7 维生素含量分析

　　沙棘是目前世界上含有天然维生素种类最多的珍贵经济林树种，其 VC 含量远高于鲜枣和猕猴桃，从而被誉为天然维生素的宝库。我们测定了 4 个良种和 3 个对照品种果实和种子中的 VC、VE 和 β-胡萝卜素的含量，主要采用荧光测定法，检测依据 GB 6195—1986，结果见表 2-1-71。

表 2-1-71　沙棘果实、种子中维生素含量比较　　　　　　　单位：mg/100 g

测定部位	良种	VC	VE	β-胡萝卜素
果实	新棘 1 号	81.4	0.57	55.28
	新棘 2 号	190.6	0.21	63.05
	新棘 3 号	248	2.13	89.32
	新棘 4 号	212.3	1.06	54.43
	深秋红	89.4	0.78	72.14
	辽阜 1 号	85.78	0.44	61.38
	辽阜 2 号	98.72	0.46	60.07
种子	新棘 1 号	1.98	19.36	31.42
	新棘 2 号	2.26	22.74	35.06
	新棘 3 号	3.14	24.88	36.24
	新棘 4 号	5.76	20.8	29.98
	深秋红	2.73	23.6	32.3
	辽阜 1 号	2.98	21.87	31.37
	辽阜 2 号	3.54	19.96	30.53

　　高 VC 含量是沙棘果实的最大特点之一。由表 2-1-71 和图 2-1-90 可以看出，果实 VC 含量明显高于种子的 VC 含量，果实 VC 含量在 81.4～212.3 mg/100 g，差异较大，含量最高的是新棘 3 号，其余依次为新棘 4 号、新棘 2 号、辽阜 2 号、深秋红、辽阜 1 号、新棘 1 号。种子中 VC 含量在 1.98～5.76 mg/100 g，差异较大，含量最高的是新棘 4 号，其余依次为辽阜 2 号、新棘 3 号、辽阜 1 号、深秋红、新棘 2 号、新棘 1 号。

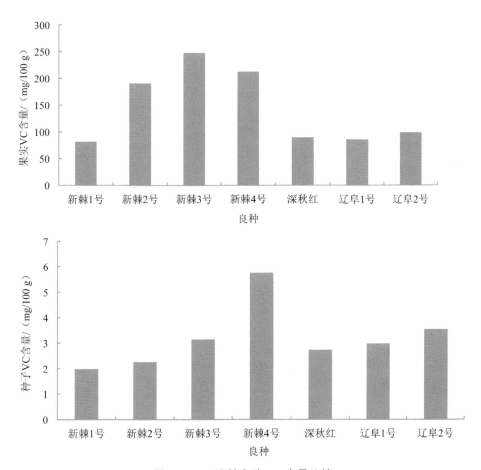

图 2-1-90　沙棘良种 VC 含量比较

　　VE 是沙棘中的脂溶性维生素,在沙棘果肉和种子中均有较高含量。由表 2-1-71 和图 2-1-91 可以看出,种子中的 VE 含量明显高于果实中的 VE 含量。果实 VE 含量在 0.21～2.13 mg/100 g,差异较大,含量最高的是新棘 3 号,其余依次为新棘 4 号、深秋红、新棘 1 号、辽阜 2 号、辽阜 1 号、新棘 2 号。种子中 VE 含量在 19.36～24.88 mg/100 g,差异较大,含量最高的是新棘 3 号,其余依次为深秋红、新棘 2 号、辽阜 1 号、新棘 4 号、辽阜 2 号、新棘 1 号。

新疆植物组培新技术的研究应用——以花卉、沙棘为例

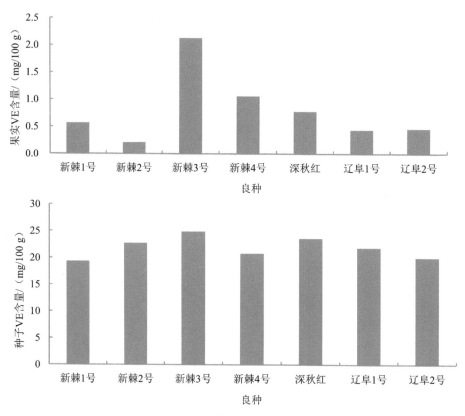

图 2-1-91　沙棘良种 VE 含量比较

由表 2-1-71 和图 2-1-92 可以看出，果实中的 β-胡萝卜素含量远高于种子中的，差异较大。果实中 β-胡萝卜素含量在 54.43～89.32 mg/100 g，含量最高的是新棘 3 号，其余依次为深秋红、新棘 2 号、辽阜 1 号、辽阜 2 号、新棘 1 号、新棘 4 号。种子中 β-胡萝卜素含量在 29.98～36.24 mg/100 g，含量最高的是新棘 3 号，其余依次为新棘 2 号、深秋红、新棘 1 号、辽阜 1 号、辽阜 2 号、新棘 4 号。一般认为，类胡萝卜素的组成及含量会直接影响果实的颜色。测试的 4 个良种和 3 个对照品种中，新棘 3 号的果实为鲜红色，色泽最红；深秋红为红色，但是在 9 月中下旬颜色开始转红；新棘 1 号为黄色，其余均为橘黄色或是橙黄色。说明类胡萝卜素（以 β-胡萝卜素为主）的含量和果实颜色有很大的相关性。

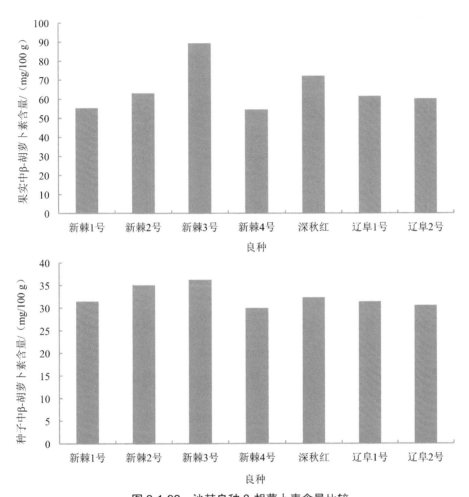

图 2-1-92　沙棘良种 β-胡萝卜素含量比较

1.3.3.8　新棘 5 号雄株花粉分析

花粉是高等植物的雄性配子体，在有性繁殖过程中起着传递雄性亲本的遗传信息的作用，在植物遗传、育种中也起着重要的作用。我们对优选出的新棘 5 号进行了花粉活性的测定，以阿列伊花粉为对照，观测两种雄株之间存在的差异。

（1）新棘 5 号花期物候观测

在 4 月底至 5 月初，对试验区内新棘 5 号和阿列伊的花期物候进行观察。以 5%的个体开花视为群体始花期，以 25%的个体开花视为群体初花期，以 50%的个体开花视为群体盛花期，以95%的植株开花结束视为群体末花期。采取盛花期的花粉粒进行花粉萌发力测试，结果见表2-1-72。

表2-1-72　新棘5号与阿列伊的花期物候

品种	始花期	初花期	盛花期	末花期
新棘5号	5月1日	5月3日	5月6日	5月16日
阿列伊	4月30日	5月2日	5月6日	5月14日

由表2-1-72可以看出，新棘5号和阿列伊的始花期在4月底，新棘5号始花期和初花期比阿列伊晚1 d，盛花期时间相同。新棘5号花期16 d，阿列伊花期15 d。与前述2.3.2.2（1）中优株雌株的花期相比，总体来说雄株品种较雌株品种开花早，初花期和盛花期时间相差1～3 d。

（2）新棘5号花粉萌发力分析

采用花粉离体萌发的方法测定新棘5号和阿列伊的花粉活力。方法：取适量的花粉粒（盛花期第3天）散落在培养基上，在25℃气温下培养12 h，在电子显微镜下统计花粉管萌发率，花粉培养基为20%蔗糖+0.1×10^{-4} g/L硼酸+6%琼脂，结果见表2-1-73。

表2-1-73　雄株花粉萌发力比较　　　　　　　　　　　单位：%

品种	Ⅰ组	Ⅱ组	Ⅲ组	平均
新棘5号	86.9	88.6	89.7	88.4
阿列伊	90.1	89.1	90.7	89.97

在显微镜下观察，雄株花粉6 h时开始萌发，且萌发速度较快。理论上，花粉萌发时间越长，有活力的花粉越能够完全萌发，统计数据就越准确。但试验中发现，培养时间过长，花粉管容易破裂，影响统计结果，所以，我们使用了培养12 h统计花粉活力的方法。由表2-1-73可以看出，新棘5号和阿列伊花粉萌发力均较高，新棘5号新鲜花粉萌发力为88.4%，略低于对照品种阿列伊，阿列伊新鲜花粉萌发力为89.97%，两者之间在花粉粒萌发率上差异不显著。

（3）花粉粒数及花粉的传播距离

花粉数量的记数方法是，于盛花期第 3 天，在试验地中随机摘取新棘 5 号和阿列伊的花朵，取每朵花的一个花药压片，在显微镜下观察统计花粉量，共 30 个重复。胚珠数量的计数方法是在显微镜下，用解剖针将花朵子房解剖开，计数其中的胚珠数。P/O 值=单花花粉数量/单花胚珠数量，结果见表 2-1-74。

表 2-1-74　花粉粒数量统计

品种	花粉粒数量/粒	胚珠数/个	P/O 值
新棘 5 号	23 871	1	95 484
阿列伊	25 026	1	100 104

花粉传播距离检测法：在雄株花粉盛花期第 3 天进行。用重力玻片法把涂有凡士林油的载玻片以沙棘雄株（新棘 5 号和阿列伊）的位置为起点，沿着顺风方向按 5 m 间隔放置，每个点布 3 片，最远至 100 m。取样间隔 12 h，取回载玻片后，在目镜为 10×和物镜为 40×的奥林巴斯（OLympus）显微镜下检测花粉粒数，结果见表 2-1-75。

表 2-1-75　沙棘顺风方向不同传粉距离的花粉粒数　　单位：粒

品种	距离花粉源距离									
	5 m	10 m	15 m	20 m	25 m	30 m	35 m	40 m	45 m	50 m
新棘 5 号	406.3	507.6	638.4	725.1	875.4	732.1	548.1	342.3	206.3	175.4
阿列伊	412.3	518.6	586.9	627.8	814.5	906.3	658.4	389.4	238.4	198.7

品种	距离花粉源距离									
	55 m	60 m	65 m	70 m	75 m	80 m	85 m	90 m	95 m	100 m
新棘 5 号	106.2	98.7	88.4	72.1	54.3	32.1	25.4	17.9	9.7	2.1
阿列伊	135.4	112.3	95.7	78.6	60.7	41.2	30.6	28.6	11.3	6.9

新棘 5 号雄花独立着生，一个雄花芽有 4～6 朵花，每朵花由 2 个萼片、4 个雄蕊组成，花药有 2 个药室。通过检测，新棘 5 号小花 1 个花药的花粉量约为 23 781 粒，则每

新疆植物组培新技术的研究应用——以花卉、沙棘为例

一朵花的花粉量约为 95 484 粒；阿列伊小花 1 个花药的花粉量约为 25 026 粒，则每一朵花的花粉量约为 100 104 粒。沙棘雄花的子房为单室，子房上位，1 心皮，1 室，1 胚珠，所以，新棘 5 号和阿列伊的 P/O 值分别为 95 484 和 100 104。

由表 2-1-75 和图 2-1-93 可以看出，在花期内，新棘 5 号和阿列伊的大部分花粉分布在 0～30 m 处，新棘 5 号花粉量以距离 25 m 处最多，阿列伊花粉量以距离 30 m 处最多。在盛花期，新棘 5 号和阿列伊顺风向在距花粉源 90 m 和 100 m 处仍能检测到花粉。在距离花粉源的同一距离处，两个雄株传播的花粉量差异不显著。

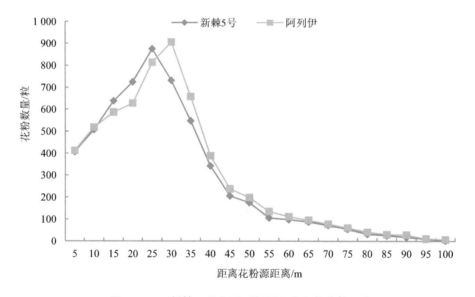

图 2-1-93　新棘 5 号和阿列伊顺风方向的花粉距离

由以上综合分析可知，新棘 5 号花期在 4 月底，花期 16 d，盛花期新棘 5 号新鲜花粉萌发力为 88.4%，每朵花的花粉量为 95 484 粒，P/O 值较高，且雄花不分泌汁液，是典型的风媒花，在晴天具有爆发性开花的特点，花粉随风可传播至 100 m 处，花粉传播在 25 m 处达到最高值，为 875.4 粒。花粉各性状与对照品种阿列伊相比，差异不显著，可作为阿列伊的替代品种进一步培育。

1.3.3.9　5个沙棘良种经济学特性小结

我们对优选的新棘 1 号、新棘 2 号、新棘 3 号和新棘 4 号 4 个雌株进行了含油量、脂肪酸、果肉 VC 含量、含水量、总糖、总酸等性状指标的测定，对优选的新棘 5 号优株叶片的花粉活性进行了测定，小结如下。

①新棘 1 号含油量为 21.73%，明显高于其他良种和品种，与其他品种间存在极显著差异。目前，市场上籽油的价格远高于果油，市场前景广阔，新棘 1 号种子含油量极高，为此，我们优选出来作为提取籽油的优良品种予以推广。

②4 个良种和 3 个对照品种的种子和果肉油中均检测出含有脂肪酸，且含量较高。种子中含量较高的饱和脂肪酸为棕榈酸，不饱和脂肪酸含量较高的是亚油酸，其次是亚麻酸。果肉中含量较高的饱和脂肪酸为棕榈酸，不饱和脂肪酸含量较高的是油酸，其次是亚油酸。新棘 1 号果肉和种子中的不饱和脂肪酸含量分别为 88.6% 和 38.9%，均高于其余的良种和品种。

③新棘 2 号果实、叶片和种子的粗脂肪含量均高于其他良种和品种，含量分别为5.4%、11.5% 和 6.2%；新棘 2 号果实和种子的粗蛋白含量也略高于其余良种和品种，含量分别为 2.27% 和 25.97%，仅叶子的粗蛋白明显低于深秋红。总体来看，新棘 2 号干物质含量较高，可将新棘 2 号作为加工良种予以育种、推广。

④4 个沙棘良种和 3 个对照品种的果实检测出 17 种氨基酸，其中包括人体必需的 8种氨基酸；氨基酸总量范围在 1.65%～2.26%，含量最高的是新棘 2 号（2.26%），其余依次为新棘 3 号、辽阜 1 号、深秋红、辽阜 2 号、新棘 1 号、新棘 4 号。新棘 5 号叶片氨基酸总量为 15.5%，高于阿列伊（14.1%）。

⑤新棘4号果实含水量最高（84.3%），含糖量最高（7.2%），总酸量最低（9.44 mg/100 g），与其他良种和品种间均存在显著性差异。新棘4号汁多、含糖量高、含酸量低，适宜加工果汁。

⑥4 个良种和3个对照品种果实中的总黄酮含量为3.91～37.58 mg/100 g，叶片为2 170.6～3 128.3 mg/100 g，种子为206.81～250.6 mg/100 g。沙棘果实中总黄酮含量最高的是新棘2号，其次为新棘1号；叶片中总黄酮含量最高的是新棘2号，其次为深秋红；种子中总黄酮含量最高的是新棘2号，其次为新棘4号。新棘2号与其他良种和品种相比，在果实、叶片和种子中的总黄酮含量均达到了最高值。

⑦4 个良种和 3 个对照品种的果实 VC 含量在 81.4~212.3 mg/100 g，含量最高的是新棘 3 号；种子 VE 含量在 19.36~24.88 mg/100 g，含量最高的是新棘 3 号；果实中 β-胡萝卜素含量在 54.43~89.32 mg/100 g，含量最高的是新棘 3 号；种子中 β-胡萝卜素含量在 29.98~36.24 mg/100 g，含量最高的也是新棘 3 号。经分析，类胡萝卜素（β-胡萝卜素为主）的含量和果实颜色存在相关性，即果实颜色越红，β-胡萝卜素含量越高。综合分析，新棘 3 号干果渣含油量最高，含糖量仅次于新棘 4 号，维生素含量高，综合性状较好。

⑧新棘 5 号花期在 4 月底，花期 16 d，盛花期新鲜花粉萌发力为 88.4%，每朵花的花粉量为 95 484 粒，P/O 值较高，且雄花不分泌汁液，是典型的风媒花，观察到在晴天具有爆发性开花的特点，花粉随风可传播至 100 m 处，花粉传播在 25 m 处达到最高值，为 875.4 粒。花粉各性状与对照品种阿列伊相比差异不显著，可作为阿列伊的替代品种进一步培育。

1.3.4　良种区域栽培试验

沙棘种质资源丰富，又处于野生、半野生状态，性状变异十分复杂，发掘有益的变异用之于生产，无疑是便捷、有效的遗传改良途径。2012 年，我们利用三种无性繁殖方式对 30 个优株进行了苗木繁育，配合良种审定，在南、北疆多个地区（阿勒泰地区布尔津县杜来提乡、青河县国家级大果沙棘良种繁育基地、昌吉州吉木萨尔县石场沟、奇台县七户乡、克州阿合奇县库兰萨日克乡）进行了不同区域的栽培和区域试验，确定了 5 个良种并进行了审定，命名为新棘 1~5 号。乡土品种沙棘适应性强，遗传改良潜力大，"选引育"并进可加速育种的进程。为此，在选择优良品种的同时，我们对 5 个良种进行了区域栽培试验，以 2 个主栽品种深秋红和阿列伊为对照，观察其成活率、保存率、生长量、产量等情况，确定其生长适应性，为良种在新疆的推广提供基础依据。

1.3.4.1　第 1 年不同试验点不同良种成活率比较

2013 年 5 月，我们将 5 个良种和 2 个对照品种无性繁殖的 1 年生扦插苗直接定植在青河县、布尔津县、吉木萨尔县、奇台县和阿合奇县试验地内，每个良种 70 株，其中新棘 1 号、新棘 2 号、新棘 3 号、新棘 4 号和深秋红按照每 2 行雌株排入 1 行雄株来栽植，以保证正常授粉，雄株使用阿列伊。在每个重复中，各良种的排列次序是随机的，但每 2 行加入 1 行雄株是固定的。新棘 5 号在每个重复中单独成行。栽植株距为 2 m，行距为 3 m，1 亩地栽植 110 棵。栽植穴规格为 40 cm×40 cm×40 cm。栽植后立即灌溉，1 周后第 2 次灌溉，灌溉后第 2～3 天及时锄地松土通气，防止表层土壤开裂，随后进行常规的关键灌溉和除草管理等。同年 10 月对 5 个地区不同良种 1 年生苗成活率进行了统计，结果见表 2-1-76。

表 2-1-76　不同栽培地区不同良种成活率统计　　　　单位：%

试验点	新棘 1 号	新棘 2 号	新棘 3 号	新棘 4 号	深秋红	新棘 5 号	阿列伊
青河县	95.00	91.75	91.00	90.25	91.25	88.25	89.00
布尔津县	92.00	90.25	89.75	88.25	91.00	87.75	89.25
吉木萨尔县	90.75	89.25	88.25	89.25	91.50	82.50	85.25
奇台县	86.50	83.75	88.50	80.50	89.25	79.50	85.50
阿合奇县	93.25	90.75	89.25	88.75	90.25	86.50	87.25

由表 2-1-76 和图 2-1-94 可以看出，新棘 1 号成活率除奇台县为 86.50%外，其余地区的成活率均达到了 90%以上，成活率最高的是青河县，达 95.00%。新棘 2 号成活率达到 90%以上的有三个地区，分别是青河县（91.75%）、布尔津县（90.25%）、阿合奇县（90.75%）。成活率最低的是奇台县，为 83.75%。新棘 3 号成活率也均达到了 85%以上，青河县成活率最高，为 91.00%，其余各地成活率之间差异不大，成活率最低的是吉木萨尔县，为 88.25%。新棘 4 号成活率在 80.50%～90.25%，青河县成活率最高，最低的是奇台县。深秋红在各地的成活率差异不显著，在 89.25%～91.50%，最高的地区是吉木萨尔县，最低的是奇台县。新棘 5 号成活率低于优选雌株的成活率，在 79.50%～88.25%，没有达到 90%以上的，成活率最高的是青河县，其次为布尔津县，最低的是奇台县。雄株阿列伊在各地的成活率差异较小，在 85.25%～89.25%，成活率最高的是布尔津县，为 89.25%，最低的是吉木萨尔县，为 85.25%。总体来看，各良种在不同的栽培区适应性较强，成活率均较高，差异不显著。

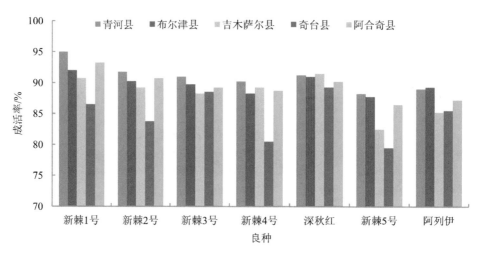

图 2-1-94　不同良种不同栽培地区 1 年生苗成活率比较

1.3.4.1　第 1 年不同试验点不同良种生长情况比较

对不同栽培区内不同良种 1 年生苗进行株高、地径、冠幅、新梢生长量的测定，确定其生长情况。

（1）株高

由表 2-1-77 和图 2-1-95 可以看出，新棘 1 号在 5 个试验点的株高生长量差异较大，株高在 65.2～76.7 cm，最高的在阿合奇县，最低的在布尔津县。新棘 2 号株高在 53.6～72.1 cm，最高的是阿合奇县，其次是青河县，最低的是奇台县。新棘 3 号株高在 97.63～101.80 cm，各试验点成活率差异不大，最高的是青河县，其次是阿合奇县，最低的是吉木萨尔县。新棘 4 号株高在 89.6～110.8 cm，各地株高存在一定差异，最高的是青河县，其次是阿合奇县，最低的是奇台县。深秋红株高在各地区差异不显著，株高范围在 66.7～79.6 cm，最高的是阿合奇县，其次是布尔津县，最低的是奇台县。新棘 5 号株高在 76.9～89.6 cm，株高最高的是吉木萨尔县，其次是青河县，最低的是奇台县。阿列伊在 5 个试验点生长高度差异不显著，高度在 83.5～90.1 cm，最高的是吉木萨尔县，最低的是奇台县。由图 2-1-95 可以看出，不同品种平均株高由高到低依次是新棘 4 号、新棘 3 号、阿列伊、新棘 5 号、深秋红、新棘 1 号、新棘 2 号。

表 2-1-77　不同栽培区不同良种 1 年生苗株高比较　　　　　　　单位：cm

试验点	新棘1号	新棘2号	新棘3号	新棘4号	深秋红	新棘5号	阿列伊
青河县	72.1	69.8	101.80	110.8	73.5	86.7	88.9
布尔津县	65.2	63.9	98.71	106.3	78.5	78.3	86.8
吉木萨尔县	74.4	61.8	97.63	97.4	69.7	89.6	90.1
奇台县	73.2	53.6	101.40	89.6	66.7	76.9	83.5
阿合奇县	76.7	72.1	103.40	108.6	79.6	85.5	87.6

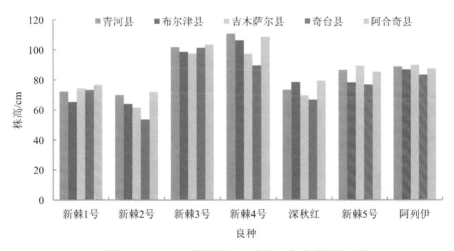

图 2-1-95　不同栽培区不同良种 1 年生苗株高比较

（2）地径

由表 2-1-78 和图 2-1-96 可以看出，新棘 1 号在各栽培区的地径在 0.57～0.76 cm，吉木萨尔县地径最粗，最细的是布尔津县，吉木萨尔县、奇台县和阿合奇县的地径差异不显著。新棘 2 号在各栽培区的地径在 0.33～0.73 cm，差异极显著，青河县地径最粗，为 0.73 cm，奇台县最细，为 0.33 cm。新棘 3 号在各栽培区的地径较粗，粗度在 0.79～1.07 m，超过 1 cm 的有布尔津县和阿合奇县，分别为 1.03 cm 和 1.07 cm，最细的是奇台县，为 0.79 cm。新棘 4 号在各栽培区的地径在 0.69～0.98 cm，长势最粗壮的是青河县，其次是阿合奇县，长势最细弱的是奇台县。深秋红在各栽培区的地径在 0.64～0.91 cm，长势最粗壮的是阿合奇县，其次为奇台县，长势最细弱的是布尔津县。新棘 5 号在各栽培区的地径在 0.59～0.74 cm，长势最粗壮的是吉木萨尔县，长势最细弱的是布尔津县。阿列伊在 5 个栽培区的地径在 0.61～0.83 cm，长势最粗壮的是吉木萨尔县，青河县和阿合奇县差异不大，长势最细弱的是布尔津县。

表 2-1-78　不同栽培区不同良种 1 年生苗地径比较　　　　　单位：cm

试验点	新棘 1 号	新棘 2 号	新棘 3 号	新棘 4 号	深秋红	新棘 5 号	阿列伊
青河县	0.68	0.73	0.94	0.98	0.69	0.62	0.72
布尔津县	0.57	0.59	1.03	0.86	0.64	0.59	0.61
吉木萨尔县	0.76	0.56	0.89	0.74	0.72	0.74	0.83
奇台县	0.74	0.33	0.79	0.69	0.81	0.65	0.69
阿合奇县	0.72	0.41	1.07	0.92	0.91	0.68	0.70

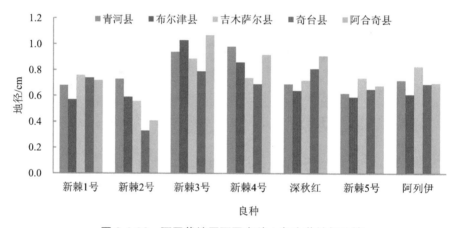

图 2-1-96　不同栽培区不同良种 1 年生苗地径比较

（3）冠幅

由表 2-1-79 和图 2-1-97 可以看出，新棘 1 号在各栽培区的冠幅在 30.10～48.35 cm，吉木萨尔县最大（48.35 cm），其次为奇台县（45.65 cm），最小的是布尔津县（30.10 cm），青河县、布尔津县和阿合奇县冠幅长势差异不显著。新棘 2 号在各栽培区的冠幅在 27.25～35.43 cm，冠幅最大的是阿合奇县（35.43 cm），最小的是吉木萨尔县（27.25 cm）。新棘 3 号在各栽培区的冠幅平均达 60 cm 以上，且各栽培区冠幅长势差异较大，在

58.35～78.95 cm，冠幅最大的是青河县，最小的是布尔津县。新棘4号在各栽培区的冠幅在54～62.65 cm，差异较小，冠幅最大的是青河县，其次是布尔津县，最小的是阿合奇县。深秋红在各栽培区的冠幅在29.08～45.30 cm，冠幅最大的是阿合奇县，其次为奇台县，最小的是布尔津县。新棘5号冠幅在31.20～59.75 cm，差异较大，最大的是吉木萨尔县，最小的是奇台县。阿列伊在各栽培区的冠幅在40.70～50.20 cm，最大的是吉木萨尔县，最小的是奇台县。

表 2-1-79　不同栽培区不同良种 1 年生苗冠幅比较　　　　单位：cm

试验点	新棘 1 号	新棘 2 号	新棘 3 号	新棘 4 号	深秋红	新棘 5 号	阿列伊
青河县	32.62	30.75	78.95	62.65	32.45	49.55	43.70
布尔津县	30.10	29.80	58.35	60.04	29.08	35.20	40.70
吉木萨尔县	48.35	27.25	62.50	58.45	32.50	59.75	50.20
奇台县	45.65	28.20	61.70	59.75	34.50	31.20	38.60
阿合奇县	33.20	35.43	62.50	54.00	45.30	48.20	47.20

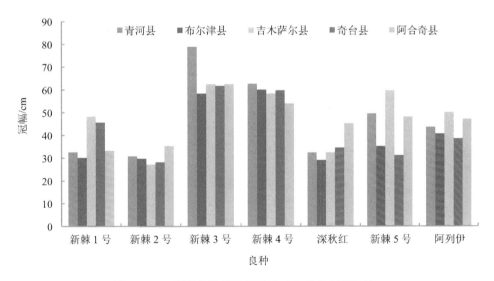

图 2-1-97　不同栽培区不同良种 1 年生苗冠幅比较

（4）新梢生长量

由表 2-1-80 和图 2-1-98 可以看出，新棘 1 号在各栽培区的新梢生长量均在 50 cm 以上，为 50.75～61.72 cm，差异较小，阿合奇县最大（61.72 cm），其次为奇台县（58.61 cm），最小的是布尔津县（50.75 cm）。新棘 2 号在各栽培区的新梢生长量在 31.40～77.82 cm，差异极大，最大的是青河县，其次为阿合奇县，最小的是奇台县，仅有 31.40 cm。新棘 3 号在各栽培区的新梢生长量均达到了 50 cm 以上，在 55.90～60.61 cm，各栽培区之间差异较小，最大的是青河县（60.61 cm），其次为阿合奇县（60.20 cm），最小的是奇台县（55.90 cm）。新棘 4 号在各栽培区新梢生长量在 47.84～70.36 cm，差异较大，最大的是阿合奇县，其次是青河县，这两个县的新棘 4 号新梢平均生长量差异极小，最小的是奇台县（47.84 cm）。深秋红在各栽培区新梢生长量在 42.70～51.23 cm，各栽培区之间差异较小，最大的是布尔津县，其次为阿合奇县，最小的是奇台县。新棘 5 号新梢生长量在 40.67～60.67 cm，最大的是青河县（60.67 cm），其次为阿合奇县（59.70 cm），最小的是奇台县（40.67 cm）。阿列伊在各栽培区的新梢生长量在 51.27～63.70 cm，最大的是青河县，最小的是奇台县。

表 2-1-80　不同栽培区不同良种 1 年生苗新梢生长量比较　　　　单位：cm

试验点	新棘 1 号	新棘 2 号	新棘 3 号	新棘 4 号	深秋红	新棘 5 号	阿列伊
青河县	52.03	77.82	60.61	70.35	49.27	60.67	61.20
布尔津县	50.75	42.50	59.26	69.67	51.23	44.20	56.50
吉木萨尔县	53.92	39.81	58.62	55.60	46.70	57.84	63.70
奇台县	58.61	31.40	55.90	47.84	42.70	40.67	51.27
阿合奇县	61.72	51.25	60.20	70.36	50.10	59.70	60.10

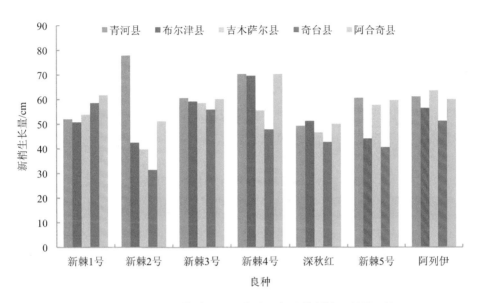

图 2-1-98　不同栽培区不同良种 1 年生苗新梢生长量比较

综上可以看出，5 个良种在各栽培区内第 1 年内生长状况总体良好，成活率除奇台县新棘 5 号良种为 79.5%外，其余均达到了 80%以上。各良种株高、冠幅、地径和新梢生长量在不同的栽培区总体表现较好，适应性强，长势较好。在田间统计成活率时发现，苗木栽植后的管理对其成活率及生长有较大的影响。土肥水管理好的片区成活率相对较高，苗木营养足，生长旺盛，地径较粗，新梢生长快，植株长势健壮；反之，苗木生长瘦弱。再观察还发现，新梢大多向上直立生长，因此，一年生苗木冠幅较小，适当地去顶可以促进植株侧枝生长、冠幅增大，使得其枝繁叶茂、地径粗壮。

1.3.4.2　第 4 年不同试验点不同良种保存率比较

2016 年，我们统计了 5 个试验点不同良种的保存率。由于自 2014 年开始，自治区工作重点转移，课题组主要成员参与了"访惠聚"工作，造成吉木萨尔县和阿合奇县没有严格按试验设计执行，导致数据测定不全。2016 年，我们只是对各栽培区不同良种的保存率进行了统计，后续只分析了青河县 5 个良种栽培第 4 年的生长情况。

由表 2-1-81 和图 2-1-99 可以看出，青河县 5 个沙棘良种和 2 个对照品种的保存率均达到了 80%以上，4 个沙棘良种雌株与对照品种深秋红的保存率从高到低依次为新棘 4 号（90.25%）、新棘 2 号（87.50%）、深秋红（87.25%）、新棘 3 号（86.25%）、新棘 1 号（85.75%），保存率均较高，优选雌株与深秋红保存率差异不显著。新棘 5 号雄株与对照品种阿列伊的保存率分别为 80.00%和 80.75%，差异极小。布尔津县保存率在 75.50%～89.25%，保存率也较高。吉木萨尔县、奇台县和阿合奇县保存率在 50%左右，保存率较低，主要是因为从 2014 年开始，对这 3 个县只是在每年年底安排课题成员进行现场观测，观测优良单株和对照品种的生长表现，没有严格按试验设计执行，未进行长期技术跟踪，由于管理不到位，植株死亡较多。

表 2-1-81　不同栽培区不同良种保存率比较　　　　　　　单位：%

试验点	新棘 1 号	新棘 2 号	新棘 3 号	新棘 4 号	深秋红	新棘 5 号	阿列伊
青河县	85.75	87.50	86.25	90.25	87.25	80.00	80.75
布尔津县	80.25	75.50	76.75	89.25	79.85	76.00	77.50
吉木萨尔县	36.50	45.50	50.75	65.25	48.25	36.50	39.75
奇台县	39.75	48.75	50.50	55.25	45.25	30.75	32.50
阿合奇县	21.25	39.75	41.50	40.25	45.50	28.50	30.25

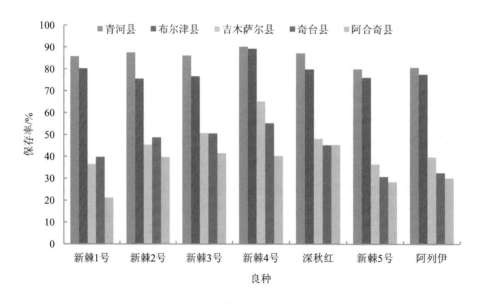

图 2-1-99　不同栽培区不同良种保存率比较

1.3.4.3　青河县第 4 年不同良种生长情况比较

　　我们对青河县 5 个沙棘良种和 2 个对照品种第 4 年的生长情况进行了测定，主要测定指标为株高、地径、冠幅、新梢生长量、百果重、千粒重等，结果见表 2-1-82。由表 2-1-82 可以看出，在青河县各良种第 4 年总体生长状况较好，5 个良种和 2 个对照品种株高在 183.6～303.5 cm，地径在 3.36～6.82 cm，树体冠幅较大，在 183.2～290.6 cm，植株长势健壮。新梢生长量在 14.2～23.6 cm，叶片细长，10 cm 枝条叶片数在 15.25～20.75 个。2 个雄株各性状差异不显著，生长旺盛。

表 2-1-82　青河县不同沙棘良种第 4 年生长指标比较

良种	株高/cm	地径/cm	冠幅/cm	新梢生长量/cm	叶片长度/cm	叶片宽度/cm	叶片长宽比	10 cm 枝叶片数/个
新棘 1 号	241.6	4.81	238.1	19.6	5.53	0.576	9.601	18.25
新棘 2 号	240.3	5.19	219.7	18.2	5.326	0.608	8.76	17.5
新棘 3 号	290.3	6.31	256.7	21.6	7.91	0.862	9.176	19.75
新棘 4 号	303.5	6.82	290.6	23.6	3.746	0.598	6.264	20.75
深秋红	205.3	4.81	183.2	14.2	6.46	0.89	7.258	15.25
新棘 5 号	183.6	3.87	199.8	17.3	7.356	0.873	8.426	20.25
阿列伊	198.2	3.36	191.9	15.4	7.61	0.94	8.096	20

　　由表 2-1-83 可以看出，与对照品种深秋红比较，4 个沙棘优良雌株百果重高于深秋红的有 3 个，分别是新棘 1 号、新棘 3 号和新棘 4 号，百果重由高到低依次是新棘 4 号、新棘 3 号、新棘 1 号、深秋红、新棘 2 号。4 个良种果实纵径达到了 1.0 cm 以上，除新棘 1 号、新棘 3 号略低于深秋红外，其余良种纵径均高于深秋红，果实横径方面，4 个良种也均高于深秋红，说明优选的 4 个良种均为大果粒沙棘。4 个良种果实单株产量在 3.49～3.76 kg，与深秋红（3.57 kg）相比差异不显著；4 个良种亩产量在 343.9～391.6 kg，与深秋红（379.7 kg）相比差异不显著，亩产量由高到低依次为新棘 4 号、新棘 1 号、深秋红、新棘 3 号、新棘 2 号。4 个良种种子千粒重明显高于对照品种深秋红。总体来看，4 个良种果粒较大，百果重较重，果实亩产量高，在青河县栽培，经济性状总体表现优异。

表 2-1-83 青河县不同沙棘良种主要经济性状比较

良种	果实							种子
	色泽	形状	百果重/g	纵径/cm	横径/cm	产量/(kg/株)	亩产量/(kg/亩)	千粒重/g
新棘 1 号	橙黄色	椭圆形	65	1.206	0.966	3.76	380.6	21.44
新棘 2 号	黄色	圆柱形	57.62	1.564	0.908	3.49	343.9	16.24
新棘 3 号	橘黄色	椭圆形	70.5	1.138	1.108	3.52	357.2	18.21
新棘 4 号	鲜红色	椭圆形	84.4	1.33	1.064	3.56	391.6	18.91
深秋红	红色	圆柱形	60.02	1.29	0.872	3.57	379.7	11.77

1.3.4.4 青河县不同良种抗性比较

由表 2-1-84 可以看出，优选出的 5 个良种成活并保存下来的苗木，树体生长发育健壮，在生长过程中仅有个别小枝有被风吹断或是树皮刮擦受伤现象，抗寒性、抗旱性较强，病虫害危害轻。这可能是优选出来的植株本身就是阿勒泰地区的乡土品种，在长期的自然选择中已经适应了青河县的自然环境，所以在抗性方面适应性强，植株总体长势较好。

表 2-1-84 青河县不同沙棘良种 4 年生苗抗性比较

序号	树体生长发育情况	病虫害危害情况	树体受伤情况	抗性评价
新棘 1 号	健壮	轻	个别小枝	强
新棘 2 号	健壮	轻	个别小枝	强
新棘 3 号	健壮	轻	个别小枝	强
新棘 4 号	健壮	轻	个别小枝	强
深秋红	健壮	较轻	个别小枝	强
新棘 5 号	健壮	轻	个别小枝	强
阿列伊	健壮	轻	个别小枝	强

1.3.5 新疆沙棘良种的选育与区试小结

我们从 30 万亩的野生沙棘林中以选择优良类型和优良单株入手，采集了 227 个表型优良的单株，进行无性繁殖，建立试验林，通过驯化和试验从中筛选出 72 个优良单株，作为栽培品种进行长期试验，并进一步筛选出 29 个优良雌性单株和 1 个雄性单株，通过对 30 个优良单株生物学特性的观察，确定了 5 个良种：HH-03-01、BT-06-04、BT-12-01、BT-05-01、XT-01（雄），依次命名为新棘 1 号、新棘 2 号、新棘 3 号、新棘4 号、新棘 5 号（雄）。

对优选的新棘 1～4 号进行了含油量、脂肪酸、果肉 VC 含量、含水量、总糖、总酸等性状指标的测定，对优选的新棘 5 号进行了叶片花粉活性的测定，综合分析可以得出，新棘 1 号适宜作为提取籽油的良种；新棘 2 号可作为加工良种；新棘 3 号颜色艳丽、口感酸甜，作为鲜食、加工良种均可；新棘 4 号适宜加工果汁；新棘 5 号可作为阿列伊雄株的替代良种。

对选育出的 5 个沙棘良种进行区域栽培试验，以深秋红和阿列伊为对照，区域栽培试验地点为阿勒泰地区布尔津县、青河县、昌吉州吉木萨尔县、奇台县七户乡、克州阿合奇县，区域栽培试验结论如下。

①5 个良种在各栽培区第 1 年内生长状况总体良好，成活率较高，基本都在80%以上，良（品）种、地域之间没有明显差异；第 4 年保存率，青河县在80%以上，布尔津县在 75%以上，其他区域较低（原因是自治区"访惠聚"工作需要原有技术人员去住村，后期工作未进行长期技术跟踪管理，管理不到位）。

②各良种 1 年生株高、冠幅、地径和新梢生长量在各栽培区总体表现较好，适应性强，长势较好；总体表现为新棘 4 号、新棘 3 号较高，阿列伊、新棘 5 号居中，深秋红、新棘 1 号、新棘 2 号较低，各地域之间存在一定的差异。

③青河县 5 个良种第 4 年总体生长状况较好，植株生长健壮，新棘 3 号、新棘 4 号在株高、地径、冠幅、新梢生长量方面均显著优于对照（深秋红），新棘 1 号、新棘 2 号稍高于对照（深秋红）；新棘 5 号与对照（阿列伊）各性状之间差异不显著，均生长旺盛。

④新棘 4 号、新棘 3 号百果重显著优于对照（深秋红），新棘 1 号、新棘 2 号与对照无明显差异；4 个良种果实亩产量在 343.9～391.6 kg，由高到低依次为新棘 4 号、新棘 1 号、对照（深秋红）、新棘 3 号、新棘 2 号，差异不明显。总体来看，4 个良

种果粒较大，百果重较重，果实产量较高，在青河县栽培，经济性状总体表现优异。

⑤优选出的5个良种成活并保存卜来的苗木，树体生长发育健壮，抗寒性、抗旱性较强，病虫害危害轻，植株总体长势较好。

综合分析可以得出，5个良种（新棘1～5号）优于或不差于对照品种（深秋红、阿列伊），4个雌株良种生长健壮、经济性状好、病虫害轻、抗逆性强，适宜在新疆南、北疆区域栽培种植；新棘5号可作为阿列伊雄株的替代良种，在南、北疆区域栽培种植。

根据前期国内外引种试验和新疆沙棘良种选育结果，结论是，在新疆地区沙棘产业发展应以深秋红、新棘1号为主栽品种，阿列伊与新棘5号可互换作为授粉树，适当发展新棘2号、新棘3号、浑金、巨人4个优良品种。

第2章
沙棘生物学特性及生长发育规律

沙棘属胡颓子科沙棘属的落叶灌木或乔木，分为6个种和12个亚种。我国是沙棘属植物分布区面积最大、种类最多的国家。近年来随着沙棘产业的发展，沙棘的种植面积不断扩大，但是人工沙棘林经营管理相对粗放，缺乏科学管理，种植户对沙棘的生长发育习性及规律不甚了解，无法正确地开展沙棘的栽培管理。为系统掌握沙棘人工林的生长规律，我们采用常规生长量调查法定期不定期地调查沙棘生长发育习性及规律，确立了沙棘标准化示范栽培技术，为人工沙棘林经营管理提供了理论依据。

沙棘的根、茎、叶、花、果，特别是沙棘果实含有丰富的营养物质和生物活性物质，且由于沙棘适应性强，栽培管理技术易掌握，沙棘果经济效益明显，尤其是近年来随着对沙棘全方位、多用途的开发利用，沙棘已显示出广阔的发展前景，取得了相当可观的经济效益。

沙棘的生物学特征如下。

（1）根

沙棘为亚乔木，在水土丰饶的地方会长成乔木，相反则生长成灌木。最高的云南沙棘高达40 m，最低矮的西藏沙棘高仅0.1～0.6（0.9）m。第1年主要是主根生长，第2年主根生长缓慢，侧根大量形成，成龄植株的根系半径长达10 m以上。根的长势呈网状，有很强的固定土壤作用，根系上的生根瘤有固氮、改良土壤等作用。

（2）枝

沙棘属植物的枝序有对生、近对生、轮生、近轮生和互生等多种。根据枝条性质，可分为营养枝和结果枝。枝条开张度中等，幼枝密被鳞片或星状柔毛，老枝灰白色或灰褐色。4 年生株高 1.5～3 m。树干及老枝褐色，枝条坚挺，无刺或少量长棘刺。叶呈披针形，叶面绿色，叶背面灰白色，这是沙棘属植物的一个重要特性。

（3）叶

沙棘叶片为线形或线状披针形，长 2～6 cm，两端钝尖；叶片由角质层、表皮、栅栏状组织、海绵状组织等构成。叶柄短，长 1～3 mm，侧脉不明显，边缘全缘，无托叶。叶正面有银白色鳞片或星状短柔毛，绿色；叶背面密被鳞片，为灰绿色。叶在枝条上的排列为互生，有时对生或三叶轮生。在阿勒泰青河县大果沙棘良种基地调查发现，沙棘各品种在 4 月 8 日芽开始萌动，4 月 17 日开始展叶，10 月 29 日落叶进入冬季休眠。

（4）花

沙棘属植物的芽分为叶芽、混合芽和花芽。冬芽小，褐色或锈色。叶芽小而短，有鳞片包被，翌年萌发后成为长枝。混合芽指萌发后下部开花、上部抽枝展叶或发育成枝刺的芽；花芽是纯花芽，萌发后只开花。混合芽和花芽明显大于叶芽。沙棘为雌雄异株风媒传粉植物，花单性。叶腋中花芽分化于结实前一年发生。雄花芽分化早，雌花芽分化晚，一般在 9 月中旬至 10 月初。花芽分化定形后，雄株花芽比雌株花芽大 1～2 倍，雌花鳞片为 5～10 片，雄花为 2 片，花芽大小及鳞片数量可作为区分雌雄株的标准。花期一般在 4—6 月，未授粉的柱头 3～4 d 后呈带状螺旋形。

（5）果实

沙棘从开花至果实成熟需 12～15 周，坐果率达 60%～90%。沙棘的结果主要在 2 年生枝及 3 年生枝上，3 年生枝上除刺外，几乎每个芽子上可坐果 4～8 个，且不易落果，坐果率较高。种子播出的苗 4 龄为结果期，其中，根蘖苗 3 年可进入盛果期。通过适当修剪，调节营养生长与结果的矛盾，及时使树体更新、复壮，可以延长结果年限。沙棘果实为假果类，并非仅子房发育而成，而是由花萼筒肉质化发育成为可食部分，通常只含 1 粒种子，种皮坚硬如核，所以又可称其为类核果。果实形状有扁圆形、近球形、椭圆形、柱形等，果实颜色有红色、橘红、橘黄、黄色、污棕色和污黑色等，以橙色为多，味酸甜；果柄长 1～7 mm；种子多为倒椭圆形、水滴形、椭圆形、棱形，无胚乳，胚直立，具两枚较大的肉质子叶，呈浅棕色或暗棕色，有光泽。

2.1　试验区概况

试验区域位于阿勒泰地区青河县大果沙棘良种基地，该区属于典型的大陆性温带寒冷区气候，其特点是春旱多风，夏短炎热，秋凉气爽，冬寒漫长。丘陵—平原地带平均日照时数为 2 700～3 100 h，日照充足，为绿色植物光合作用提供了丰富的能源，太阳辐射量较高，全年平均在 180 卡[①]/cm² 以上，年平均气温高于 4℃，≥10℃的积温为 1 900～3 100℃，7 月平均气温 22℃，1 月平均气温 -18℃，气温年较差达 40℃左右。年降水量为 114～191 mm，北部多，南部少，西部多，东部少，山区多，平原少。年蒸发量为 1 472～2 178 mm，全年平均风速 4.5 m/s，日数达 187 d，最多年份 232 d，最少 152 d，最大风力 35.1 m/s。土壤为沙土，更接近砾石。

2.2　材料与方法

我们选用了 5 个沙棘良种作为选育研究的对象，以深秋红、阿列伊作为对照，统计 10 年内（2007—2016 年）良种及品种的株高、地径和冠幅。每个良种及品种选择 10 棵树，进行定期（每年 9 月底）的生长量观测，以调查数据为依据，计算株高及年平均生长量、地径生长量及冠幅，并根据计算结果分析树木的生长过程。生长量指树木或林木一定时间内树高、直径和材积的增长量。年平均生长量指林木在整个年龄期间每年平均生长的数量。连年生长量指林木生长进程中各年度的当年生长量。

总生长量=测量时的生长量-定植时苗木测定值

连年生长量=当年树木总生长量-上一年树木总生长量

年平均生长量=总生长量/树龄

生长率=年平均生长量/上一年总生长量×100%

---

① 1 卡=4.184 J。

2.3　结果与分析

2.3.1　树高生长趋势

　　沙棘在生长过程中受树种特性和立地条件影响，树高有一定的变动范围。我们观测了 10 年的沙棘生长高度情况，对试验区内 5 个沙棘良种和 2 个品种的树高进行了统计分析，结果见表 2-2-1～表 2-2-7。

2.3.1.1　新棘 1 号树高生长量情况

　　由表 2-2-1 可以看出，新棘 1 号树高总生长量从 0.401 m 长至 2.256 m，树高随树龄的增加而增加；生长率从 99% 到 10.03%，随树龄的增加而降低。

表 2-2-1　试验区新棘 1 号树高生长量统计

统计项	树龄/a									
	1	2	3	4	5	6	7	8	9	10
总生长量/m	0.401	0.794	1.376	2.096	2.135	2.167	2.195	2.241	2.249	2.256
连年生长量/m		0.393	0.582	0.720	0.039	0.032	0.028	0.046	0.008	0.007
平均生长量/m	0.401	0.397	0.459	0.524	0.427	0.361	0.314	0.280	0.250	0.226
生长率/%		99.00	57.77	38.08	20.37	16.92	14.47	12.76	11.15	10.03

　　由图 2-2-1 可以看出，新棘 1 号树高总生长量呈上升趋势，到第 4 年后增长逐渐变缓。平均生长量在第 2～5 年内增长较快，在 0.4 m/a 以上，生长最高峰出现在第 4 年，第 5 年之后增长趋势变缓。新棘 1 号连年生长量在第 2～3 年增长剧烈，第 3～4 年到达生长高峰，第 4～5 年开始剧烈下降，其后逐渐变缓，连年生长量差异不大，在第 7～8 年时略有增高后又下降。由图 2-2-1 还可以看出，平均生长量与连年生长量在第 4 年出现交叉，即从树高生长角度来看，新棘 1 号树高生长成熟年龄是在第 4～5 年。

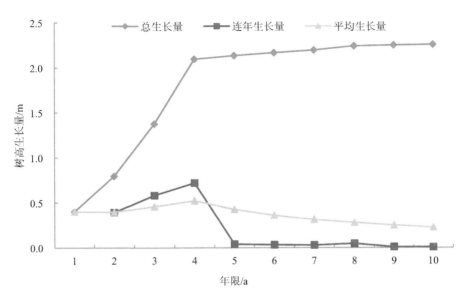

图 2-2-1　新棘 1 号树高生长量变化趋势

2.3.1.2　新棘 2 号树高生长量情况

由表 2-2-2 可以看出，新棘 2 号树高总生长量从 0.397 m 长至 2.239 m，树高随树龄的增加而增加；生长率从 94.96%到 10.03%，随树龄的增加而降低。

表 2-2-2　试验区新棘 2 号树高生长量统计

统计项	树龄/a									
	1	2	3	4	5	6	7	8	9	10
总生长量/m	0.397	0.753	1.582	2.102	2.121	2.135	2.162	2.215	2.232	2.239
连年生长量/m		0.356	0.829	0.520	0.019	0.014	0.027	0.053	0.017	0.007
平均生长量/m	0.397	0.377	0.527	0.526	0.424	0.356	0.309	0.277	0.248	0.224
生长率/%		94.96	69.99	33.25	20.17	16.78	14.47	12.81	11.20	10.03

由图 2-2-2 可以看出，新棘 2 号树高总生长量呈上升趋势，到第 4 年后增长逐渐变缓。平均生长量在第 3～5 年内增长较快，在 0.4 m/a 以上，生长最高峰出现在第 3 年，第 5 年之后增长趋势变缓。新棘 2 号连年生长量第 2～3 年增长剧烈,达到其生长高峰,

第 3～4 年开始下降，第 5～6 年下降逐渐变缓，第 7～8 年时略有增高后又下降。由图 2-2-2 还可以看出，新棘 2 号平均生长量与连年生长量在第 4 年出现交叉，即从树高生长角度来看，新棘 2 号树高生长成熟年龄是在第 4 年。

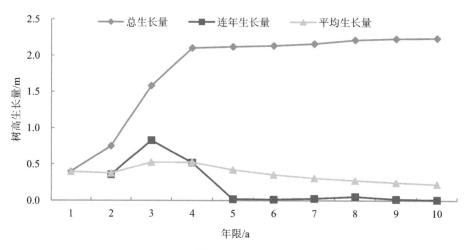

图 2-2-2 新棘 2 号树高生长量变化趋势

2.3.1.3 新棘 3 号树高生长量情况

由表 2-2-3 可以看出，新棘 3 号树高总生长量从 0.462 m 长至 2.756 m，树高随树龄的增加而增加；生长率从 100.8% 到 10.1%，随树龄的增加而降低。

表 2-2-3 试验区新棘 3 号树高生长量统计

统计项	树龄/a									
	1	2	3	4	5	6	7	8	9	10
总生长量/m	0.462	0.931	1.530	2.347	2.386	2.412	2.454	2.703	2.732	2.756
连年生长量/m		0.469	0.599	0.817	0.039	0.026	0.042	0.249	0.029	0.024
平均生长量/m	0.462	0.466	0.510	0.587	0.477	0.402	0.351	0.338	0.304	0.276
生长率/%		100.8	54.8	38.3	20.3	16.8	14.5	13.8	11.2	10.1

由图 2-2-3 可以看出，新棘 3 号树高总生长量呈上升趋势，到第 4 年后增长逐渐变缓，到第 8 年时有小幅度的升高，后又逐渐变缓。平均生长量在第 2～6 年内增长较快，

在 0.4 m/a 以上，生长最高峰出现在第 4 年，第 4 年之后增长趋势逐渐变缓。新棘 3 号连年生长量在第 2~4 年增长较快，第 3~4 年到达生长高峰，第 4~5 年开始增长量剧烈下降，其后逐渐变缓，在第 7~8 年时有明显增加趋势，后又逐渐下降变缓。由图 2-2-3 还可以看出，平均生长量与连年生长量在第 4 年出现交叉，即从树高生长角度来看，新棘 3 号树高生长成熟年龄是在第 4 年。

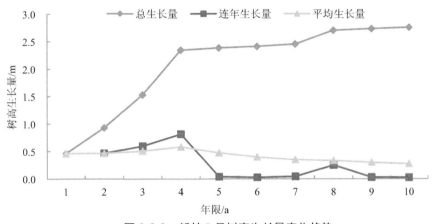

图 2-2-3　新棘 3 号树高生长量变化趋势

2.3.1.4　新棘 4 号树高生长量情况

由表 2-2-4 可以看出，新棘 4 号树高总生长量从 0.432 m 长至 2.902 m，树高随树龄的增加而增加；生长率从 114.1% 到 10.4%，随树龄的增加而降低。

表 2-2-4　试验区新棘 4 号树高生长量统计

统计项	树龄/a									
	1	2	3	4	5	6	7	8	9	10
总生长量/m	0.432	0.886	1.352	2.359	2.547	2.599	2.634	2.755	2.782	2.902
连年生长量/m		0.454	0.466	1.007	0.568	0.052	0.035	0.121	0.027	0.120
平均生长量/m	0.432	0.493	0.451	0.590	0.509	0.433	0.376	0.344	0.309	0.290
生长率/%		114.1	45.7	43.6	21.6	17.0	14.5	13.1	11.2	10.4

由图 2-2-4 可以看出，新棘 4 号树高总生长量呈上升趋势，到第 4 年后增长逐渐变缓。平均生长量在第 2~6 年内增长较快，在 0.4 m/a 以上，在第 4 年的时候达到了峰值，

植株树体高大，第 6 年之后增长趋势变缓。平均增长量曲线整体较为平缓。连年生长量在第 3～4 年增长剧烈，达其生长高峰 1.007 m，到第 4～5 年下降逐渐变缓，在第 7～8 年时略有增高，后又下降。由图 2-2-4 还可以看出，新棘 4 号平均生长量与连年生长量在第 5 年出现交叉，即从树高生长角度来看，新棘 4 号树高生长成熟年龄是在第 5 年。

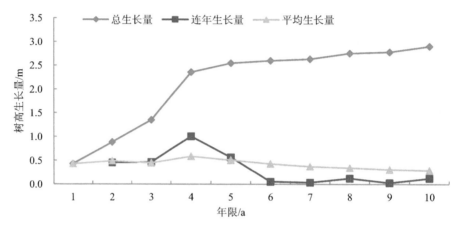

图 2-2-4　新棘 4 号树高生长量变化趋势

2.3.1.5　深秋红树高生长量情况

由表 2-2-5 可以看出，深秋红树高总生长量从 0.317 m 长至 1.893 m，树高随树龄的增加而增加；生长率从 110.1% 到 10.04%，随树龄的增加而降低。

表 2-2-5　试验区深秋红树高生长量统计

统计项	树龄/a									
	1	2	3	4	5	6	7	8	9	10
总生长量/m	0.317	0.697	1.084	1.635	1.662	1.698	1.721	1.854	1.882	1.893
连年生长量/m		0.380	0.387	0.551	0.027	0.036	0.023	0.133	0.028	0.011
平均生长量/m	0.317	0.349	0.361	0.409	0.332	0.283	0.246	0.232	0.209	0.189
生长率/%		110.10	51.80	37.70	20.30	17.00	14.50	13.50	11.30	10.04

由图 2-2-5 可以看出，深秋红树高总生长量呈上升趋势，第 1～4 年增长迅速，到第

4 年后增长逐渐变缓,第 8 年时较前后两年略有提高。平均生长量总的变化曲线较平缓,第 4 年到达生长高峰。连年生长量在生长初期第 1~3 年内增长趋势缓慢,第 3~4 年增长剧烈,达其生长高峰,在第 7~8 年又有明显的提高,后又逐渐下降变缓。由图 2-2-5 还可以看出,平均生长量与连年生长量在第 4 年出现交叉,即从树高生长角度来看,深秋红树高生长成熟年龄是在第 4 年。

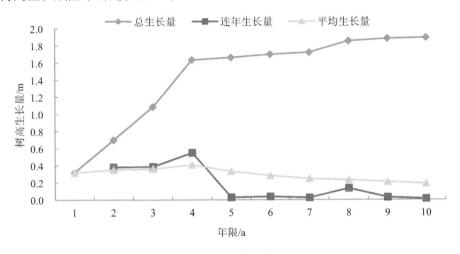

图 2-2-5　深秋红树高生长量变化趋势

2.3.1.6　新棘 5 号树高生长量情况

由表 2-2-6 可以看出,新棘 5 号树高总生长量从 0.291 m 长至 1.625 m,树高随树龄的增加而增加;生长率从 100.9% 到 10.5%,随树龄的增加而降低。

表 2-2-6　试验区新棘 5 号树高生长量统计

统计项	树龄/a									
	1	2	3	4	5	6	7	8	9	10
总生长量/m	0.291	0.587	0.922	1.384	1.416	1.444	1.468	1.522	1.552	1.625
连年生长量/m		0.296	0.335	0.462	0.032	0.028	0.024	0.054	0.030	0.013
平均生长量/m	0.291	0.294	0.307	0.346	0.283	0.241	0.210	0.190	0.172	0.163
生长率/%		100.9	52.4	37.5	20.5	17.0	14.5	13.0	11.3	10.5

由图 2-2-6 可以看出，新棘 5 号树高总生长量呈上升趋势，第 1～4 年增长迅速，到第 4 年后增长逐渐变缓。平均生长量总的变化曲线较平缓，第 4 年到达生长高峰，为 0.346 m。连年生长量在生长初期第 1～3 年内增长趋势缓慢，第 3～4 年达其生长高峰，第 4～5 年开始下降，第 5～6 年下降较平缓。由图 2-2-6 还可以看出，平均生长量与连年生长量在第 4～5 年出现交叉，即从树高生长角度来看，新棘 5 号树高生长成熟年龄是在第 4～5 年。

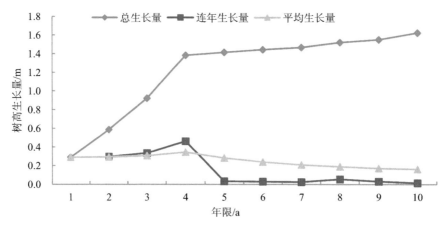

图 2-2-6　新棘 5 号树高生长量变化趋势

2.3.1.7　阿列伊树高生长量情况

由表 2-2-7 可以看出，阿列伊树高总生长量从 0.259 m 长至 1.587 m，树高随树龄的增加而增加，第 1 年总生长量较雌株低；生长率从 109.1% 到 10.2%，随树龄的增加而降低。

表 2-2-7　试验区阿列伊树高生长量统计

统计项	树龄/a									
	1	2	3	4	5	6	7	8	9	10
总生长量/m	0.259	0.565	0.930	1.328	1.386	1.419	1.446	1.523	1.556	1.587
连年生长量/m		0.306	0.365	0.398	0.058	0.033	0.027	0.077	0.033	0.031
平均生长量/m	0.259	0.283	0.310	0.332	0.277	0.237	0.207	0.190	0.173	0.159
生长率/%		109.1	54.9	35.7	20.9	17.1	14.6	13.2	11.4	10.2

由图 2-2-7 可以看出，阿列伊树高总生长量呈上升趋势，第 1~4 年增长迅速，到第 4 年后增长逐渐变缓。平均生长量总的变化曲线较平缓，第 4 年到达生长高峰，为 0.398 m。连年生长量在生长初期第 1~4 年内增长趋势缓慢，增长量在 0.3 m/a 以上，未达到 0.4 m 以上，第 3~4 年达其生长高峰，第 4~5 年开始下降，在第 7~8 年又略有提高。由图 2-2-7 还可以看出，平均生长量与连年生长量在第 4~5 年出现交叉，即从树高生长角度来看，阿列伊树木成熟年龄是在第 4~5 年。

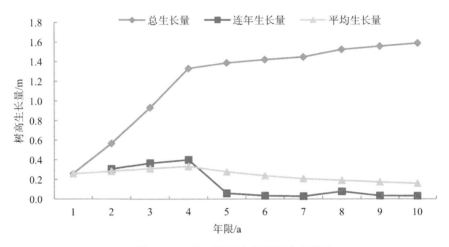

图 2-2-7 阿列伊树高生长量变化趋势

2.3.1.8 沙棘良种树高生长量小结

对 5 个沙棘良种（新棘 1~5 号）和 2 个沙棘品种（深秋红、阿列伊）统计 10 年内（2007—2016 年）株高生长情况，结果如下。

①5 个沙棘良种和 2 个沙棘品种的树高均随树龄的增加而增高，生长率则随树龄的增加而降低。连年生长量和平均生长量总的发展趋势都是先增加，到达生长高峰，然后逐年降低，符合一般灌木林的生长规律。

②经统计分析，5 个沙棘良种和 2 个沙棘品种树高速生期一般都出现在第 2~4 年，除新棘 2 号外，其余良种与对照品种一致，均是树高平均生长量在第 1 年内增长缓慢，在第 2~4 年内迅速增长，第 4 年到达生长高峰。新棘 2 号是在第 3 年到达生长高峰。

③经统计分析，新棘 1 号、新棘 3 号、新棘 4 号、新棘 5 号和 2 个对照品种树高连年生长量在生长初期第 1 年内增长趋势缓慢，第 2~3 年增长剧烈，第 3~4 年到达其生

长高峰。新棘 2 号是在第 2~3 年到达生长高峰。在统计中发现，5 个沙棘良种和 2 个对照品种连年生长量在第 7~8 年均较前后两年有所提高，其中新棘 3 号、深秋红、新棘 5 号提高得较为显著，调查发现，这得益于当年水肥管理措施到位、气候环境适宜，这表明水肥、气候（降雨）在一定程度内可调控树高生长。

④经统计分析，新棘 1 号、新棘 3 号、新棘 5 号和 2 个对照品种树高平均生长量与连年生长量在第 4~5 年出现交叉。新棘 2 号平均生长量与连年生长量在第 4 年出现交叉。新棘 4 号平均生长量与连年生长量在第 5 年出现交叉，即从树高生长角度来看，新棘 4 号树高生长成熟年龄是在第 5 年。这表明，不同沙棘品种（良种）树高生长成熟年龄不同，在栽培中应予适当考虑。

2.3.2　地径生长趋势

我们观测了 10 年的沙棘地径生长情况，对试验区内 5 个沙棘良种和 2 个品种的地径进行了测量，计算出总生长量，其规律见表 2-2-8～表 2-2-14。

2.3.2.1　新棘 1 号地径生长量情况

由表 2-2-8 可以看出，新棘 1 号地径总生长量从 0.36 cm 长至 6.56 cm，随树龄的增加而增加；生长率从 197.22% 到 10.12%，随树龄的增加而降低。相比树高，地径平均生长量高峰出现较晚，符合一般灌木林的生长规律。

表 2-2-8　试验区新棘 1 号地径生长量统计

统计项	树龄/a									
	1	2	3	4	5	6	7	8	9	10
总生长量/cm	0.36	1.42	2.65	4.24	5.34	5.51	6.19	6.34	6.48	6.56
连年生长量/cm		1.06	1.23	1.59	1.10	0.17	0.68	0.15	0.14	0.08
平均生长量/cm	0.36	0.71	0.88	1.06	1.07	0.92	0.88	0.79	0.72	0.66
生长率/%		197.22	62.21	40.00	25.19	17.20	16.05	12.80	11.36	10.12

由图 2-2-8 可以看出，地径总生长量呈上升趋势，第 1~5 年增长迅速，第 5 年后增长逐渐变缓。地径平均生长量在第 1~5 年逐渐上升，5 年后缓慢下降，总体趋势较为平缓，高峰出现在第 5 年，平均生长量为 1.07 cm，较树高平均生长量高峰晚 1 年。地径连年生长量出现两次生长高峰，第一次出现在第 4 年，连年生长量为 1.59 cm，第二次

出现在第 7 年，连年生长量为 0.68 cm，但从生长率数据可以看出，连年生长量在第 5 年后发展趋势逐渐减缓。地径的速生期是在第 2～5 年。另外，两种生长量大约在第 5 年发生相交，所以从地径生长的角度来看，新棘 1 号地径生长成熟年龄大约是在第 5 年。

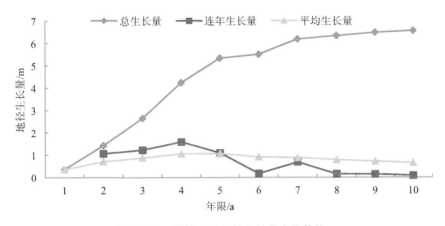

图 2-2-8　新棘 1 号地径生长量变化趋势

2.3.2.2　新棘 2 号地径生长量情况

由表 2-2-9 可以看出，新棘 2 号地径总生长量从 0.38 cm 长至 6.69 cm，随树龄的增加而增加；生长率从 134.21%到 10.17%，随树龄的增加而降低。相比树高，地径平均生长量高峰出现较晚，符合一般灌木林的生长规律。

表 2-2-9　试验区新棘 2 号地径生长量统计

统计项	树龄/a									
	1	2	3	4	5	6	7	8	9	10
总生长量/cm	0.38	1.02	3.29	4.54	5.02	5.46	6.23	6.41	6.58	6.69
连年生长量/cm		0.64	2.27	1.25	0.48	0.44	0.77	0.18	0.17	0.11
平均生长量/cm	0.38	0.51	1.10	1.14	1.00	0.91	0.89	0.80	0.73	0.67
生长率/%		134.21	107.52	34.50	22.11	18.13	16.30	12.86	11.41	10.17

由图 2-2-9 可以看出，地径总生长量呈上升趋势，第 1～4 年增长迅速，第 4 年后增长逐渐变缓。地径平均生长量在第 1～4 年逐渐上升，第 4 年后缓慢下降，总体趋势较为平缓，高峰出现在第 4 年，平均生长量为 1.14 cm，较树高平均生长量高峰晚 1 年。

地径连年生长量出现两次生长高峰，第一次出现在第 3 年，连年生长量为 2.27 cm，增长剧烈，第二次出现在第 7 年，连年生长量为 0.77 cm，但从生长率数据可以看出，连年生长量在第 4 年后发展趋势逐渐减缓。地径的速生期是在第 2～4 年。另外，两种生长量大约在第 4 年发生相交，所以从地径生长的角度来看，新棘 2 号地径生长成熟年龄大约是在第 4 年。

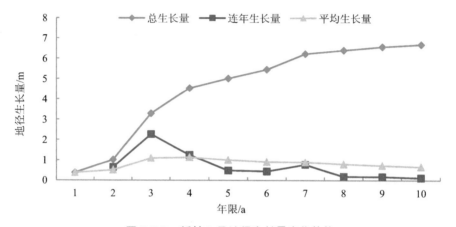

图 2-2-9　新棘 2 号地径生长量变化趋势

2.3.2.3　新棘 3 号地径生长量情况

由表 2-2-10 可以看出，新棘 3 号地径总生长量从 0.46 cm 长至 6.85 cm，随树龄的增加而增加；生长率从 181.82% 到 10.04%，随树龄的增加而降低。

表 2-2-10　试验区新棘 3 号地径生长量统计

统计项	树龄/a									
	1	2	3	4	5	6	7	8	9	10
总生长量/cm	0.46	1.68	3.21	5.46	5.98	6.21	6.67	6.78	6.82	6.85
连年生长量/cm		1.22	1.53	2.25	0.52	0.23	0.46	0.11	0.04	0.03
平均生长量/cm	0.46	0.84	1.07	1.37	1.20	1.04	0.95	0.85	0.76	0.69
生长率/%		181.82	63.69	42.52	21.90	17.31	15.34	12.71	11.18	10.04

由图 2-2-10 可以看出，地径总生长量呈上升趋势，第 1～4 年增长迅速，第 4 年后

增长逐渐变缓。地径平均生长量在第 1~4 年逐渐上升，第 4 年后缓慢下降，高峰出现在第 4 年，平均生长量为 1.37 cm，与树高平均生长量高峰一致。地径连年生长量第 1~4 年均呈上升趋势，且连年增长量在 1.0 cm/a 以上，第 3~4 年增长剧烈，连年增长量出现两次生长高峰，第一次出现在第 4 年，为 2.25 cm，第二次出现在第 7 年，为 0.46 cm，但从生长率数据可以看出，连年生长量在第 4 年后发展趋势逐渐减缓。地径的速生期是在第 2~4 年。另外，两种生长量在第 4~5 年发生相交，所以从地径生长的角度来看，新棘 3 号地径生长成熟年龄是在第 4~5 年。

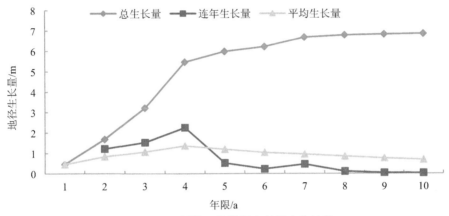

图 2-2-10　新棘 3 号地径生长量变化趋势

2.3.2.4　新棘 4 号地径生长量情况

由表 2-2-11 可以看出，新棘 4 号地径总生长量从 0.46 cm 长至 6.93 cm，随树龄的增加而增加；生长率从 202.17% 到 10.06%，随树龄的增加而降低。

表 2-2-11　试验区新棘 4 号地径生长量统计

统计项	树龄/a									
	1	2	3	4	5	6	7	8	9	10
总生长量/cm	0.46	1.86	3.71	5.68	6.22	6.38	6.67	6.81	6.89	6.93
连年生长量/cm		1.40	1.85	1.97	0.54	0.16	0.29	0.14	0.08	0.04
平均生长量/cm	0.46	0.93	1.24	1.42	1.24	1.06	0.95	0.85	0.77	0.69
生长率/%		202.17	66.49	38.27	21.90	17.10	14.94	12.76	11.24	10.06

由图 2-2-11 可以看出，地径总生长量呈上升趋势，第 1～4 年增长迅速，第 4 年后增长逐渐变缓。地径平均生长量在第 1～4 年逐渐上升，第 4 年后缓慢下降，总体趋势较为平缓，高峰出现在第 4 年，平均生长量为 1.42 cm，与树高平均生长量高峰一致。地径连年生长量第 2～3 年、第 3～4 年增长在 1.0 cm/a 以上，增长较为平缓，第 4～5 年后开始下降。新棘 4 号连年生长量出现两次生长高峰，第一次出现在第 4 年，为 1.97 cm，第二次出现在第 7 年，为 0.29 cm，但从生长率数据可以看出，连年生长量在第 4 年后发展趋势逐渐减缓。地径的速生期是在第 2～4 年。另外，两种生长量在第 4～5 年发生相交，所以从地径生长的角度来看，新棘 4 号地径生长成熟年龄是在第 4～5 年。

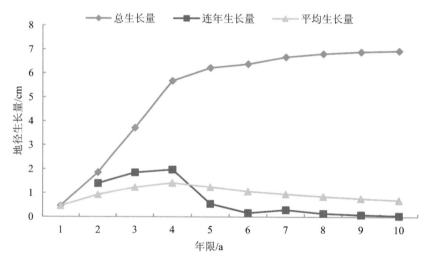

图 2-2-11　新棘 4 号地径生长量变化趋势

2.3.2.5　深秋红地径生长量情况

由表 2-2-12 可以看出，深秋红地径总生长量从 0.31 cm 长至 5.92 cm，随树龄的增加而增加；生长率从 217.74% 到 10.09%，随树龄的增加而降低。相比树高，地径平均生长量高峰出现较晚，符合一般灌木林的生长规律。

表 2-2-12　试验区深秋红地径生长量统计

统计项	树龄/a									
	1	2	3	4	5	6	7	8	9	10
总生长量/cm	0.31	1.35	2.62	4.09	5.17	5.36	5.68	5.79	5.87	5.92
连年生长量/cm		1.04	1.27	1.47	1.08	0.19	0.32	0.11	0.08	0.05
平均生长量/cm	0.31	0.68	0.87	1.02	1.03	0.89	0.81	0.72	0.65	0.59
生长率/%		217.74	64.69	39.03	25.28	17.28	15.14	12.74	11.26	10.09

　　由图 2-2-12 可以看出，地径总生长量呈上升趋势，第 1～5 年增长迅速，第 5 年后增长逐渐变缓。地径平均生长量在第 1～5 年逐渐上升，第 5 年后缓慢下降，总体趋势较为平缓，高峰出现在第 5 年，平均生长量为 1.03 cm，较树高平均生长量高峰晚 1 年。地径连年生长量出现两次生长高峰，第一次出现在第 4 年，为 1.47 cm，第二次出现在第 7 年，为 0.32 cm，但从生长率数据可以看出，连年生长量在第 5 年后发展趋势逐渐减缓。地径的速生期是在第 2～5 年。另外，两种生长量大约在第 5 年发生相交，所以从地径生长的角度来看，深秋红地径生长成熟年龄大约是在第 5 年。

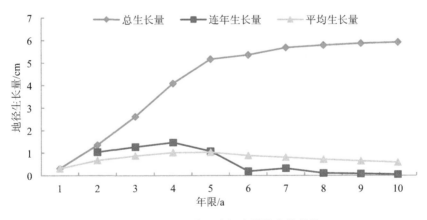

图 2-2-12　深秋红地径生长量变化趋势

2.3.2.6　新棘 5 号地径生长量情况

　　由表 2-2-13 可以看出，新棘 5 号地径总生长量从 0.24 cm 长至 5.71 cm，随树龄的增加而增加；生长率从 204.17% 到 10.12%，随树龄的增加而降低。相比树高，地径平均生长量高峰出现较晚，符合一般灌木林的生长规律。

表 2-2-13　试验区新棘 5 号地径生长量统计

统计项	树龄/a									
	1	2	3	4	5	6	7	8	9	10
总生长量/cm	0.24	0.98	2.02	3.42	4.38	4.58	5.24	5.49	5.64	5.71
连年生长量/cm		0.74	1.04	1.40	0.96	0.20	0.66	0.25	0.15	0.07
平均生长量/cm	0.24	0.49	0.67	0.86	0.88	0.76	0.75	0.69	0.63	0.57
生长率/%		204.17	68.71	42.33	25.61	17.43	16.34	13.10	11.41	10.12

由图 2-2-13 可以看出，地径总生长量呈上升趋势，第 1~5 年增长迅速，第 5 年后增长逐渐变缓，第 7 年增加幅度略有提高。地径平均生长量在第 1~5 年逐渐上升，第 5年后缓慢下降，总体趋势较为平缓，高峰出现在第 5 年，为 0.88 cm，较树高平均生长量高峰晚 1 年。地径连年生长量出现两次生长高峰，第一次出现在第 4 年，为 1.4 cm，第二次出现在第 7 年，为 0.66 cm，但从生长率数据可以看出，连年生长量在第 5 年后发展趋势逐渐减缓。地径的速生期是在第 2~5 年。另外，两种生长量大约在第 5 年发生相交，所以从地径生长的角度来看，新棘 5 号地径生长成熟年龄大约是在第 5 年。

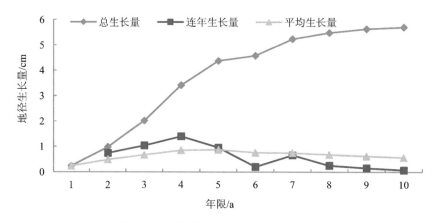

图 2-2-13　新棘 5 号地径生长量变化趋势

2.3.2.7　阿列伊地径生长量情况

由表 2-2-14 可以看出，阿列伊地径总生长量从 0.29 cm 长至 5.52 cm，随树龄的增加而增加；生长率从 146.55%到 10.51%，随树龄的增加而降低。相比树高，地径平均生长量高峰出现较晚，符合一般灌木林的生长规律。

表 2-2-14　试验区阿列伊地径生长量统计

统计项	树龄/a									
	1	2	3	4	5	6	7	8	9	10
总生长量/cm	0.29	0.85	1.53	2.93	3.72	4.01	4.57	4.92	5.25	5.52
连年生长量/cm		0.56	0.68	1.40	0.79	0.29	0.56	0.35	0.33	0.27
平均生长量/cm	0.29	0.43	0.51	0.73	0.74	0.67	0.65	0.62	0.58	0.55
生长率/%		146.55	60.00	47.88	25.39	17.97	16.28	13.46	11.86	10.51

由图 2-2-14 可以看出，阿列伊地径总生长量呈上升趋势，第 1～5 年增长迅速，第 5 年后增长逐渐变缓。地径平均生长量在第 1～5 年逐渐上升，第 5 年后缓慢下降，总体趋势较为平缓，高峰出现在第 5 年，为 0.74 cm，较树高平均生长量高峰晚 1 年。地径连年生长量第 2～3 年增长较缓，第 3～4 年增长剧烈，连年生长量出现两次生长高峰，第一次出现在第 4 年，为 1.4 cm，第二次出现在第 7 年，为 0.56 cm，但从生长率数据可以看出，连年生长量在第 5 年后发展趋势逐渐减缓。地径的速生期是在第 2～5 年。另外，两种生长量大约在第 5 年发生相交，所以从地径生长的角度来看，阿列伊地径生长成熟年龄大约是在第 5 年。

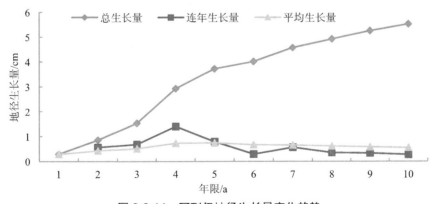

图 2-2-14　阿列伊地径生长量变化趋势

2.3.2.8　沙棘地径生长量变化趋势小结

对 5 个沙棘良种和 2 个沙棘品种统计 10 年（2007—2016 年）地径生长情况，小结如下。

①5 个沙棘良种和 2 个沙棘品种地径总生长量均随树龄的增加而增高，新棘 1 号、新棘 5 号与 2 个对照品种变化趋势一致，均在第 2～5 年增长迅速，第 5 年后增长逐渐变缓，相比树高，地径平均生长量高峰出现较晚，符合一般灌木林的生长规律。新棘 2 号、新棘 3 号和新棘 4 号均在第 2～4 年增长迅速，第 4 年后增长逐渐变缓。5 个沙棘良种和 2 个沙棘品种地径生长率均随树龄的增加而降低。

②新棘 1 号、新棘 5 号与 2 个对照品种速生期一般都出现在第 2～5 年，地径平均生长量在第 1～5 年逐渐上升，第 5 年后缓慢下降，总体趋势较为平缓，高峰出现在第 5 年，较树高平均生长量高峰晚 1 年。新棘 2 号、新棘 3 号和新棘 4 号速生期一般都出现在第 2～4 年，地径平均生长量在第 1～4 年逐渐上升，4 年后缓慢下降，总体趋势较为平缓，高峰出现在第 4 年，新棘 3 号和新棘 4 号地径平均生长量与树高平均生长量高峰一致，新棘 2 号地径平均生长量较树高平均生长量高峰晚 1 年。

③地径连年生长量均出现了两次高峰，除新棘 2 号外，第一次出现在第 4 年，第二次出现在第 7 年，但从生长率数据可以看出，连年生长量在第 4 年后发展趋势逐渐减缓。新棘 2 号连年生长量高峰第一次出现在第 3 年，第二次出现在第 7 年。

④新棘 1 号、新棘 5 号和对照品种的地径生长趋势一致，平均生长量和连年生长量在第 4～5 年发生相交，所以从地径生长的角度来看，地径生长成熟年龄是在第 5 年。新棘 2 号两种生长量大约在第 4 年发生相交，所以从地径生长的角度来看，新棘 2 号地径生长成熟年龄是在第 4 年。新棘 3 号和新棘 4 号两种生长量在第 4～5 年发生相交，所以从地径生长的角度来看，新棘 3 号和新棘 4 号地径生长成熟年龄是在第 4～5 年。

⑤综合分析，5 个沙棘良种和 2 个沙棘品种地径在前 5 年内生长比较迅速，5 年后逐渐变缓，总生长量、平均生长量和连年生长量上峰值年龄的差异是受树种特性影响，有一定的变动范围。

2.3.3　冠幅生长趋势

通过对试验区 5 个沙棘良种和 2 个对照品种的冠幅进行测量，得出沙棘冠幅生长规律，利用冠幅大小可以计算出每公顷栽植沙棘密度，结果见表 2-2-15～表 2-2-23。

2.3.3.1 新棘 1 号冠幅生长量情况

由表 2-2-15 可以看出，新棘 1 号冠幅从 0.302 m 长至 2.247 m，随树龄的增加而增加；冠幅生长率从 126.49%到 10.03%，随树龄的增加而降低。

表 2-2-15 试验区新棘 1 号冠幅生长量统计

统计项	树龄/a									
	1	2	3	4	5	6	7	8	9	10
总生长量/m	0.302	0.764	1.278	1.976	2.082	2.124	2.163	2.232	2.241	2.247
连年生长量/m		0.462	0.514	0.698	0.106	0.042	0.039	0.069	0.009	0.006
平均生长量/m	0.302	0.382	0.426	0.494	0.416	0.354	0.309	0.279	0.249	0.225
生长率/%		126.49	55.76	38.65	21.07	17.00	14.55	12.90	11.16	10.03

由图 2-2-15 可以看出，新棘 1 号冠幅生长呈上升趋势，第 1～4 年增长迅速，第 4 年后增长逐渐变缓。冠幅平均生长量在第 1～4 年逐渐上升，第 4 年后缓慢下降，总体趋势较为平缓，高峰出现在第 4 年，为 0.494 m。冠幅连年生长量在第 2～3 年增长较缓，在第 3～4 年增长剧烈，第 4 年达到高峰，第 4～5 年后增长开始变缓。冠幅连年生长量出现两次高峰，第一次出现在第 4 年，为 0.698 m，第二次出现在第 8 年，为 0.069 cm。但从生长率数据可以看出，连年生长量在第 5 年后发展趋势逐渐减缓。冠幅的速生期是在第 2～5 年。由图 2-2-15 还可以看出，平均生长量与连年生长量在第 4～5 年出现交叉，即从冠幅生长角度来看，新棘 1 号冠幅生长成熟年龄是在第 4～5 年。总体规律与新棘 1 号树高生长规律一致。

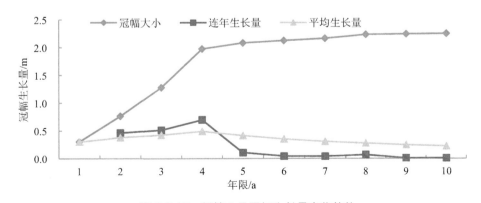

图 2-2-15 新棘 1 号冠幅生长量变化趋势

2.3.3.2 新棘 2 号冠幅生长量情况

由表 2-2-16 可以看出，新棘 2 号冠幅从 0.328 m 长至 2.347 m，随树龄的增加而增加；冠幅生长率从 124.39%到 10.07%，随树龄的增加而降低。

表 2-2-16　试验区新棘 2 号冠幅生长量统计

统计项	树龄/a									
	1	2	3	4	5	6	7	8	9	10
总生长量/m	0.328	0.816	1.613	2.156	2.197	2.226	2.253	2.312	2.330	2.347
连年生长量/m		0.488	0.797	0.543	0.041	0.029	0.027	0.059	0.018	0.017
平均生长量/m	0.328	0.408	0.537 7	0.539	0.439 4	0.371	0.321 9	0.289	0.258 9	0.234 7
生长率/%		124.39	65.89	33.42	20.38	16.89	14.46	12.83	11.20	10.07

由图 2-2-16 可以看出，新棘 2 号冠幅生长呈上升趋势，第 1～4 年增长迅速，第 4 年后增长逐渐变缓。冠幅平均生长量在第 1～4 年逐渐上升，第 4 年后缓慢下降，总体趋势较为平缓，高峰出现在第 4 年，为 0.539 m。冠幅连年生长量在第 2～3 年增长剧烈，第 3 年达到高峰，第 3～4 年后增长开始变缓。冠幅连年生长量出现两次高峰，第一次出现在第 3 年，为 0.797 m，第二次出现在第 8 年，为 0.059 m。但从生长率数据可以看出，连年生长量在第 4 年后发展趋势逐渐减缓。冠幅的速生期是在第 2～4 年。由图 2-2-16 还可以看出，平均生长量与连年生长量在第 4 年出现交叉，即从冠幅生长角度来看，新棘 2 号冠幅生长成熟年龄是在第 3～4 年。总体规律与新棘 2 号树高生长规律基本一致。

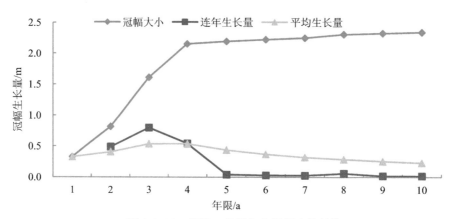

图 2-2-16　新棘 2 号冠幅生长量变化趋势

2.3.3.3 新棘 3 号冠幅生长量情况

由表 2-2-17 可以看出，新棘 3 号冠幅从 0.523 m 长至 2.594 m，随树龄的增加而增加；冠幅生长率从 89.10%到 10.03%，随树龄的增加而降低。

表 2-2-17 试验区新棘 3 号冠幅生长量统计

统计项	树龄/a									
	1	2	3	4	5	6	7	8	9	10
总生长量/m	0.523	0.932	1.602	2.432	2.476	2.497	2.532	2.576	2.587	2.594
连年生长量/m		0.409	0.670	0.830	0.044	0.021	0.035	0.044	0.011	0.007
平均生长量/m	0.523	0.466	0.534	0.608	0.495	0.416	0.362	0.322	0.287	0.259
生长率/%		89.10	57.30	37.95	20.36	16.81	14.49	12.72	11.16	10.03

由图 2-2-17 可以看出，新棘 3 号冠幅大小生长呈上升趋势，第 1~4 年增长迅速，第 4 年后增长逐渐变缓。冠幅平均生长量在第 1~4 年逐渐上升，第 4 年后缓慢下降，总体趋势较为平缓，高峰出现在第 4 年，为 0.608 m。冠幅连年生长量在第 2~3 年、第 3~4 年增长较快，第 4 年达到高峰，为 0.830 m，第 4~5 年后增长开始变缓。从生长率数据可以看出，连年生长量在第 5 年后发展趋势逐渐减缓。冠幅的速生期是在第 2~4 年。由图 2-2-17 还可以看出，平均生长量与连年生长量在第 4~5 年出现交叉，即从冠幅生长角度来看，新棘 3 号冠幅生长成熟年龄是在第 4~5 年。总体规律与新棘 3 号树高生长规律一致。

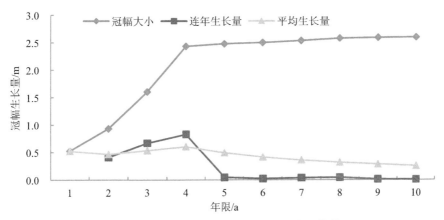

图 2-2-17 新棘 3 号冠幅生长量变化趋势

2.3.3.4　新棘 4 号冠幅生长量情况

由表 2-2-18 可以看出，新棘 4 号冠幅从 0.513 m 长至 2.901 m，随树龄的增加而增加；冠幅生长率从 107.41%到 10.09%，随树龄的增加而降低。

表 2-2-18　试验区新棘 4 号冠幅生长量统计

统计项	树龄/a									
	1	2	3	4	5	6	7	8	9	10
总生长量/m	0.513	1.102	1.786	2.702	2.736	2.764	2.786	2.837	2.875	2.901
连年生长量/m		0.589	0.684	0.916	0.034	0.028	0.022	0.051	0.038	0.026
平均生长量/m	0.513	0.551	0.595	0.676	0.547	0.461	0.398	0.355	0.319	0.290
生长率/%		107.41	54.02	37.82	20.25	16.84	14.40	12.73	11.26	10.09

由图 2-2-18 可以看出，新棘 4 号冠幅生长呈上升趋势，第 1~4 年增长迅速，第 4 年后增长逐渐变缓。冠幅平均生长量在第 1~4 年逐渐上升，第 4 年后缓慢下降，总体趋势较为平缓，高峰出现在第 4 年，为 0.676 m。冠幅连年生长量在第 3~4 年均增长较快，第 4 年达到高峰，为 0.916 m，第 4~5 年后增长开始变缓。从生长率数据可以看出，冠幅连年生长量在第 5 年后发展趋势逐渐减缓。冠幅的速生期是在第 2~5 年。由图 2-2-18 还可以看出，冠幅平均生长量与连年生长量在第 4~5 年出现交叉，即从冠幅生长角度来看，新棘 4 号冠幅生长成熟年龄是在第 4~5 年。总体规律与新棘 4 号树高生长规律一致。

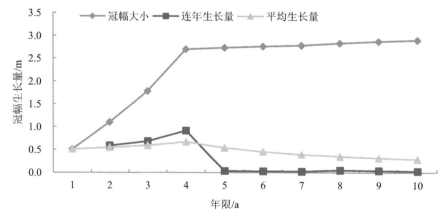

图 2-2-18　新棘 4 号冠幅生长量变化趋势

2.3.3.5 深秋红冠幅生长量情况

由表 2-2-19 可以看出，深秋红冠幅从 0.331 m 长至 2.167 m，随树龄的增加而增加；冠幅生长率从 112.08% 到 10.12%，随树龄的增加而降低。

表 2-2-19　试验区深秋红冠幅生长量统计

统计项	树龄/a									
	1	2	3	4	5	6	7	8	9	10
总生长量/m	0.331	0.742	1.169	1.824	1.865	1.902	1.936	2.107	2.142	2.167
连年生长量/m		0.411	0.427	0.655	0.041	0.037	0.034	0.171	0.035	0.025
平均生长量/m	0.331	0.371	0.390	0.456	0.373	0.317	0.277	0.263	0.238	0.217
生长率/%		112.08	52.52	39.01	20.45	17.00	14.54	13.60	11.30	10.12

由图 2-2-19 可以看出，深秋红冠幅生长呈上升趋势，第 1～4 年增长迅速，第 4 年后增长逐渐变缓。冠幅平均生长量在第 1～4 年逐渐上升，第 4 年后缓慢下降，总体趋势较为平缓，高峰出现在第 4 年，为 0.456 m。冠幅连年生长量第 3～4 年增长较快，第 4 年达到高峰。连年生长量出现两个高峰，第一次出现在第 4 年，为 0.655 m，第二次出现在第 8 年，为 0.171 cm。连年生长量第 4～5 年后增长开始变缓。从生长率数据可以看出，连年生长量在第 5 年后发展趋势逐渐减缓。冠幅的速生期是在第 2～5 年。由图 2-2-19 还可以看出，平均生长量与连年生长量在第 4～5 年出现交叉，即从冠幅生长角度来看，深秋红冠幅生长成熟年龄是在第 4～5 年。总体规律与深秋红树高生长规律一致。

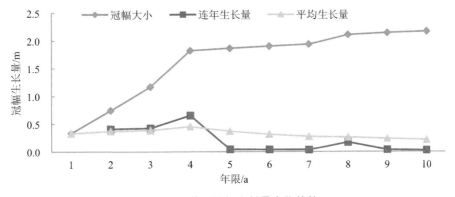

图 2-2-19　深秋红冠幅生长量变化趋势

2.3.3.6　新棘 5 号冠幅生长量情况

由表 2-2-20 可以看山，新棘 5 号冠幅从 0.445 m 长至 2.252 m，随树龄的增加而增加；冠幅生长率从 99.10% 到 10.09%，随树龄的增加而降低。

表 2-2-20　试验区新棘 5 号冠幅生长量统计

统计项	树龄/a									
	1	2	3	4	5	6	7	8	9	10
总生长量/m	0.445	0.882	1.346	1.927	2.032	2.110	2.145	2.203	2.231	2.252
连年生长量/m		0.437	0.464	0.581	0.105	0.078	0.035	0.058	0.028	0.021
平均生长量/m	0.445	0.441	0.449	0.482	0.406	0.352	0.306	0.275	0.248	0.225
生长率/%		99.10	50.87	35.79	21.09	17.31	14.52	12.84	11.25	10.09

由图 2-2-20 可以看出，新棘 5 号冠幅生长呈上升趋势，第 1～4 年增长迅速，第 4 年后增长逐渐变缓。冠幅平均生长量在第 2～4 年逐渐上升，第 4 年后缓慢下降，总体趋势较为平缓，高峰出现在第 4 年，为 0.482 m。冠幅连年生长量在第 2～3 年均增长较缓，第 3～4 年增长剧烈，第 4 年达到高峰，连年生长量为 0.581 m，到第 8 年时，其连年生长量较前后两年略有提高。从生长率数据可以看出，连年生长量在第 5 年后发展趋势逐渐减缓。冠幅的速生期是在第 2～4 年。由图 2-2-20 还可以看出，平均生长量与连年生长量在第 4～5 年出现交叉，即从冠幅生长角度来看，新棘 5 号冠幅生长成熟年龄是在第 4～5 年。总体规律与新棘 5 号树高生长规律一致。

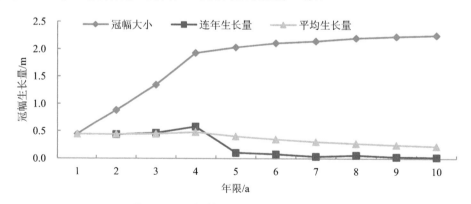

图 2-2-20　新棘 5 号冠幅生长量变化趋势

2.3.3.7 阿列伊冠幅生长量情况

由表 2-2-21 可以看出，阿列伊冠幅从 0.467 m 长至 2.232 m，随树龄的增加而增加；冠幅生长率从 85.87% 到 10.03%，随树龄的增加而降低。

表 2-2-21　试验区阿列伊冠幅生长量统计

统计项	树龄/a									
	1	2	3	4	5	6	7	8	9	10
总生长量/m	0.467	0.802	1.334	1.928	2.015	2.084	2.123	2.197	2.225	2.232
连年生长量/m		0.335	0.532	0.594	0.087	0.069	0.039	0.074	0.028	0.007
平均生长量/m	0.467	0.401	0.445	0.482	0.403	0.347	0.303	0.275	0.247	0.223
生长率/%		85.87	55.44	36.13	20.90	17.24	14.55	12.94	11.25	10.03

由图 2-2-21 可以看出，阿列伊冠幅生长呈上升趋势，第 1～4 年增长迅速，第 4 年后增长逐渐变缓。冠幅平均生长量在第 2～4 年逐渐上升，第 4 年后缓慢下降，总体趋势较为平缓，高峰出现在第 4 年，为 0.482 m。冠幅连年生长量第 2～3 年增长较快，第 4 年达到高峰，为 0.594 m，到第 8 年时，其连年生长量较前后两年略有提高。从生长率数据可以看出，连年生长量在第 5 年后发展趋势逐渐减缓。冠幅的速生期是在第 2～5 年。由图 2-2-21 还可以看出，平均生长量与连年生长量在第 4～5 年出现交叉，即从冠幅生长角度来看，阿列伊冠幅生长成熟年龄是在第 4～5 年。总体规律与阿列伊树高生长规律一致。

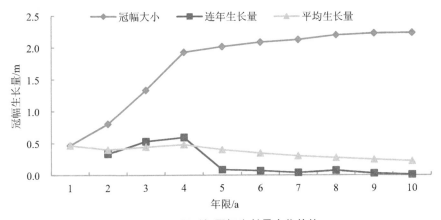

图 2-2-21　阿列伊冠幅生长量变化趋势

2.3.3.8　沙棘栽植密度

根据测得的试验区内 5 个沙棘良种和 2 个对照品种 10 年的冠幅数据，我们得出了理论栽植密度，结果见表 2-2-22。从表中可以看出，树龄不同，单位空间可容纳的株数也不同，栽植株数随着树龄的增加逐渐减少。从理论上看，采用密植渐疏式栽培是最佳模式，可尽早达产，但在现实情况下，由于受到管理和采伐的影响，不宜实施；另外，品种（良种）不同所表现出的规律也不尽相同。第 4 年后，栽植株数逐渐保持在 200 株/亩以下，第 7 年后，栽植株数基本趋于稳定，没有大幅度变动。在现实生产过程中，为了便于管理，行距一般不变，不能实现 100% 全覆盖，因此，根据生产和管理需要，制定了沙棘合理的经营密度表（表 2-2-23）。

表 2-2-22　冠幅生长及理论栽植株数

冠幅生长过程		树龄/a									
		1	2	3	4	5	6	7	8	9	10
新棘 1 号	冠幅/m	0.302	0.764	1.278	1.976	2.082	2.124	2.163	2.232	2.241	2.247
	栽植株数/（株/亩）	7 310	1 142	408	171	154	148	143	134	133	132
新棘 2 号	冠幅/m	0.328	0.816	1.613	2.156	2.197	2.226	2.253	2.312	2.330	2.347
	栽植株数/（株/亩）	6 197	1 001	256	143	138	135	131	125	123	121
新棘 3 号	冠幅/m	0.523	0.932	1.602	2.432	2.476	2.497	2.532	2.576	2.587	2.594
	栽植株数/（株/亩）	2 437	768	260	113	109	107	104	100	100	99
新棘 4 号	冠幅/m	0.513	1.102	1.786	2.702	2.736	2.764	2.786	2.837	2.875	2.901
	栽植株数/（株/亩）	2 533	549	209	91	89	87	86	83	81	79
深秋红	冠幅/m	0.331	0.742	1.169	1.824	1.865	1.902	1.936	2.107	2.142	2.167
	栽植株数/（株/亩）	6 085	1 211	488	200	192	184	178	150	145	142
新棘 5 号	冠幅/m	0.445	0.882	1.346	1.927	2.032	2.110	2.145	2.203	2.231	2.252
	栽植株数/（株/亩）	3 367	857	368	180	161	150	145	137	134	131
阿列伊	冠幅/m	0.467	0.802	1.334	1.928	2.015	2.084	2.123	2.197	2.225	2.232
	栽植株数/（株/亩）	3 057	1 037	375	179	164	154	148	138	135	134

表 2-2-23 反映了沙棘合理经营密度情况，以新棘 1 号为例，树龄为 10 年时，其冠

幅为 2.247 m，栽植密度为 667/（2.247×2.247）=132 株，每棵占地面积约为 5.05 m²，则理论适宜的株行距为 2.2 m×2.2 m；而在实际生产过程中，理论盖度（100%）一般很难实现，按照 80%盖度进行计算，适宜栽植密度为 106 株/亩，株行距为 2.5 m×2.5 m。生产实践中，考虑到机械作业、人工采收、根蘖、通风透光等因素，实际株行距确定以 1.6 m×4 m 为最佳。新棘 2～5 号、深秋红、阿列伊的合理经营密度分别为 1.7 m×4 m、2.1 m×4 m、2.6 m×4 m、1.5 m×4 m、1.6 m×4 m、1.6 m×4 m。综合各种生产管理因素，沙棘栽植株行距（1.5～2.5）m×4 m 是最合理的栽培密度，可满足沙棘种植需求。

表 2-2-23　第 10 年合理经营密度

品种（良种）	100%盖度					80%盖度		
	冠幅/m	单株理论占地面积/m²	理论株数/株	理论株行距/m	调整株行距/m	株数/株	理论株行距/m	合理经营密度/m
新棘 1 号	2.247	5.05	132	2.2×2.2	1.3×4	106	2.5×2.5	1.6×4
新棘 2 号	2.347	5.51	121	2.3×2.3	1.4×4	97	2.6×2.6	1.7×4
新棘 3 号	2.594	6.73	99	2.6×2.6	1.7×4	79	2.9×2.9	2.1×4
新棘 4 号	2.901	8.42	79	2.9×2.9	2.1×4	63	3.2×3.2	2.6×4
深秋红	2.167	4.70	142	2.2×2.2	1.2×4	114	2.4×2.4	1.5×4
新棘 5 号	2.252	5.07	131	2.3×2.3	1.3×4	105	2.5×2.5	1.6×4
阿列伊	2.232	4.98	134	2.2×2.2	1.2×4	107	2.5×2.5	1.6×4

2.3.3.9　沙棘冠幅生长规律小结

对 5 个沙棘良种和 2 个沙棘品种统计 10 年内（2007—2016 年）冠幅生长情况，小结如下。

①5 个沙棘良种和 2 个沙棘品种冠幅均随树龄的增加而增高,均表现为第 1～4 年增长迅速,第 4 年后增长逐渐变缓。生长率则随树龄的增加而降低。连年生长量和平均生长量总的发展趋势都是先增加,到达生长高峰后逐年降低,符合一般灌木林的生长规律。

②除新棘 2 号外,其余良种与对照品种一致,冠幅速生期均出现在第 2～5 年,平均生长量在第 2～4 年逐渐上升,第 4 年后缓慢下降,总体趋势较为平缓,高峰出现在第 4 年。新棘 2 号冠幅的速生期是在第 2～4 年。

③新棘 1 号、新棘 3 号、新棘 4 号、新棘 5 号和 2 个对照品种冠幅连年生长量基本情况：生长初期第 1~2 年内增长趋势缓慢，第 2~3 年增长剧烈，第 3~4 年到达生长高峰。新棘 2 号是在第 2~3 年到达生长高峰。各良种和品种在第 8 年时也出现略微的增高，这可能与当年水肥管理措施到位、气候环境等因素影响有关。

④除新棘 2 号外，其余良种和品种从生长率数据可以看出，连年生长量在第 5 年后发展趋势逐渐减缓。平均生长量与连年生长量在第 4~5 年出现交叉，即从冠幅生长角度来看，树木成熟年龄是在第 4~5 年。新棘 2 号从生长率数据可以看出，连年生长量在第 4 年后逐渐减缓，平均生长量与连年生长量在第 4 年出现交叉，即从冠幅生长角度来看，新棘 2 号树木成熟年龄是在第 4 年。

2.4　沙棘生物学特性及生长发育规律的结论

本试验分析了 1~10 年生沙棘树高、地径、冠幅的生长规律，分析得出以下结论。

①树高、地径、冠幅生长规律：在第 1 年生长量很小，第 2~4 年为速生期，第 5~6 年开始逐渐降低，由营养生长转向生殖生长，产量逐年提升；沙棘品种（良种）不同，生长特性也不同，关键节点略有变化，这为沙棘生产管理提供了理论基础。

②在第 1 年管理的关键节点是提高成活率和保存率，加强水分供应、保障苗木充足供水是提高成活率的关键。

③在第 2~4 年管理的关键节点是提高生长量，加强水肥管理，促进树冠的扩展，构建良好的树体结构和结果框架，肥料以氮肥为主、磷钾肥为辅。通过水肥管理，可有效调控树体大小，在密植条件下，控制水肥减小树冠；稀植条件下，加大水肥扩大树冠。

④在第 5 年后，管理的关键节点是提高产量，加强水肥管理，以促进花芽分化，提高坐果和产量，以磷钾肥为主、氮肥为辅，调控营养生长和生殖生长，保障年年丰产丰收。

⑤在现实生产过程中，为便于生产和管理，行距一般不变，沙棘冠幅除随树龄增长而增长外，还受立地条件（水分和肥力）、林地光照条件和林分密度的影响，也与植株修剪密切相关，综合各种生产管理因素，沙棘栽植株行距（1.5~2.5）m×4 m 是最合理的栽培密度，可满足沙棘种植需求。

第 3 章
沙棘优良品种的快繁技术

3.1 植物的组织培养试验

植物的组织培养是近几十年来根据植物细胞具有全能性的理论发展起来的一项无性繁殖新技术。植物的组织培养广义上又称离体培养,指从植物体分离出符合需要的组织、器官或细胞、原生质体等,通过无菌操作,在无菌条件下接种在含有各种营养物质及植物激素的培养基上进行培养,以获得再生的完整植株或生产具有经济价值的其他产品的技术。狭义上的组织培养是指用植物各部分组织,如形成层、薄壁组织、叶肉组织、胚乳等进行培养获得再生植株,也指在培养过程中从各器官上产生愈伤组织的培养,愈伤组织再经过再分化形成再生植物。

植物组织培养的研究历史起源于 19 世纪 30 年代,德国植物学家施莱登和德国动物学家施旺创立了细胞学说,根据这一学说,如果给细胞提供和生物体内一样的条件,每个细胞都应该能够独立生活。1902 年,德国植物学家哈伯兰特提出的细胞全能性理论成为植物组织培养的理论基础。1958 年,一个振奋人心的消息从美国传向世界各地,美国植物学家斯蒂瓦特等用胡萝卜韧皮部的细胞进行培养,终于得到了完整植株,并且这一植株能够开花结果,证实了哈伯兰特在 50 多年前关于细胞全能的预言。

植物组织培养的基本步骤为：剪接植物器官或组织—脱分化（也称去分化）形成愈伤组织—再分化形成组织或器官—培养发育成一棵完整的植株。植物组织培养的大致过程是，在无菌条件下，将植物器官或组织（如芽、茎尖、根尖或花药）的一部分切下来，用纤维素酶与果胶酶处理以去掉细胞壁，使之露出原生质体，然后放在适当的人工培养基上进行培养，这些器官或组织就会进行细胞分裂，形成新的组织。不过这种组织没有发生分化，只是一团薄壁细胞，叫作愈伤组织。在适合的光照、温度和施以一定的营养物质与激素等条件下，愈伤组织便开始分化，产生出植物的各种器官和组织，进而发育成一棵完整的植株。只有离体情况下植物细胞才有可能表现全能性，随着这一发育过程的进行，一个细胞所具有的分化能力被局限在细胞所属的肌器、器官和组织内发挥植物的全能性。

全能性指个体某个器官或组织已经分化的细胞在适宜的条件下再生成完整个体的遗传潜力。生物的细胞或组织可以分化成该物种的所有组织或器官，并形成完整的个体。分化细胞保留着全部的核基因组，它具有生物个体生长、发育所需的全部遗传信息，即能够表达本身基因库中的任何一种基因。也就是说，分化细胞具有发育为完整植株的潜在能力。根据培养材料的不同，植物组织培养可分为以下几种类型：①组织或愈伤组织培养（tissue, callus culture），为狭义的组织培养，是对植物体的各部分组织进行培养，如茎尖分生组织、形成层、木质部、韧皮部、表皮组织、胚乳组织和薄壁组织等；或对由植物器官培养产生的愈伤组织进行培养，二者均通过再分化诱导形成植株。②器官培养（organ culture），即离体器官的培养，根据作物和需要的不同，可以包括分离茎尖、茎段、根尖、叶片、叶原基、子叶、花瓣、雄蕊、雌蕊、胚珠、胚、子房、果实等外植体的培养。③植株培养（plant culture），是对完整植株材料的培养，如幼苗及较大植株的培养。④细胞培养（cell culture），是对由愈伤组织等进行液体振荡培养所得到的能保持较好分散性的离体单细胞或花粉单细胞或很小的细胞团的培养。⑤原生质体培养（protoplast culture），是用酶及物理方法除去细胞壁的原生质体的培养。

组织培养是 21 世纪发展起来的一门新技术，随着科学技术的进步，尤其是外源激素的应用，组织培养不仅从理论上为相关学科提出了可靠的实验证据，而且成为一种大规模、批量工厂化生产种苗的新方法，并在生产上越来越得到广泛的应用。

植物组织培养之所以发展得如此之快，应用范围如此之广，是由于具备以下几个特点：①培养条件可以人为控制。组织培养采用的植物材料完全在人为提供的培养基质和小气候环境条件下进行生长，摆脱了大自然中四季、昼夜的变化以及灾害性气候的不利影响，且条件均一，对植物生长极为有利，便于稳定地进行周年培养生产。②生长周期短，繁殖率高。植物组织培养由于是人为控制培养条件，可根据不同植物不同部位的不同要求而提供不同的培养条件，因此生长较快。另外，植株也比较小，往往 20～30 d 为一个周期。所以，虽然植物组织培养需要一定设备及能源消耗，但由于植物材料能按几何级数繁殖生产，故总体来说成本低廉，且能及时提供规格一致的优质种苗或脱病毒种苗。③管理方便，利于工厂化生产和自动化控制。植物组织培养是在一定的场所和环境下，人为提供一定的温度、光照、湿度、营养、激素等条件，利于高度集约化和高密度工厂化生产，也利于自动化控制生产。它是未来农业工厂化育苗的发展方向。它与盆栽、田间栽培等相比，省去了中耕除草、浇水施肥、防治病虫害等一系列繁杂劳动，可以大大节省人力、物力及田间种植所需要的土地。

3.1.1　组培实验室的设计与设备

实验室设置的基本原则是科学、高效、经济和实用。一个组织培养实验室（以下简称组培实验室）必须满足 3 个基本需要：实验准备（培养基制备、器皿洗涤、培养基和培养器皿灭菌）、无菌操作和控制培养。此外，还可根据从事的实验要求来考虑辅助实验室及各种附加设施，使实验室更加完善。

在进行植物组织培养工作之前，首先应对工作中需要哪些最基本的设备条件有全面的了解，以便因地制宜地利用现有房屋，或新建、改建实验室。实验室的大小取决于工作的目的和规模。以工厂化生产为目的，实验室规模太小则会限制生产，影响效率。在设计组培实验室时，应按组织培养程序设计成一条连续的生产线，避免某些环节倒排，导致日后工作混乱。植物组织培养是在严格无菌的条件下进行的。要做到无菌，需要一定的设备、器材和用具，同时还需要人工控制温度、光照、湿度等。实验室内的地面、墙壁和顶棚要采用最少产生灰尘的建筑材料。实验室内安装的洗手池、下水道的位置要适宜，不得给培养带来污染。实验室应有消火栓、报警装置等安全设施，以及防止昆虫、鸟类、鼠类等动物进入的设施。

新疆植物组培新技术的研究应用——以花卉、沙棘为例

3.1.1.1 组培实验室设计

（1）新建组培实验室地址的选择

1）理想的组培实验室应该建立在安静、清洁、远离污染源的地方，最好在常年主风向的上风方向，尽量减少污染。

2）选址不宜选择低洼、水位高的地带，而且排水一定要方便。

3）交通要便利，应该充分考虑物料、成苗的运输及工人上下班的便利性。

4）远离污染源，不得靠近主要交通干线及粉尘较多的区域。

5）为节省能源，充分利用自然光，实验室应向南建设，使采光面积和时数达到最大。

6）避免与温室、微生物实验室、昆虫实验室、种子或其他植物材料储藏室相邻，以免由于空气流通造成难以避免的污染。

（2）新建组培实验室水电配置

1）水路的设计要求

①水源干净且充足，建议使用自来水或者井水（培养基配制需使用高纯水）。

②管路设计合理，可以满足各个功能间对不同水质的需求。

③排水要顺畅彻底，室内不可积水。

④分类排放，杜绝污染。

2）电路的设计要求

①根据规模、设备确定组培工厂的用电量，配备合理的入户线缆。

②部分设备（高压消毒器等用电量大的设备）应该设立专线。

③合理的线路布局，易于故障排查及维护。

④要有专门的应急照明、安全出口指示等。

（3）空间布局

一个好的空间布局至少应该满足以下基本条件：一是有完备的功能间，可以进行流水化作业；二是能够区分人及物流通道，避免交叉；三是有洁净控制区与非控制区之分，区域之间有相应的过渡措施（图 2-3-1）。

图 2-3-1　组培实验室

标准的组培实验室应包括：洗涤室、贮存室、更衣室、配药室、培养基配制室、灭菌室、无菌室或接种室、培养室、观察室、温室或苗圃。

1）洗涤室：主要对组织培养用的玻璃器皿、塑料器皿和其他实验用具进行清洗，房间要配备自来水管、水池或水槽、工作台和各种清洗器具的洗涤试剂，地面要光滑坚硬，要求有很好的排水设施，为了保证玻璃器皿的洁净干燥，还需要配备电热鼓风干燥箱（烘箱）。见图 2-3-2。

图 2-3-2　洗涤室

2）贮存室：用以对各类器皿和用具的存放和保管。植物组织培养需要较多的玻璃器皿，而且生产中的使用数量有一定周期性，宜用专门房间和专门货架、货柜等贮存，以免破损、脏污。见图 2-3-3。

图 2-3-3　贮存室

3）更衣室：主要用于衣服、鞋子更换，需要配备衣橱、洗手池、墩布池、洗衣机和各类清扫、清洁用品等。见图 2-3-4。

图 2-3-4　更衣室

4）配药室：主要用于药品的称量、溶解、储存，房间要配备实验台，低温冰箱或冰柜，各种橱架、药品柜及化学药品，各种型号的玻璃器皿或其他器皿，各种型号的天平和称量器具。见图 2-3-5。

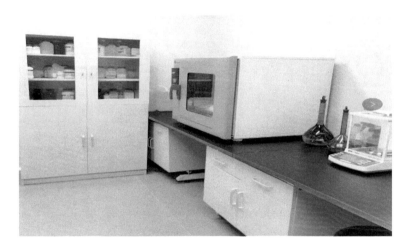

图 2-3-5　配药室

5）培养基配制室：主要用来完成培养基配制的各个环节的工作，如培养基的配制和分装等，要有较大的平面工作台或实验台，酸度计和搅拌器，蒸馏水器、离子交换系统或其他过滤渗透系统。见图 2-3-6。

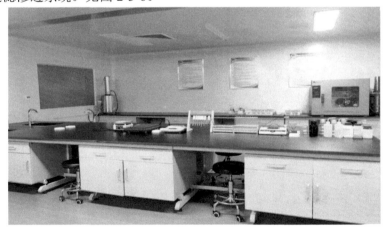

图 2-3-6　培养基配制室

6）灭菌室：用于对培养基、玻璃器皿及接种工具的灭菌，一般采用医用或微生物研究用的手提式高压蒸汽灭菌锅，或大型的立式、卧式高压灭菌锅。灭菌室室内应装备水、电、煤气等有关设备，墙壁宜防潮湿、耐高温。见图 2-3-7。

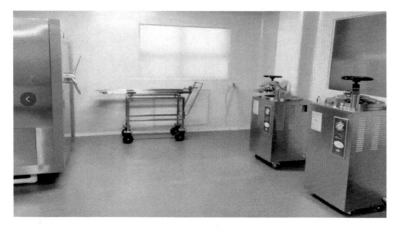

图 2-3-7　灭菌室

7）无菌操作室（接种室）：接种室应该保证洁净、无菌，目前多用超净工作台来代替这种要求严格的接种室。除超净工作台外，应配备接种用的酒精灯、各种医用镊子、解剖刀、手术刀、接种针、贮藏 70%～75%酒精棉球的广口瓶、试管架和载物台等工具。见图 2-3-8。

图 2-3-8　无菌操作室（接种室）

8）培养室：用于对植物组织器官、细胞或原生质体等外植体的各阶段的培养。为了达到培养所需的各种光照、温度、湿度、空气等条件，要在培养室安装监测这些条件因子的仪器，如温度计、湿度计、照度计或自动监测记录温度、湿度的装置等，一般要用自动控温的空调、加热器、制冷机、电炉等。根据培养材料与方法的不同，还需配置各种摇床、转床等特殊设备。见图 2-3-9。

图 2-3-9　培养室

9）观察室：用于对培养材料及培养后结果的观察、鉴定、记录和分析。一般要配置高倍显微镜、倒置显微镜、实体显微镜、恒温箱、切片机、烤片台、恒温浴、滴瓶、载玻片、盖玻片等制片观察设备，还要配置记录本、绘图及照相或录像设备，用以记录观察结果。如果是研究性实验室，还需配备更多的仪器，用以细胞学方面的研究，同时应有摄影室或暗室，进行摄影、显影、印相、放大等操作。见图 2-3-10。

图 2-3-10　观察室

10）温室或苗圃：用来对培养的再生植株进行驯化和移栽。温室或苗圃对于从培养室或实验室培养后的试管苗仍不能作为成品苗出售的生产性实验是必要的。温室或苗圃除应配备一定的供水设施外，还要有弥雾装置、移植床、钵、盆、塑料布、草炭、蛭石、粗沙及其他一些移栽和管理设备。见图 2-3-11。

图 2-3-11　温室或苗圃

（4）组培实验室设计实例

见图 2-3-12。

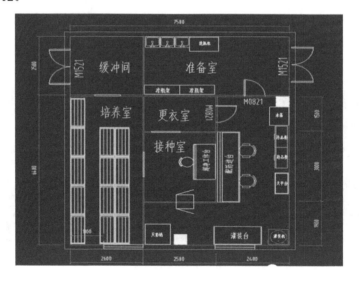

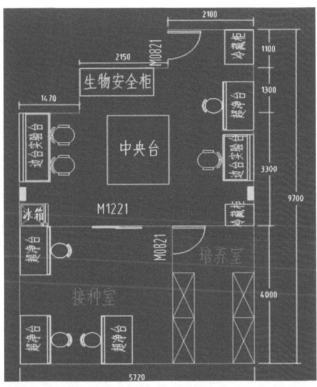

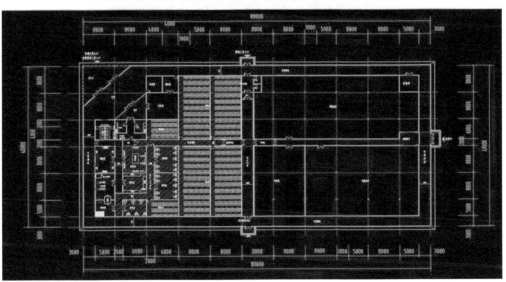

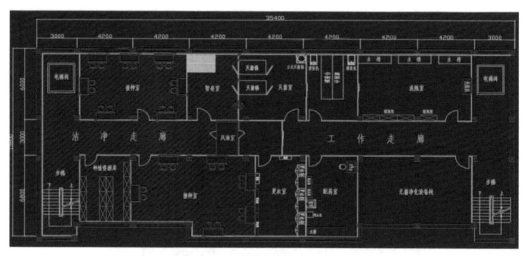

图 2-3-12　组培实验室设计实例

3.1.1.2　组培实验室设备

　　组培实验室的设备包括洗涤用具、培养基配制用具、称量用具和器皿溶解、盛装与培养器具、接种用器械、超净工作台、其他接种材料准备用器具、培养用器具（培养架、摇床、生物反应器等）、观察鉴定用器具、移栽驯化用工具等。

　　不同规模组培实验室的设备配备见表 2-3-1，部分设备实图见图 2-3-13。

表 2-3-1　不同规模组培实验室设施、仪器、设备的配备

作坊式组培室	教学实验用组培室	中型生产用组培室 （10 万～20 万株苗/a）	大型组培工厂 （50 万～100 万株苗/a）
一间房间	准备间	储物间	净化系统
药品柜	接种间	洗涤间	储物间
超净工作台	缓冲间	药品间	洗涤间
培养架	培养间	更衣室	药品间
电炉或电磁炉	塑料棚	配药室	更衣室
立式高压锅	超净工作台	接种间	配药室
冰箱	立式高压锅	缓冲间	接种间
塑料桶	人工气候箱	培养间	缓冲间
不锈钢锅	冰箱	日光温室	培养间

作坊式组培室	教学实验用组培室	中型生产用组培室 （10 万～20 万株苗/a）	大型组培工厂 （50 万～100 万株苗/a）
三角瓶	空调	温室大棚	日光温室
试管	电炉或电磁炉	办公室	温室大棚
广口瓶	培养架	药品柜	办公室
量筒	天平	实验台	药品柜
移液管	酸度计（pH 试纸）	超净工作台	实验台
接种用具	塑料桶	培养架	超净工作台
pH 试纸	不锈钢锅	立式高压灭菌锅	培养架
其他用品	药品柜	卧式高压灭菌锅	立式高压灭菌锅
	烧杯	灌装机	卧式高压灭菌锅
	组培专用瓶	蒸馏水发生器	灌装机
	三角瓶	冰箱	蒸馏水发生器
	试管	空调	洗瓶机
	广口瓶	分析天平	温湿度计
	量筒	电子天平	显微镜
	移液管（移液枪）	电炉或电磁炉	喷雾器
	接种用具	酸度计（pH 试纸）	冰箱
	其他用品	不锈钢锅	分析天平
		组培专用瓶	电子天平
		烧杯	电炉或电磁炉
		三角瓶	酸度计（pH 试纸）
		试管	不锈钢锅
		广口瓶	专用培养容器
		量筒	烧杯
		移液管（移液枪）	三角瓶
		接种用具	试管
		其他用品	广口瓶
			量筒
			移液管（移液枪）
			接种用具
			其他用品

273

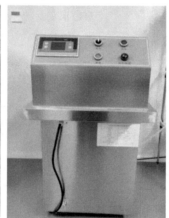

图 2-3-13 组培实验室部分设备

3.1.2 组织培养操作程序

3.1.2.1 各类器皿的洗涤与消毒

（1）器皿洗涤与灭菌

新购置玻璃器皿（或已用过的玻璃器皿）均用 1% 稀氯化氢（HCl）浸渍 12 h 后用洗衣粉洗涤，清水冲洗，晾干备用。其他清洁液配方见表 2-3-2。

表 2-3-2　其他清洁液配方

配方成分	弱液	强液	常用配方
重铬酸钾/g	50	60	100
浓硫酸/mL	100	800	200
蒸馏水/mL	1 000	200	800

（2）塑料用品洗涤

新的塑料器皿打开即用。如果是已用过的塑料器皿，用 2%氢氧化钠（NaOH）浸泡 12 h，清水冲洗，再用 2%～5%盐酸浸泡 30 min，清水冲洗，蒸馏水冲洗，晾干备用。

（3）消毒方法

物理方法：干热（160～180℃，1.5～2.0 h）、湿热（121℃，20～40 min）、射线处理、物理除菌、过滤、离心、沉淀等。

化学方法：用消毒剂、抗菌素灭菌。

常用消毒剂消毒灭菌比较见表 2-3-3，高压灭菌时饱和蒸汽压力与其对应温度见表 2-3-4。

表 2-3-3　常用消毒剂消毒灭菌比较

消毒剂	使用浓度/%	去除难易	消毒时间/min	效果
次氯酸钙	9～10	易	5～30	很好
次氯酸钠	2	易	5～30	很好
漂白粉	饱和溶液	易	5～30	很好
溴水	1～2	易	2～10	很好
过氧化氢	10～12	最易	5～15	好
升汞	0.1～1	较难	2～10	最好
酒精	70～75	易	0.2～2	好
抗生素	4～5（mg/L）	中	30～60	较好
硝酸银	1	较难	5～30	好

表 2-3-4　饱和蒸汽压力与其对应温度

饱和蒸汽压力		温度/℃	饱和蒸汽压力		温度/℃
kg/cm²	lb/in²		kg/cm²	lb/in²	
0.0	0	100		15	121.0
0.141	2	103.6		16	122.0
0.281	4	106.9	1.055	18	124.1
0.442	6	109.8	1.125	20	126.0
0.563	8	112.6	1.266	22	127.8
0.703	10	115.2	1.406	24	129.6
0.844	12	117.6	1.543	30	134.5
0.984	14	119.9	1.681	50	147.6

注：1 kg/cm²≈0.098 MPa；1 lb/in²=1/145 MPa。

3.1.2.2　培养基种类及配制

（1）培养基种类

按培养基形态不同分：固体培养基、液体培养基。

按培养过程不同分：初代培养基、继代培养基。

按作用不同分：诱导培养基、增殖培养基、生根培养基。

按营养水平不同分：基本培养基、完全培养基。

（2）植物组织培养常用培养基成分

1）无机盐

氮：枝叶生长需要氮素，缺氮，老叶先发黄；氮过量，枝叶会过度茂盛。

磷：缺磷，植株生长缓慢，老叶呈暗紫色。

钾：钾可促进花卉生长健壮，增强抗性，茎秆挺拔。缺钾，叶尖、叶缘会枯焦，叶片呈皱曲状，老叶发黄或呈火烧状。

钴：缺钴，叶片会失绿而卷曲，整个叶片向上弯曲凋枯。

2）有机物

碳水化合物：选用种类为蔗糖、葡萄糖、果糖等。工厂化生产时可用白糖。其作用有：①为细胞提供合成新物质的碳骨架；②为细胞的呼吸代谢提供底物和能量；③维持渗透压。蔗糖浓度：一般使用浓度为 2%～3%，胚状体培养时浓度采用 4%～15%。

维生素：种类为 VB_1（盐酸硫胺素）、VB_6（盐酸吡哆醇）、VB_3（烟酸）、VC（抗坏血酸）。其作用：VB_1 促进愈伤组织产生，提高活力；VB_6 促进根生长；VB_3 与植物代谢和胚的发育有关系；VC 防止组织褐变。维生素浓度为 $0.1\sim1.0$ mg/L。

氨基酸：种类为甘氨酸、精氨酸、谷氨酸、谷氨酰胺、天冬氨酸、天冬酰胺、丙氨酸等。因培养基种类不同，使用氨基酸的种类和浓度也不同。

肌醇：又称环己六醇，主要在糖类的转化中起作用。

天然复合物：种类为椰乳、香蕉泥、马铃薯汁液、水解酪蛋白。椰乳主要促进愈伤组织和细胞培养，用量为 10%～20%，使用时需要注意茎尖大小。香蕉泥用量为 150～200 mg/L，多应用在兰花的组织培养中。马铃薯汁液主要促进壮苗，用量为 150～200 g/L。水解酪蛋白应用在微茎尖培养中，浓度为 100～200 mg/L。

3）植物生长调节剂

培养基的各种成分中，对培养物影响最大、最显著的就是植物激素。激素的种类、浓度以及配比都会显著影响愈伤组织的形成，不定根、不定芽的分化，胚状体的形成等。通常，不同植物或不同品种，甚至同一植物不同位置对激素的要求都有很大的区别，这主要取决于植物的内源激素水平。植物激素的种类主要为生长素类和细胞分裂素类。

生长素类：在自然界中，生长素影响茎和节间的伸长、向光性，有促进生根、抑制器官脱落、性别控制、延长休眠、顶端优势、单性结实等作用，在组织培养中主要促进细胞分裂和根的分化，诱导愈伤组织形成。常用的生长素有 IAA（吲哚乙酸）、NAA（奈乙酸）、2,4-D（二氯苯氧乙酸）、IBA（吲哚丁酸）等。溶于 95% 酒精或 0.1 mol/L 的 NaOH 中（NaOH 的溶解效果更好），配成一定浓度后，置冰箱冷藏保存。

细胞分裂素类：自然界中，细胞分裂素影响细胞分裂、顶端优势的变化和茎的分化等，在组织培养中主要促进细胞分裂和分化，诱导胚状体和不定芽的形成，延缓组织的衰老并增强蛋白质的合成，用于离体成花的调控，常与生长素相互配合使用。常用的细胞分裂素有：KT（激动素）、6-BA（6-卞基腺嘌呤）、2-IP（异戊烯腺嘌呤）、玉米素等。细胞分裂素溶于 0.5～1.0 mol/L 的盐酸或稀薄的 NaOH 中，配成一定浓度后，置冰箱冷藏保存。

植物组织培养常用培养基成分见表 2-3-5。

表 2-3-5　植物组织培养常用培养基成分　　　　　单位：mg/L

类别	成分	White培养基	Heller培养基	MS培养基	ER培养基	B$_5$培养基	Nitsch培养基	N$_6$培养基
无机物	NH_4NO_3	—	—	1 650	1 200	—	720	—
	KNO_3	80	—	1 900	1 900	2 527.5	950	2830
	$CaCl_2 \cdot 2H_2O$	—	75	440	440	150	—	166
	$CaCl_2$	—	—	—	—	—	166	—
	$MgSO_4 \cdot 7H_2O$	750	250	370	370	246.5	185	185
	KH_2PO_4	—	—	170	340	—	68	400
	$(NH_4)_2SO_4$	—	—	—	—	134	—	463
	$Ca(NO_3)_2 \cdot 4H_2O$	300	—	—	—	—	—	—
	$NaNO_3$	—	600	—	—	—	—	—
	Na_2SO_4	200	—	—	—	—	—	—
	$NaH_2PO_4 \cdot H_2O$	19	125	—	—	150	—	—
	KCl	65	750	—	—	—	—	—
	KI	0.75	0.01	0.83	—	0.75	—	0.8
	H_3BO_3	1.5	1	6.2	0.63	3	10	1.6
	$MnSO_4 \cdot 4H_2O$	5	0.1	22.3	2.23	—	25	4.4
	$MnSO_4 \cdot H_2O$	—	—	—	—	10	—	—
	$ZnSO_4 \cdot 7H_2O$	3	1	8.6	—	2	10	1.5
	$ZnNa_2 \cdot EDTA$	—	—	—	15	—	—	—
	$Na_2MoO_4 \cdot 2H_2O$	—	—	0.25	0.025	0.25	0.25	—
	MoO_3	0.001	—	—	—	—	—	—
	$CuSO_4 \cdot 5H_2O$	0.01	0.03	0.025	0.002 5	0.025	0.025	—
	$CoCl_2 \cdot 6H_2O$	—	—	0.025	0.002 5	0.025	—	—
	$AlCl_3$	—	0.03	—	—	—	—	—
	$NICl_2 \cdot 6H_2O$	—	0.03	—	—	—	—	—
	$FeCl_3 \cdot 6H_2O$	—	1	—	—	—	—	—
	$Fe_2(SO_4)_3$	2.5	—	—	—	—	—	—
无机物	$FeSO_4 \cdot 7H_2O$	—	—	27.8	27.8	—	27.8	27.8
	$Na_2\text{-}EDTA \cdot 2H_2O$	—	—	37.3	37.3	—	37.3	37.3
	$NaFe \cdot EDTA$	—	—	—	—	28	—	—

类别	成分	White 培养基	Heller 培养基	MS 培养基	ER 培养基	B_5 培养基	Nitsch 培养基	N_6 培养基
有机物	肌醇	—	—	100	—	100	100	—
	烟酸（VB_3）	0.05	—	0.5	0.5	1	5	0.5
	盐酸吡哆醇（VB_6）	0.01	—	0.5	0.5	1	0.5	0.5
	盐酸硫胺素（VB_1）	0.01	—	0.1	0.5	10	0.5	1
	甘氨酸（$CH\text{-}COOH\ NH_2$）	3	—	2	2	—	2	2
	叶酸	—	—	—	—	—	0.5	—
	生物素	—	—	—	—	—	0.05	—
	蔗糖	2%	—	3%	4%	2%	2%	5%

（3）几种常见培养基的特点

1）MS 培养基：1962 年由 Murashige 和 Skoog 为培养烟草细胞而设计。其特点是无机盐和离子浓度较高，氮、钾和硝酸盐的含量高，含有一定数量的铵盐，营养丰富，不需要添加更多的有机附加物，是较为稳定的平衡溶液。其养分的数量和比例较合适，可满足植物的营养和生理需要。它的硝酸盐含量较其他培养基高，广泛地用于植物的器官、花药、细胞和原生质体培养，效果良好。有些培养基是由它演变而来的。

2）White 培养基：1943 年由 White 为培养番茄根尖而设计，1963 年作了改良，提高了 $MgSO_4$ 的浓度，增加了硼元素，无机盐浓度较低，在生根培养、胚胎培养中使用有良好的效果。

3）B_5 培养基：1968 年由 Gamborg 等为培养大豆根细胞而设计。含有较低的铵盐、较高的硝酸盐和盐酸硫胺素。这可能对不少培养物的生长有抑制作用。实践得知，有些植物在 B_5 培养基上生长更适宜，如双子叶植物特别是木本植物。

4）N_6 培养基：1974 年由朱至清等为水稻等禾谷类作物花药培养设计，硝酸钾（KNO_3）和硫酸氢铵（NH_4SO_4）含量高，不含钼。

沙棘组培多以 MS 为基本培养基，也有使用 B_5 或改良 B_5 培养基的，见表 2-3-6。

表 2-3-6　沙棘组培常用培养基

外植体	培养基	发生/诱导激素浓度/（mg/L）	增殖激素浓度/（mg/L）	增殖倍数	生根培养基激素浓度/（mg/L）	生根情况
茎尖、子叶、下胚轴、胚根	MS	1/4MS+BA0.3+NAA0.002+CH 500	1/4MS+6-BA0.1+NAA0.004	3~4		无根苗浸生根剂处理可明显提高生根率，缩短生根时间
辽阜一号茎尖	MS		1/3MS+BA0.5+IBA0.2	3.35	1/3MS+IBA0.5+NAA0.2	
辽阜二号茎尖	MS		1/3MS+BA0.5+IBA0.2	2.14	1/3MS+IBA0.2	
乌兰沙林沙棘和中国沙棘水培茎尖	MS		1/4MS+BA0.8+NAA0.05+蔗糖20~30 g/L	3.01	1/4MS+IBA0.5+蔗糖20 g/L	
茎段	MS		1/2MS+BA0.5~1.0+IAA0.5	2.9		
愈伤组织（诱导难度为：子叶＞胚根＞下胚轴＞茎尖）	MS	1/4MS+2-4D0.3				上子叶诱导率为90.3%，胚根65.9%
愈伤组织（子叶）	MS	1/4MS+KT0.5+NAA0.05+蔗糖20 g/L+琼脂 6 g/L				上愈伤组织诱导率76.67%，不经转接即可分化不定芽
休眠茎段	B₅	1/2MS+IBA02+蔗糖 15 g/L+琼脂4.6 g/L				待腋芽长大后，剪下置于相同培养基上培养获得生根苗

（4）培养基配制

配制培养基应做好几点工作：实验用具的准备，包括配制过程中所需的电炉、酸度计、高压灭菌锅等设备及其他玻璃器皿的清洗和试剂、药品的准备，根据培养基的配方、母液扩大倍数及需要配制的培养基体积，计算所需各种母液及其他附加物的量。

具体操作如下：取规定数量的糖源和凝固剂置于烧杯或搪瓷锅内，加蒸馏水加热使之溶解，并不断搅拌，根据计算所需量依次加入大量元素、微量元素、铁盐、有机物、生长调节物质母液及其他特殊的附加物，搅拌均匀，加水定容至规定体积，调整培养基的 pH、分装、封口（图 2-3-14）。

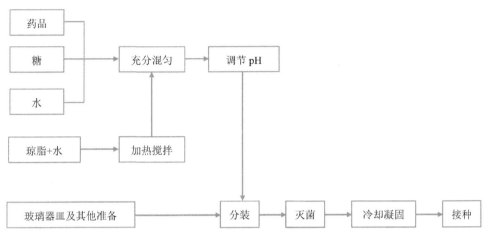

图 2-3-14　培养基配制示意图

培养基灭菌：组织培养必须在无菌环境中进行，因此培养基的灭菌操作非常重要。培养基分装封口后应立刻进行灭菌，至少在 24 h 内完成灭菌程序。一般采用的是高压蒸汽灭菌，高温高压湿热灭菌法压力在 $9.8 \times 10^4 \sim 10.8 \times 10^4$ Pa，温度在 121℃，灭菌时间见表 2-3-7。

表 2-3-7　培养基高压蒸汽灭菌所必需的最少时间

容器容积/mL	在 121℃下所需要的最少消毒灭菌时间/min
20～50	15
75	20
250～500	25
1 000	30
1 500	35
2 000	40

检验方法：灭菌后的培养基经冷却和凝固后即可使用，将培养基置于培养室中 3 d，若没有污染现象，说明灭菌可靠。

培养基的保存：常温下保存时要进行防尘和避光处理，保存时间不可过长。暂时不用的培养基最好置于 10℃下保存，含 IAA 或 GA$_3$ 的培养基应在 1 周内用完，其他培养基保存时间最多不要超过 1 个月。

3.1.2.3 无菌操作

无菌操作流程见图 2-3-15。

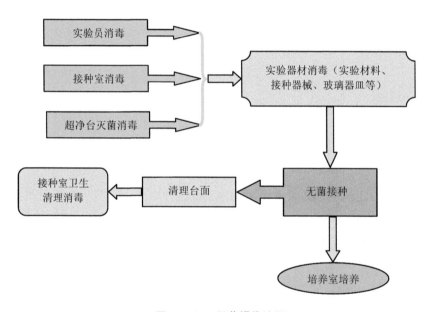

图 2-3-15　无菌操作流程

（1）实验员消毒

洗净双手，消毒，更换实验服、帽子与鞋子，进入接种室，用 70%～75% 的酒精擦拭工作台和双手。

（2）接种室、超净工作台灭菌

接种室和超净工作台灭菌流程见图 2-3-16。

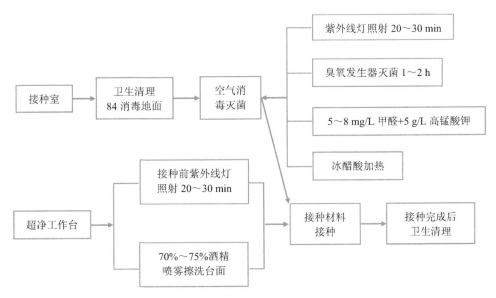

图 2-3-16　接种室和超净工作台灭菌流程

（3）实验器材灭菌

清洗干净的玻璃器皿、接种工具等耐高压的物品通过干热或湿热灭菌后，放入超净工作台内，用蘸有 70%～75%酒精的纱布擦拭盛培养基的培养器皿，把解剖刀、剪刀、镊子等器械浸泡在95%的酒精中，再在火焰上消毒，放在器械架上。

（4）无菌接种

在酒精灯火焰附近切割备用的接种材料，打开瓶口，用火焰灼烧瓶口，转动瓶口使瓶口各部分都能被烧到，取下接种器械，在火焰上消毒，把培养材料放入培养瓶，盖上瓶口。接种结束后，清理和关闭超净工作台。注意：操作期间应随时用 70%～75%的酒精擦拭工作台和双手；接种器械应反复在95%的酒精中浸泡和在火焰上灼烧消毒。

无菌接种全过程见图 2-3-17。

工作台消毒　　　　　酒精擦手　　　　　酒精浸泡接种工具

器械消毒　　　　　酒精灯灼烧　　　　　玻璃器皿消毒

旋转灼烧　　　　　取材　　　　　修剪

接种　　　　　封口　　　　　培养

图 2-3-17　无菌接种全过程

3.1.3　组织培养阶段

植物组织培养大体上可以划分为 5 个阶段：零阶段、无菌培养体系建立阶段、增殖扩繁阶段、生根培养阶段、移栽驯化阶段。这样的阶段划分不仅是对组织培养流程的描述，也代表了需要对培养条件进行改变的关键节点，见图 2-3-18。

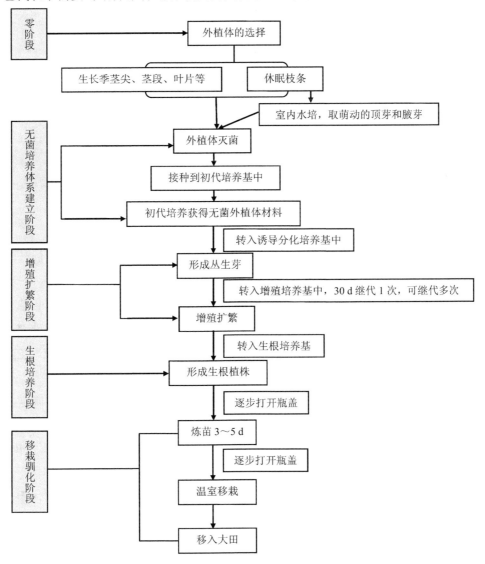

图 2-3-18　植物组织培养流程

3.1.3.1 零阶段

（1）外植体的选择

在组培实验开始前，必须慎重选择外植体材料。不同品种、不同器官之间的分化能力有巨大差异，培养的难易程度不同。为保证植物组织培养获得成功，选择合适的外植体是非常重要的，见图 2-3-19。

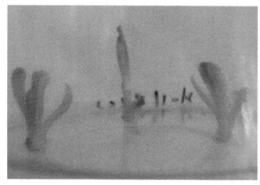

图 2-3-19 外植体

1）选择优良的种质及母株。选取性状优良的种质、特殊基因型和生长健壮的无病虫害植株。

2）选择适当的时期。对于大多数植物而言，应在其开始生长时或生长旺季采样，此时材料内源激素含量高，容易分化，不仅成活率高，而且生长速度快，增殖率高。若在生长末期或已进入休眠期时采样，则外植体可能对诱导反应迟钝或无反应。花药培养应在花粉发育到单核靠边期时取材，这时比较容易形成愈伤组织。

3）选取适宜的大小。培养材料的大小应根据植物种类、器官和目的来确定。通常情况下，快速繁殖时叶片、花瓣的面积为 5 mm^2，其他培养材料的大小为 0.5～1.0 cm。如果是胚胎培养或脱毒培养的材料，则应更小。材料太大，不易彻底消毒，污染率高；材料太小，多形成愈伤组织，甚至难以成活。

4）外植体来源要丰富。为了建立一个高效而稳定的植物组织离体培养体系，往往需要反复实验，并要求实验结果具有可重复性。因此，就需要外植体材料丰富并容易获得。

5）外植体要易于消毒。在选择外植体时，应尽量选择带杂菌少的器官或组织，降低初代培养时的污染率。一般地上组织比地下组织容易消毒，一年生组织比多年生组织容易消毒，幼嫩组织比老龄和受伤组织容易消毒。

（2）外植体取材的部位

植物组织培养的材料几乎包括了植物体的各个部位，如茎尖、茎段、花瓣、根、叶、子叶、鳞茎、胚珠和花药等。

（3）外植体的消毒

植物组织培养用的外植体大部分取自田间，表面附着大量的微生物，这是组织培养的一大障碍，因此在材料接种培养前必须消毒处理。消毒一方面要求把材料表面上的各种微生物杀灭，另一方面又不能损伤或只轻微损伤组织材料而不影响其生长。外植体的消毒处理是植物组织培养工作中的重要一环。

表 2-3-8　常用消毒剂的使用方法及效果

消毒剂	使用浓度/%	消毒时间/min	去除的难易	消毒效果	对植物毒害
升汞	0.1～0.2	2～10	较难	最好	剧毒
酒精	70～75	0.1～1	易	好	有
次氯酸钠	2	5～30	易	很好	无
漂白精粉	饱和溶液	5～30	易	很好	低毒
过氧化氢	10～12	5～15	最易	好	无
新洁尔灭	0.5	30	易	很好	很小
硝酸银	1	5～30	较难	好	低毒
抗菌素	0.4～5	30～60	中	较好	低毒

理想的消毒剂应具有的特点：消毒效果好，易被无菌水冲洗掉或能自行分解，对材料损伤小，对人体及其他生物无害，来源广泛，价格低廉。

3.1.3.2　无菌培养体系建立阶段

该阶段的主要目标是建立起外植体的无菌培养体系。成功的标志是外植体没有微生物污染，并且有一定的生长，如茎尖生长或愈伤组织形成。该阶段通常会有大量的外植体接种，经过短期培养后应将有污染出现的培养容器丢弃掉，不再继续培养，最终获得达目标数量的无污染且表现生长良好的外植体。见图 2-3-20。

图 2-3-20　无菌培养

3.1.3.3　增殖扩繁阶段

　　该阶段的主要目标是繁殖扩增无菌苗的数量，例如，侧芽的生长、不定芽的产生、体细胞胚的形成和微型储藏器官（块茎和鳞茎）的形成。该阶段产生的繁殖体通常再次进入增殖循环中，以扩增到需要的数量。见图 2-3-21。

图 2-3-21　增殖扩繁

3.1.3.4 生根培养阶段

通常需要将无根苗转入生根培养基中进行生根，为降低成本，还可将未生根的芽转出组培瓶外进行生根培养。生根的优劣主要体现在根系质量（粗度、长度）和根系数量（条数）方面，不仅要求不定根比较粗壮，更要有较多的毛细根，以扩大根系的吸收面积，增强根系的吸收能力，提高移栽成活率。见图 2-3-22。

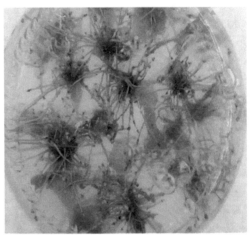

图 2-3-22　生根培养

3.1.3.5 移栽驯化阶段

该阶段中，组培苗从组培瓶转入温室驯化培养。组培苗生长细弱，茎、叶表面角质层不发达，茎、叶呈绿色，但叶绿体的光合作用较差。叶片气孔数目少，活性差，根的吸收功能弱，对逆境的适应和抵抗能力差，因此该阶段至关重要，如果操作不当，会造成大量损失。不同试验条件下的试管苗见图 2-3-23。

通常组培苗从组培容器中取出后，需要洗净根上的琼脂，转入移栽基质中。在驯化早期，需要高湿度和低光照强度的条件，随后逐渐降低湿度和增加光照强度，直到适应温室环境。

移栽驯化基质的选择、移栽的方法是影响试管苗移栽成活率的主要因素。

提高试管苗移栽成活率的途径：提高试管苗的生根质量，加强移栽前炼苗，保证组培苗移栽基质质量，做好移栽前的根系处理，加强湿度控制、温度控制和光照控制。

试管苗的移栽驯化见图 2-3-24。

新疆植物组培新技术的研究应用——以花卉、沙棘为例

（a）高温且恒温下　　　（b）高湿度下　　　　（c）弱光照下　　　　（d）无菌下

图 2-3-23　不同试验条件下的试管苗

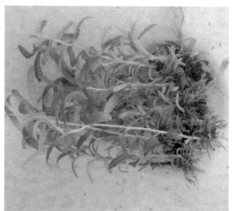

图 2-3-24　试管苗移栽驯化

3.1.4 培养条件

1）植物组织培养的整个操作和培养过程都要求在严格的无菌条件下进行，无菌是组织培养成功的首要条件。操作过程在接种室内超净工作台上进行；外植体材料要进行表面消毒；配制的培养基要进行高压灭菌消毒。

2）温度处理操作和培养过程都在恒温条件下进行。接种后的材料放入培养室或培养箱内培养，温度一般为（22±2）℃，热带植物可偏高些，脱毒植物需要高温处理。

3）光照处理植物的器官必须有光，某些植物器官的生成是在无光条件下，但它的生长和发育必须有光。茎尖的生长及试管苗的继代增殖以 3 000～5 000 lx 光照强度为适宜；生根试管苗以 3 000 lx 为适宜。光质对愈伤组织诱导、增殖及器官的分化有不同影响。光周期诱导一般是光照 16 h、黑暗 12 h，对光周期敏感植物要掌握光照时间，否则会影响植物的分化。有的材料需要暗培养。定期观察进行继代培养（或转接培养）。

4）培养基的酸碱度因植物种类不同而有区别，大多数植物要求在 5～6.5，一般培养基皆要求 5.8，喜酸性培养的植物对酸碱度的要求较严格。

沙棘培养条件：温度 22～26℃，湿度 70%～80%，光照强度 2 000 lx，光照时间 12～14 h/d。温度对组培苗的生长影响较大，温度过高会抑制其生长。

3.1.5 组织培养中常见的几个问题

3.1.5.1 污染的原因及其预防措施

污染：组织培养中污染是经常发生的，常见的污染病原是细菌和真菌两大类。细菌污染常在接种 1～2 d 后表现，主要症状是培养基表面出现黏液状菌斑。真菌污染一般在接种 3 d 以后才表现，主要症状是培养基上出现绒毛状菌丝，然后形成不同颜色的孢子层。污染的原因：一是接种和培养环境不清洁；二是外植体、培养基和培养器皿带菌；三是操作人员未遵守操作规程；四是培养容器原因，包括盖子和封口膜等。图 2-3-25 为受污染的培养基。

污染的预防措施：在防止材料带菌方面，选择适当的取材时间、材料与培养方式，对外植体灭菌；在防止用具带菌方面，对器皿和金属器械灭菌；操作室要处于无菌状态，工作室、培养室的灭菌要按照操作程序进行；在培养基中加入抗菌素分散接种。

图 2-3-25 受污染的培养基

3.1.5.2 外植体的褐变及其预防措施

褐变是指外植体在培养过程中体内的多酚氧化酶被激活后，细胞内的酚类物质氧化成棕褐色醌类物质，这种致死性的褐化物不但向外扩散致使培养基逐渐变成褐色，而且还会抑制其他酶的活性，严重影响外植体的脱分化和器官分化，最后导致外植体褐变而死亡。见图 2-3-26。

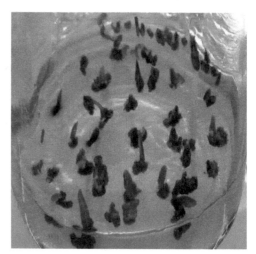

图 2-3-26 外植体褐变

影响褐变的因素有：植物种类，一般木本植物，单宁、色素含量高的植物易发生褐变；基因型；外植体的生理状态，一般幼龄材料、幼嫩器官和组织、春季取外植体，褐变发生较轻；培养基的成分，培养基中 BA 或 KT 能促进褐变发生，而生长素类（如 IAA）可减轻褐变发生；培养材料转接时间，培养时间过长，会引起褐变物的积累。

褐变的预防措施：选择适宜的外植体和最佳培养基；适当降低培养基无机盐浓度，降低 pH，降低细胞分裂素水平等，可显著减轻培养物褐变；连续转接；加抗氧化剂，如硫代硫酸钠、抗坏血酸；加活性炭；加多胺类物质，如精胺、亚精胺。

3.1.5.3 培养物的玻璃化现象及其预防措施

培养物增殖培养时，若细胞分裂素浓度过高或细胞分裂素与生长素相对含量高，培养基中离子种类比例不适，琼脂浓度低，培养环境不良，如温度过低或过高，光照时间过长及通气不良，易造成组培苗含水量高，茎叶透明，出现畸形，发生玻璃化现象。见图 2-3-27。

图 2-3-27 培养物的玻璃化现象

玻璃化现象的预防措施：适当控制培养基中无机盐的浓度；适当控制培养基中蔗糖和琼脂的浓度；适当降低细胞分裂素和赤霉素的浓度；增加自然光照，控制光照时间，控制好温度，改善培养皿的气体交换状况；在培养基中添加其他物质。

3.2　沙棘植物组织培养

　　沙棘作为我国"三北"地区经济和生态建设的最主要树种之一，市场急需且需求量大，但当前沙棘种植种子繁殖变异大、长期进行营养繁殖后品种易退化，且市场品种混杂、良莠不齐等问题严重，是制约沙棘产业发展的重要原因之一。

　　沙棘组培快繁具有保持亲本的优良性状、繁殖速度快等优点，与扦插技术相结合，是短期内迅速扩繁、获得大量良种苗木的唯一途径和方法，具有无可比拟的先进性和优越性，在生产上可快速获得良种的遗传增益。本试验以沙棘良种芽、茎尖、叶片等为材料，通过多年的组织培养，首次建立了沙棘组织培养快繁技术体系，解决了沙棘组织培养过程中存在的关键技术问题，为沙棘苗木无性快繁提供了新技术；首次建立了沙棘无菌苗叶片快繁体系，拓宽了获得沙棘无菌苗的途径；首次创建了沙棘组培苗瓶外生根技术，解决了沙棘组培苗生根困难的问题，为沙棘组培规模化快繁提供了新途径；对沙棘组培苗规模化生产技术流程作了优化，为生产应用提供了理论依据和技术保障。

3.2.1　沙棘组织培养快繁体系建立

　　沙棘的繁殖方式很多，常规林木繁育方法都能采用，但在良种由单株到规模化生产且要保证品质的前提下，只能选择特定组织培养的繁育方法，通过初代培养、继代培养、生根培养和移栽炼苗等组织培养关键技术来进行繁育。沙棘成树及果实见图2-3-28。

图 2-3-28　沙棘成树及果实

3.2.1.1 外植体的选择与处理

试验材料为 5 个沙棘良种（新棘 1~5 号）、3 个沙棘品种（深秋红、辽阜 1 号、辽阜 2 号），选择沙棘枝条水培芽和大田沙棘幼嫩茎尖为外植体材料，见图 2-3-29。

（a）（b）水培芽　　　（c）5~6 月大田芽　　　（d）7~8 月大田芽

图 2-3-29　沙棘外植体

对从室外剪取的休眠枝条，取回后在自来水下冲洗数次，剪成 20~35 cm 长的短枝置于干净的桶中进行水培，自然光培养。自来水每 1~2 d 更换一次，并及时去除枝条基部的腐烂部分。待水培枝条萌发芽尖至 0.5~2 cm 时摘下，在自来水下冲洗 10~15 min，蒸馏水刷洗 3~5 遍后准备消毒接种。

另一种是采集当年生的嫩尖，去除过多的叶片，带顶芽留长 3~5 cm，用洗衣粉水刷洗、软毛刷刷洗等方法除去表层灰尘，再用自来水冲洗 10~30 min，冲洗后用蒸馏水刷洗 3~5 遍即可进行消毒接种。

消毒方法：0.1%的 $HgCl_2$ 消毒 2~3 min，无菌蒸馏水冲洗 6 次，将茎尖放在灭菌的滤纸上将水分吸干，切成 0.5~1.5 cm 长，将茎尖基部叶片剥离，接种于初代培养基上。

3.2.1.2 沙棘初代培养

动物细胞培养和植物细胞培养都有初代培养。植物细胞初代培养旨在获得无菌材料和无性繁殖系，即接种某些外植体后最初的几代培养。初代培养时，常用诱导或分化培养基，即培养基中含有较多的细胞分裂素和少量的生长素。

（1）不同接种时间对沙棘初代生长情况的影响

以新棘 1 号为试验材料，以 1/4MS 为基本培养基，附加 0.3 mg/mL 的 6-BA，3%的蔗糖，0.6%的琼脂，pH 为 5.8。从 10 月至翌年 8 月取外植体接种培养，发现不同取材时间下，沙棘茎尖初代生长情况存在很大的差异，见表 2-3-9。

表 2-3-9　不同接种时间对沙棘芽生长的影响

外植体采集时间/（月.日）	接种类型	接种数/个	无菌苗成活率/%	真菌污染率/%	细菌污染率/%	玻璃化苗率/%	褐化率/%	成活 25 d 生长情况
10.26	水培芽	300	93.67	0.67	4.33	6.33	1.67	植株健壮，苗高可达 3 cm，伸长生长，无侧芽形成
11.22	水培芽	300	90.00	0	8.33	7.00	1.00	植株健壮，苗高可达 3 cm，伸长生长，无侧芽形成
12.24	水培芽	300	88.67	0	10.33	7.67	0.67	植株健壮，苗高均可达 3 cm，伸长生长，无侧芽形成
1.31	水培芽	300	89.67	0	9.67	11.00	0.67	成活的苗畸形苗、玻璃化苗多，植株伸长生长，无侧芽形成
2.20	水培芽	300	85.67	0	11.33	11.67	0.33	畸形苗，玻璃化苗增多，无侧芽形成
3.15	水培芽	300	92.33	1.67	3.67	9.67	3.33	苗生长较快，伸长生长，无侧芽
4.15	水培芽	300	91.67	2.67	4.33	8.33	5.33	苗生长较快，伸长生长，无侧芽
5.31	大田芽	300	92.67	5.00	0	7.33	6.67	主茎尖部分褐化，从叶腋处发出大量的侧芽，玻璃化苗多。主茎尖不褐化的苗伸长生长，无侧芽
6.28	大田芽	300	90.33	6.67	0	2.67	9.67	主茎尖全部褐化，从叶腋处发出大量的侧芽，侧芽生长速度较快，干尖现象较严重
7.15	大田芽	300	87.33	9.33	0	2.33	15.33	主茎尖全部褐化，从叶腋处发出大量的侧芽，侧芽生长速度较快，干尖现象较严重
8.10	大田芽	300	88.33	10.67	0	1.67	22.33	主茎尖全部褐化，从叶腋处发出大量的侧芽，侧芽生长速度较快，干尖现象较严重

由表 2-3-9 可见，从 10 月底至翌年 8 月初，茎尖未退化成刺之前均可以采集沙棘茎尖或枝条水培后接种外植体，且有较高的无菌成活率。10 月底至翌年 2 月，采集的枝条水培约 15 d 后才可接种，接种 7 d 后芽开始伸长生长，基部无愈伤，无侧芽形成。25 d 左右，苗高可达 3 cm 以上。1—2 月水培芽接种后畸形苗和玻璃化苗明显增多，细菌性污染较重。3—4 月，由于休眠芽已经开始萌动，采集的枝条水培 5~7 d 就可接种，接种后芽生长快，茎叶粗大、健壮，培养 15 d 后芽高达 2.5 cm 左右。5 月采集的大田芽接种 7 d 后部分主茎尖褐化死亡，但是在叶腋处会有侧芽形成，15 d 左右侧芽开始生长，30 d 侧芽可达 2.5 cm。但 5 月形成的侧芽玻璃化芽和畸形芽较多。6—8 月，接种大田芽 7 d 后主茎尖全部开始褐化逐渐死亡，叶腋处萌发出大量的侧芽，30 d 左右侧芽长至 2.5 cm，初代即可实现快繁目的。但 6—8 月侧芽干尖现象较为严重，真菌污染率较高。

（2）不同消毒方式及时间对沙棘初代生长情况的影响

本试验以新棘 1 号水培芽和大田芽为试材，通过 $HgCl_2$、$HgCl_2$+75% 的酒精和 75% 的酒精 3 种消毒方式后，接种在以 1/4MS 为初代基本培养基，附加 0.3 mg/L 的 6-BA、3% 的蔗糖、0.6% 的琼脂、pH 为 5.8 的培养基上，以确定不同的消毒方式及时间对沙棘初代生长情况的影响，结果见表 2-3-10。

表 2-3-10 消毒方式及时间对沙棘初代生长情况的影响

芽类型	消毒试剂及时间		接种数/个	真菌污染数/个	细菌污染数/个	无菌成活数/个	真菌污染率/%	细菌污染率/%	无菌苗成活率/%
	0.1%HgCl₂	75%酒精							
水培芽	1 min		90	12	25	49	13.33	27.78	54.44
	2 min		90	1	7	81	1.11	7.78	90.00
	3 min		90	0	3	11	0	3.33	12.22
	4 min		90	0	0	0	0	0	0
	5 min		90	0	0	0	0	0	0
	1 min	10 s	90	0	0	0	0	0	0
	2 min	10 s	90	0	0	0	0	0	0
	3 min	10 s	90	0	0	0	0	0	0

芽类型	消毒试剂及时间		接种数/个	真菌污染数/个	细菌污染数/个	无菌成活数/个	真菌污染率/%	细菌污染率/%	无菌苗成活率/%
	0.1%HgCl₂	75%酒精							
大田芽	1 min		90	78	5	6	86.67	5.56	6.67
	2 min		90	27	4	59	30.00	4.44	65.56
	3 min		90	6	0	85	6.67	0	94.44
	4 min		90	1	0	23	1.11	0	25.56
	5 min		90	0	0	7	0	0	7.78
	1 min	10 s	90	23	0	21	25.56	0	23.33
	2 min	10 s	90	8	0	13	8.89	0	14.44
	3 min	10 s	90	0	0	0	0	0	0.00

由表 2-3-10 可以看出，沙棘对酒精比较敏感，仅 10 s 就会造成沙棘芽褐化死亡，水培芽成活率基本为零。大田芽抗性稍强，成活率也仅有 23.33%。水培芽仅用 0.1%HgCl₂ 消毒 1 min，暗培养 3 d 后取出，芽色泽正常，继续培养，细菌污染严重；用 0.1%HgCl₂ 消毒 2 min，暗培养 3 d 后取出，芽色泽正常，继续培养，真菌和细菌污染较低，可获得极高的无菌苗成活率；当 HgCl₂ 消毒达到 3 min 时，暗培养 3 d 后取出，大部分芽尖部发黑，并逐渐褐化死亡，成活率低；消毒达到 4 min 后，接种水培芽基本褐化死亡。大田芽用 0.1%HgCl₂ 消毒 2 min 以下，暗培养 3 d 后取出，茎尖色泽绿色，褐化较轻，个别茎尖出现真菌污染现象，继续培养，真菌污染现象严重，污染率可达到 86.67%；用 0.1%HgCl₂ 消毒 3 min 效果最佳，细菌污染率为零，真菌污染率 6.67%，成活率达到 94.44%，随着消毒时间的延长，大田芽真菌污染率也随之下降，但芽成活率也下降，大部分主茎尖完全褐化死亡，仅个别芽叶腋处会有腋芽生长。

（3）6-BA 对沙棘初代生长情况的影响

本试验对 5 个沙棘良种和 3 个沙棘品种进行了激素配比。以 1/4MS 或 1/2MS 为基本培养基，在 6-BA 中添加了 IAA、IBA 的培养基，接种芽初期叶膨大，绿色，茎尖几乎不生长，15 d 后基部出现淡绿色愈伤组织，茎尖上部开始变黄，30 d 后基部愈伤变成褐色，大部分茎尖枯死。经过多次试验，证实沙棘初代培养中仅使用 6-BA 即可得到较高的诱导率，不适宜添加 IAA、IBA 等生长素。

由表 2-3-11 可以看出，5 个沙棘良种和 3 个沙棘品种在适宜的基本培养基基础上，添加不同浓度的 6-BA 均可获得无菌苗。当 6-BA 浓度高于 0.5 mg/L 时，新棘 3 号、新棘 4 号和新棘 5 号也有较高的诱导率，但是诱导出的侧芽多为玻璃化苗和畸形苗，新长出的侧芽黑尖现象严重，组培苗长势较弱。5 个沙棘良种和 3 个沙棘品种随着 6-BA 浓度的升高，诱导率随之下降，诱导出的芽细长，长势弱。综上，经分析可得，5 个沙棘良种和 3 个沙棘品种初代使用 1/2MS 或 1/4MS 为基本培养基，添加 6-BA 0.3～0.5 mg/L，可获得较好的诱导率，并且植株生长健壮，可作为不考虑品种差异下普遍试用的方案。沙棘水培芽、大田芽接种生长情况见图 2-3-30、图 2-3-31。

表 2-3-11　6-BA 对沙棘初代诱导的影响

品种	基本培养基	激素配比 6-BA	接种茎尖数/个	诱导率/%	平均分化不定芽数/个	确定初代培养基
新棘 1 号	1/2MS	1.0	90	0	0	1/4MS+6-BA 0.3～0.5 mg/L
		0.7	90	1.1	0.01	
		0.5	90	3.3	0.07	
		0.3	90	7.8	0.16	
		0.1	90	2.2	0.06	
	1/4MS	1.0	90	12.2	0.23	
		0.7	90	23.3	0.47	
		0.5	90	41.1	1.22	
		0.3	90	75.6	2.27	
		0.1	90	38.9	0.78	
新棘 2 号	1/2MS	1.0	90	18.9	0.37	1/2MS+6-BA 0.3～0.5 mg/L
		0.7	90	47.8	0.97	
		0.5	90	78.9	2.38	
		0.3	90	82.2	2.47	
		0.1	90	45.6	0.90	

新疆植物组培新技术的研究应用——以花卉、沙棘为例

品种	基本培养基	激素配比	接种茎尖数/个	诱导率/%	平均分化不定芽数/个	确定初代培养基
		6-BA				
新棘2号	1/4MS	1.0	90	0	0	1/2MS+6-BA 0.3～0.5 mg/L
		0.7	90	3.3	0.08	
		0.5	90	3.3	0.06	
		0.3	90	2.2	0.06	
		0.1	90	1.1	0.03	
新棘3号	1/2MS	1.0	90	0	0	1/4MS+6-BA 0.3～0.5 mg/L, 当 6-BA>0.5 mg/L 时虽有较高的分化率, 但是多为玻璃化苗、畸形苗
		0.7	90	0	0	
		0.5	90	0	0	
		0.3	90	3.3	0.02	
		0.1	90	1.1	0.01	
	1/4MS	1.0	90	94.4	2.81	
		0.7	90	93.3	2.80	
		0.5	90	92.2	2.78	
		0.3	90	88.9	2.69	
		0.1	90	67.8	1.37	
辽阜1号	1/2MS	1.0	90	78.9	1.59	1/2MS+6-BA 0.3～0.5 mg/L, 当 6-BA>0.5 mg/L 时虽有较高的分化率,但是多为玻璃化苗、畸形苗
		0.7	90	82.2	2.47	
		0.5	90	96.7	2.92	
		0.3	90	97.8	3.91	
		0.1	90	81.1	1.62	
	1/4MS	1.0	90	2.2	0.04	
		0.7	90	10.0	0.20	
		0.5	90	16.7	0.34	
		0.3	90	22.2	0.47	
		0.1	90	17.8	0.38	

品种	基本培养基	激素配比 6-BA	接种茎尖数/个	诱导率/%	平均分化不定芽数/个	确定初代培养基
新棘 4 号	1/2MS	1.0	90	0	0	1/4MS+6-BA 0.3～0.5 mg/L, 当 6-BA＞0.5 mg/L 时虽有较高的分化率,但是多为玻璃化苗、畸形苗
		0.7	90	0	0	
		0.5	90	0	0	
		0.3	90	0	0	
		0.1	90	0	0	
	1/4MS	1.0	90	88.9	1.79	
		0.7	90	92.2	2.79	
		0.5	90	96.7	2.89	
		0.3	90	97.8	3.41	
		0.1	90	82.2	1.64	
深秋红	1/2MS	1.0	90	0	0	1/4MS+6-BA 0.3～0.5 mg/L
		0.7	90	1.1	0.02	
		0.5	90	1.1	0.04	
		0.3	90	2.2	0.03	
		0.1	90	0	0	
	1/4MS	1.0	90	23.3	0.47	
		0.7	90	36.7	0.73	
		0.5	90	72.2	2.17	
		0.3	90	81.1	1.63	
		0.1	90	51.1	1.03	
新棘 5 号	1/2MS	1.0	90	7.8	0.16	1/4MS+6-BA 0.3～0.5 mg/L, 当 6-BA＞0.5 mg/L 时虽有较高的分化率,但是多为玻璃化苗、畸形苗
		0.7	90	5.6	0.11	
		0.5	90	2.2	0.06	
		0.3	90	3.3	0.08	
		0.1	90	1.1	0.03	

新疆植物组培新技术的研究应用——以花卉、沙棘为例

品种	基本培养基	激素配比 6-BA	接种茎尖数/个	诱导率/%	平均分化不定芽数/个	确定初代培养基
新棘5号	1/4MS	1.0	90	93.3	2.81	1/4MS+6-BA 0.3～0.5 mg/L, 当6-BA>0.5 mg/L时虽有较高的分化率，但是多为玻璃化苗、畸形苗
		0.7	90	96.7	2.92	
		0.5	90	97.8	3.91	
		0.3	90	97.8	3.93	
		0.1	90	96.7	1.93	
辽阜2号	1/2MS	1.0	90	0	0	1/4MS+6-BA 0.3～0.5 mg/L
		0.7	90	0	0	
		0.5	90	0	0	
		0.3	90	0	0	
		0.1	90	0	0	
	1/4MS	1.0	90	27.8	0.56	
		0.7	90	67.8	1.37	
		0.5	90	78.9	2.38	
		0.3	90	76.7	2.30	
		0.1	90	48.9	0.97	

（a）新棘1号　　　　（b）新棘2号　　　　（c）新棘3号　　　　（d）辽阜1号

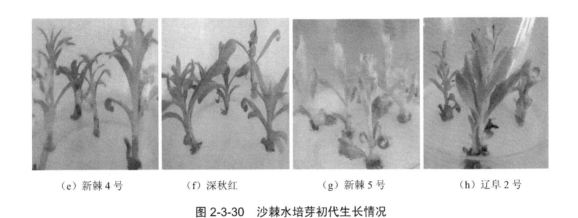

| （e）新棘 4 号 | （f）深秋红 | （g）新棘 5 号 | （h）辽阜 2 号 |

图 2-3-30　沙棘水培芽初代生长情况

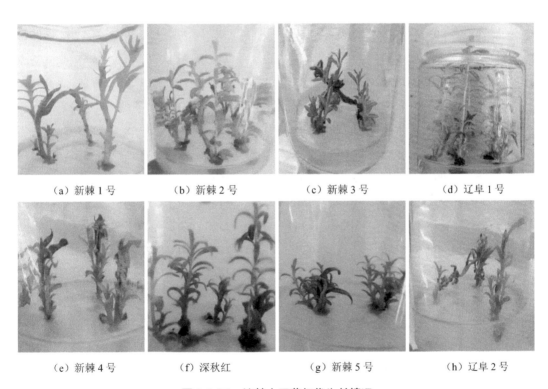

| （a）新棘 1 号 | （b）新棘 2 号 | （c）新棘 3 号 | （d）辽阜 1 号 |
| （e）新棘 4 号 | （f）深秋红 | （g）新棘 5 号 | （h）辽阜 2 号 |

图 2-3-31　沙棘大田芽初代生长情况

（4）温度对沙棘组培苗的影响

温度最重要的作用是决定植物呼吸速度和控制植物组织代谢过程中的化学反应。在植物组织培养中，不同植物繁殖的最适温度不同，为此，我们在湿度、光照强度、光照时间可控的智能环境下，设置了 15℃、20℃、25℃、30℃、35℃共 5 个温度梯度，每个梯度接种 5 个沙棘良种和 3 个沙棘品种各 90 棵（30 瓶），在适宜的培养基下连续培养 40 d，计算初代培养的沙棘苗的成活率、诱导率、平均分化不定芽数，确定适宜的培养温度，结果见表 2-3-12。

表 2-3-12　温度对沙棘组培苗的影响

品种	温度/℃	接种数/个	成活率/%	不定芽诱导率/%	平均诱导不定芽数/个	品种	温度/℃	接种数/个	成活率/%	不定芽诱导率/%	平均诱导不定芽数/个
新棘1号	15	90	51.11	23.33	0.70	新棘4号	15	90	46.67	24.44	0.86
	20	90	78.89	53.33	1.60		20	90	88.89	84.44	2.96
	25	90	95.56	74.44	2.23		25	90	97.78	96.67	3.38
	30	90	75.56	47.78	1.43		30	90	72.22	68.89	2.41
	35	90	6.667	1.11	0.03		35	90	0	0	0
新棘2号	15	90	40.00	31.11	0.96	深秋红	15	90	17.78	13.33	0.39
	20	90	81.11	60.00	1.86		20	90	71.11	63.33	1.84
	25	90	93.33	82.22	2.55		25	90	80.00	71.11	2.06
	30	90	64.44	46.67	1.96		30	90	65.56	57.78	1.68
	35	90	10.00	3.33	0.14		35	90	0	0	0
新棘3号	15	90	57.78	31.11	0.93	新棘5号	15	90	22.22	16.67	0.67
	20	90	93.33	78.89	2.37		20	90	88.89	80	3.20
	25	90	98.89	92.22	2.77		25	90	98.89	96.67	3.87
	30	90	78.89	60.00	1.80		30	90	67.78	62.22	2.49
	35	90	12.22	6.67	0.20		35	90	6.667	1.11	0.04
辽阜1号	15	90	27.78	16.67	0.67	辽阜2号	15	90	20.00	17.78	0.55
	20	90	78.89	72.22	2.89		20	90	75.56	68.89	2.14
	25	90	98.89	97.78	3.99		25	90	80.00	78.89	2.45
	30	90	75.56	62.22	2.49		30	90	68.89	62.22	1.93
	35	90	4.44	1.11	0.04		35	90	2.22	0	0

由表 2-3-12 可以看出,温度对 5 个沙棘良种和 3 个沙棘品种的影响较为显著。结合试验中观察到的现象可知,当温度低于 15℃时,培养的外植体组织生长缓慢或停滞,接种茎尖逐渐死亡。温度在 20℃时,外植体植株生长缓慢,接种 10 d 后芽才开始发生变化,伸长生长,15 d 后基部叶腋处有侧芽长出。长出的侧芽较细弱,颜色偏淡绿色。温度在 30℃时,接种外植体可以成活,且前期生长较快,但瓶壁内水珠较多,分化的不定芽玻璃化现象严重。温度在 35℃时,接种外植体成活率极低,叶腋处基本不分化不定芽。温度在 25℃时,接种茎尖生长最旺盛,接种 7 d 后芽开始伸长生长,叶腋处有芽点出现,并逐渐分化成不定芽,30 d 后苗高可达 3 cm 以上,植株生长健壮,色泽正常。综合 5 个沙棘良种和 3 个沙棘品种的实验情况,我们选择 25℃为沙棘组织培养的最佳温度,并将该温度应用于继代和生根培养中。

(5)培养环境空气相对湿度对沙棘组培苗的影响

培养容器内的湿度主要受培养基的影响,相对湿度可达 100%,而培养室的湿度随季节会有很大变动,它可以影响培养基的水分蒸发。我们在温度、光照强度、光照时间可控的智能环境下,设置(40±2)%、(50±2)%、(60±2)%、(70±2)%、(80±2)%共 5 个湿度梯度,每个梯度接种 5 个沙棘良种和 3 个沙棘品种各 90 棵(30 瓶),在适宜的培养基下连续培养 40 d,记录初代培养沙棘苗的干枯情况和玻璃化情况,确定适宜的培养环境湿度,结果见表 2-3-13。

表 2-3-13　培养环境空气相对湿度对沙棘组培苗的影响

测定指标	品种	接种数/个	湿度设置梯度				
			(40±2)%	(50±2)%	(60±2)%	(70±2)%	(80±2)%
干枯率/%	新棘 1 号	90	35.56	14.44	7.78	4.44	3.33
	新棘 2 号	90	45.56	18.89	8.89	5.56	4.44
	新棘 3 号	90	30.00	8.89	2.22	1.11	1.11
	辽阜 1 号	90	42.22	17.78	3.33	3.33	1.11
	新棘 4 号	90	32.22	11.11	1.11	1.11	0
	深秋红	90	38.89	15.56	6.67	4.44	2.22
	新棘 5 号	90	18.89	6.67	2.22	0	0
	辽阜 2 号	90	51.11	22.22	10.00	6.67	4.44

测定指标	品种	接种数/个	湿度设置梯度				
			(40±2) %	(50±2) %	(60±2) %	(70±2) %	(80±2) %
玻璃化苗率/%	新棘1号	90	2.22	2.22	3.33	7.78	14.44
	新棘2号	90	2.22	3.33	4.44	8.89	15.56
	新棘3号	90	0	1.11	2.22	6.67	13.33
	辽阜1号	90	0	1.11	1.11	5.56	12.22
	新棘4号	90	1.11	2.22	3.33	7.78	14.44
	深秋红	90	2.22	3.33	4.44	8.89	15.56
	新棘5号	90	4.44	4.44	5.56	10.00	21.11
	辽阜2号	90	3.33	5.56	6.67	11.11	17.78

由表 2-3-13 结合试验观察可以看出，培养室空气相对湿度在（40±2）%时，5 个沙棘良种和 3 个沙棘品种接种茎尖在 7 d 时开始萎缩，15 d 干枯死亡，新棘 2 号干枯死亡率达到了 45.56%。同时，由于我们使用的是透气性瓶盖，培养室空气相对湿度较低，内外气体交换造成瓶内培养基干涸得较快，这改变了各种成分的浓度，使渗透压升高，从而影响了组培苗的生长和分化。低湿度下苗玻璃化现象较轻。当培养室空气相对湿度在（80±2）%时，接种茎尖干枯、失水死亡的较少，但是由于瓶内高湿，外界环境也是高湿，使得苗玻璃化现象加重，新棘 5 号在适宜培养基、温度和光照条件下玻璃化苗率达到了 21.11%，且外界环境湿度过高会造成杂菌滋生，导致大量污染。通过表 2-3-13 进行综合分析，5 个沙棘良种和 3 个沙棘品种适宜的培养湿度为（60±2）%，并将该湿度也应用于继代和生根培养中。

（6）沙棘初代培养小结

1）从 10 月底至翌年 8 月初，茎尖未退化成刺之前均可采集沙棘茎尖或是枝条水培后接种外植体，且有较高的无菌成活率。

2）确定沙棘适宜的消毒方式，水培芽 $HgCl_2$ 消毒 2 min，大田芽 $HgCl_2$ 消毒 3 min。沙棘茎尖对酒精敏感，不适宜用酒精进行消毒。

3）确认 5 个沙棘良种和 3 个沙棘品种初代最适培养基如下：

新棘 1 号，1/4MS+6-BA0.2 mg/L +蔗糖 3%+琼脂 0.6%；

新棘 2 号，1/2MS+6-BA0.3 mg/L +蔗糖 3%+琼脂 0.6%；

新棘 3 号，1/4MS+6-BA0.5 mg/L +蔗糖 3%+琼脂 0.6%；

辽阜 1 号，1/2MS+6-BA0.3 mg/L +蔗糖 3%+琼脂 0.6%；

新棘 4 号，1/4MS+6-BA0.3 mg/L +蔗糖 3%+琼脂 0.6%；

深秋红，1/4MS+6-BA0.5 mg/L +蔗糖 3%+琼脂 0.6%；

新棘 5 号，1/4MS+6-BA0.2 mg/L +蔗糖 3%+琼脂 0.6%；

辽阜 2 号，1/4MS+6-BA0.4 mg/L +蔗糖 3%+琼脂 0.6%。

适宜的培养温度为 25℃，湿度为 50%～70%，光照强度为 2 000～3 000 lx，光照时间为 13～16 h/d。

3.2.1.3 沙棘继代培养

继代培养是指对来自外植体所增殖的培养物（包括细胞、组织或其切段）通过更换新鲜培养基及不断切割或分离，进行连续多代的培养。

（1）沙棘无菌苗茎尖继代培养

将初代无菌苗茎尖切下 0.5 cm 左右，去掉基部叶片，接入继代培养基中。继代培养基以初代培养基为基础，以 1/4MS 或 1/2MS 为基本培养基，添加不同浓度的 6-BA 和 IAA 配制而成。经过大量的转接试验，筛选出 5 个沙棘良种和 3 个沙棘品种茎尖适宜的继代培养基（表 2-3-14～表 2-3-22）。

表 2-3-14　新棘 1 号茎尖继代培养基筛选

基本培养基	激素/（mg/L）		接种数/个	腋芽诱导率/%	腋芽诱导系数	愈伤诱导率/%	不定芽诱导率/%	平均诱导不定芽数/个	增殖系数	30d 苗高3 cm百分率/%
	6-BA	IAA								
1/4MS	0.3		90	28.90	0.73	70.00	23.30	0.44	1.17	85.6
	0.5		90	30.00	0.60	74.44	17.78	0.41	1.01	75.6
	0.3	0.2	90	2.22	0.04	58.89	3.33	0.08	0.12	12.2
	0.3	0.3	90	5.56	0.11	68.89	7.78	0.18	0.29	10.0
	0.5	0.2	90	10.00	0.20	78.89	12.22	0.29	0.49	14.4
	0.5	0.3	90	7.78	0.16	87.78	13.33	0.31	0.47	7.7

　　由表 2-3-14 结合试验观察可知，新棘 1 号适宜的茎尖继代培养基为 1/4MS+6-BA 0.3 mg/L，增殖系数达到 1.17，苗高较高，侧芽较多，苗生长健壮，30 d 后 3 cm 苗高率达到了 85.6%。当添加 IAA 后，7 d 后出现绿色愈伤，愈伤诱导率较高，但茎尖停止生长，15 d 以后愈伤褐化，茎尖发黄，30 d 后茎尖发黄枯死，愈伤褐化严重，个别的有腋芽和不定芽形成。

　　由表 2-3-15 结合试验观察可知，新棘 2 号适宜的茎尖继代培养基为 1/4MS+6-BA 0.3 mg/L，增殖系数达到 1.43，苗生长健壮，30 d 后 3 cm 苗高率达到了 71.1%。当 6-BA 浓度达到 0.5 mg/L 时，苗玻璃化现象明显增多。在 1/2MS 培养基中仅添加 6-BA，接入茎尖 7 d 后，苗伸长生长，个别茎尖叶腋处有腋芽形成，15 d 后苗停止生长，叶片开始脱落，并逐渐死亡，仅叶腋处形成的芽还可成活。添加 IAA 后，初期仅在基部形成大量透明愈伤，15 d 后愈伤变褐色，无不定芽形成，接种茎尖逐渐死亡。这可能与 MS 培养基中无机盐浓度过高有关，导致苗长势受到了阻碍。

表 2-3-15　新棘 2 号茎尖继代培养基筛选

基本培养基	激素/（mg/L）		接种数/个	腋芽诱导率/%	腋芽诱导系数	愈伤诱导率/%	不定芽诱导率/%	平均诱导不定芽数/个	增殖系数	30 d 苗高 3 cm 百分率/%
	6-BA	IAA								
1/4MS	0.3		90	25.56	0.51	83.33	31.11	0.92	1.43	71.1
	0.5		90	18.89	0.38	76.67	21.11	0.63	1.01	51.1
	0.3	0.2	90	5.56	0.11	81.11	2.22	0.07	0.18	17.8
	0.3	0.3	90	4.44	0.09	84.44	6.67	0.20	0.29	4.4
	0.5	0.2	90	10.00	0.20	90.00	8.89	0.27	0.47	6.7
	0.5	0.3	90	14.44	0.29	92.22	12.22	0.37	0.66	3.3
1/2MS	0.3		90	12.22	0.24	0	0	0	0.24	1.1
	0.5		90	7.78	0.16	0	0	0	0.16	0
	0.3	0.2	90	0	0	58.89	0	0	0	0
	0.3	0.3	90	0	0	67.78	0	0	0	0
	0.5	0.2	90	0	0	83.33	0	0	0	0
	0.5	0.3	90	0	0	88.89	0	0	0	0

由表 2-3-16 可知，新棘 3 号适宜的茎尖继代培养基为 1/4MS+6-BA0.5 mg/L+
IAA0.2 mg/L，增殖系数达到 1.69，苗生长健壮，接入茎尖 7 d 后，基部出现淡绿色愈伤，
愈伤率达到 94.44%，15 d 后愈伤处开始分化出不定芽，部分茎尖叶腋处分化出腋芽，
长势较好。在仅有 6-BA 的培养基中，腋芽诱导率较高，愈伤诱导率及分化不定芽较少，
分化的腋芽长势快，30 d 即可达到 3 cm 高度。

表 2-3-16　新棘 3 号茎尖继代培养基筛选

基本培养基	激素/（mg/L）		接种数/个	腋芽诱导率/%	腋芽诱导系数	愈伤诱导率/%	不定芽诱导率/%	平均诱导不定芽数/个	增殖系数	30 d 苗高3 cm百分率/%
	6-BA	IAA								
1/4MS	0.3		90	13.33	0.27	51.11	7.78	0.23	0.50	42.2
	0.5		90	8.89	0.18	56.67	5.56	0.17	0.34	34.4
	0.3	0.2	90	5.56	0.11	64.44	16.67	0.50	0.61	18.9
	0.3	0.3	90	6.67	0.13	65.56	18.89	0.57	0.70	17.8
	0.5	0.2	90	11.11	0.22	94.44	48.89	1.47	1.69	7.8
	0.5	0.3	90	10.00	0.20	91.11	35.56	1.07	1.27	2.1

由表 2-3-17 结合试验观察可知，辽阜 1 号适宜的茎尖继代培养基为 1/4MS+6-BA
0.3 mg/L，增殖系数达到 1.31，增殖苗生长健壮，伸长生长较快，30 d 后 3 cm 苗高率达
到 88.9%。在 1/2MS 培养基中，无论是单独使用 6-BA 还是 6-BA 混合 IAA 使用，均不
能获得较高的增殖率。

表 2-3-17　辽阜 1 号茎尖继代培养基筛选

基本培养基	激素/（mg/L）		接种数/个	腋芽诱导率/%	腋芽诱导系数	愈伤诱导率/%	不定芽诱导率/%	平均诱导不定芽数/个	增殖系数	30 d 苗高3 cm百分率/%
	6-BA	IAA								
1/4MS	0.3		90	25.56	0.51	84.44	26.67	0.80	1.31	88.9
	0.5		90	23.33	0.47	80.00	23.33	0.70	1.17	62.2
	0.3	0.2	90	8.89	0.18	84.44	6.67	0.20	0.38	21.1
	0.3	0.3	90	5.56	0.11	86.67	8.89	0.27	0.38	13.3
	0.5	0.2	90	2.22	0.04	88.89	12.22	0.37	0.41	8.9
	0.5	0.3	90	1.11	0.02	90.00	16.67	0.50	0.52	5.6

基本培养基	激素/（mg/L）		接种数/个	腋芽诱导率/%	腋芽诱导系数	愈伤诱导率/%	不定芽诱导率/%	平均诱导不定芽数/个	增殖系数	30 d 苗高3 cm 百分率/%
	6-BA	IAA								
1/2MS	0.3		90	18.89	0.38	35.56	0	0	0.38	0
	0.5		90	14.44	0.29	43.33	0	0	0.29	0
	0.3	0.2	90	3.33	0.07	51.11	0	0	0.07	0
	0.3	0.3	90	5.56	0.11	58.89	2.22	0.07	0.18	0
	0.5	0.2	90	3.33	0.07	61.11	5.56	0.17	0.23	0
	0.5	0.3	90	2.22	0.04	62.22	6.67	0.20	0.24	0

由表 2-3-18 结合试验观察可知，新棘 4 号适宜的茎尖继代培养基为 1/4MS+6-BA 0.3 mg/L，增殖系数达到 1.72，增殖苗生长健壮，伸长生长较快，30 d 后 3 cm 苗高率达到 94.4%。在接种 7 d 后有部分苗基部出现白色的根源基，后逐渐有根形成，20 d 后苗快速生长，根部伸长生长，形成一株完整的植株。

表 2-3-18　新棘 4 号茎尖继代培养基筛选

基本培养基	激素/（mg/L）		接种数/个	腋芽诱导率/%	腋芽诱导系数	愈伤诱导率/%	不定芽诱导率/%	平均诱导不定芽数/个	增殖系数	30 d 苗高3 cm 百分率/%
	6-BA	IAA								
1/4MS	0.3		90	21.11	0.42	91.11	43.33	1.30	1.72	94.4
	0.5		90	18.89	0.38	92.22	23.33	0.70	1.08	71.1
	0.3	0.2	90	12.22	0.24	84.44	14.44	0.43	0.68	21.1
	0.3	0.3	90	7.78	0.16	87.78	12.22	0.37	0.52	16.7
	0.5	0.2	90	4.44	0.09	90.00	15.56	0.47	0.56	7.8
	0.5	0.3	90	2.22	0.04	93.33	16.67	0.50	0.54	6.7

由表 2-3-19 结合试验观察可知，深秋红适宜的茎尖继代培养基为 1/4MS+6-BA 0.3 mg/L，增殖系数达到 1.79，侧芽较多，腋芽诱导系数达到 0.69，植株生长旺盛。在添加 IAA 的培养基中，腋芽诱导率明显降低，初期在基部形成大量的淡绿色愈伤组织，茎尖停止生长，随着培养时间的延长，愈伤组织开始褐化，茎尖叶片脱落，30 d 后大部分茎

尖死亡，增殖系数较低。

表 2-3-19　深秋红茎尖继代培养基筛选

基本培养基	激素/（mg/L）		接种数/个	腋芽诱导率/%	腋芽诱导系数	愈伤诱导率/%	不定芽诱导率/%	平均诱导不定芽数/个	增殖系数	30 d 苗高 3 cm 百分率/%
	6-BA	IAA								
1/4MS	0.3		90	34.44	0.69	90.00	36.67	1.10	1.79	90.0
	0.5		90	30.00	0.60	83.33	23.33	0.70	1.30	67.8
	0.3	0.2	90	10.00	0.20	85.56	7.78	0.23	0.43	15.6
	0.3	0.3	90	6.67	0.13	80.00	10.00	0.30	0.43	4.4
	0.5	0.2	90	6.67	0.13	88.89	13.33	0.40	0.53	3.3
	0.5	0.3	90	3.33	0.07	92.22	15.56	0.47	0.53	5.6

由表 2-3-20 结合试验观察可知，新棘 5 号适宜的茎尖继代培养基为 1/4MS+6-BA 0.3 mg/L，增殖系数达到 1.53，茎尖伸长生长较快，接种 10 d 后部分苗有根形成，15 d 后茎尖开始快速伸长生长，在 25 d 时即有 90%以上的苗达到了 3 cm 高，30 d 后 3 cm 苗高率达 93.3%。

表 2-3-20　新棘 5 号茎尖继代培养基筛选

基本培养基	激素/（mg/L）		接种数/个	腋芽诱导率/%	腋芽诱导系数	愈伤诱导率/%	不定芽诱导率/%	平均诱导不定芽数/个	增殖系数	30 d 苗高 3 cm 百分率/%
	6-BA	IAA								
1/4MS	0.3		90	16.67	0.33	77.78	40.00	1.20	1.53	93.3
	0.5		90	21.11	0.42	73.33	25.56	0.77	1.19	80.0
	0.3	0.2	90	5.56	0.11	60.00	7.78	0.23	0.34	25.6
	0.3	0.3	90	7.78	0.16	62.22	12.22	0.37	0.52	18.9
	0.5	0.2	90	8.89	0.18	80.00	14.44	0.43	0.61	11.1
	0.5	0.3	90	8.89	0.18	82.22	21.11	0.63	0.81	7.8

由表 2-3-21 结合试验观察可知，辽阜 2 号适宜的茎尖继代培养基为 1/4MS+6-BA 0.3 mg/L，增殖系数为 1.28。其腋芽诱导能力及不定芽诱导能力在上述良种及品种中较弱。

新疆植物组培新技术的研究应用——以花卉、沙棘为例

　　综合分析上述 5 个沙棘良种和 3 个沙棘品种的茎尖继代增殖情况，将最适宜的培养基列于表 2-3-22。

表 2-3-21　辽阜 2 号茎尖继代培养基筛选

基本培养基	激素/（mg/L）		接种数/个	腋芽诱导率/%	腋芽诱导系数	愈伤诱导率/%	不定芽诱导率/%	平均诱导不定芽数/个	增殖系数	30 d 苗高 3 cm 百分率/%
	6-BA	IAA								
1/4MS	0.3		90	15.56	0.31	51.11	32.22	0.97	1.28	36.7
	0.5		90	13.33	0.27	45.56	23.33	0.70	0.97	12.2
	0.3	0.2	90	6.67	0.13	41.11	5.56	0.17	0.30	7.8
	0.3	0.3	90	7.78	0.16	42.22	3.33	0.10	0.26	4.4
	0.5	0.2	90	10.00	0.20	55.56	10.00	0.30	0.50	2.2
	0.5	0.3	90	8.89	0.18	56.67	11.11	0.33	0.51	1.1

表 2-3-22　5 个沙棘良种和 3 个沙棘品种茎尖适宜继代培养基

品种	适宜继代培养基	接种数/个	腋芽诱导率/%	腋芽诱导系数	愈伤诱导率/%	不定芽诱导率/%	平均诱导不定芽数	增殖系数	30 d 苗高 3 cm 百分率/%
新棘 1 号	1/4MS+6-BA 0.3 mg/L	90	28.90	0.73	70.00	23.30	0.44	1.17	85.6
新棘 2 号	1/4MS+6-BA 0.3 mg/L	90	25.56	0.51	83.33	31.11	0.92	1.43	71.1
新棘 3 号	1/4MS+6-BA 0.5 mg/L+ IAA0.2 mg/L	90	11.11	0.22	94.44	48.89	1.47	1.69	7.8
辽阜 1 号	1/4MS+6-BA 0.3 mg/L	90	25.56	0.51	84.44	26.67	0.80	1.31	88.9
新棘 4 号	1/4MS+6-BA 0.3 mg/L	90	21.11	0.42	91.11	43.33	1.30	1.72	94.4
深秋红	1/4MS+6-BA 0.3 mg/L	90	34.44	0.69	90.00	36.67	1.10	1.79	90.0
新棘 5 号	1/4MS+6-BA 0.3 mg/L	90	16.67	0.33	77.78	40.00	1.20	1.53	93.3
辽阜 2 号	1/4MS+6-BA 0.3 mg/L	90	15.56	0.31	51.11	32.22	0.97	1.28	36.7

在适宜培养基中，茎尖接种 7 d 后继续伸长生长，基部有少量淡绿色愈伤组织形成，继续培养 20 d，苗高可达 2 cm 以上，部分接种茎尖基部叶腋处长出侧芽，基部愈伤部分逐渐变成褐色，有少部分接种茎尖基部愈伤处出现绿色芽状突起，继续培养，芽状突起分化成苗（图 2-3-32）。

（a）新接茎尖

（b）茎尖直立生长，无不定芽、腋芽生成

（c）基部叶腋处形成腋芽

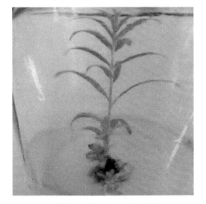

（d）基部愈伤处有不定芽生成

图 2-3-32　沙棘茎尖继代增殖培养情况

（2）沙棘无菌苗茎段继代培养

将初代无菌苗茎段切下 0.5 cm 左右，去掉基部叶片，接入增殖培养基中，筛选出 5 个沙棘良种和 3 个沙棘品种适宜茎段增殖的培养基（表 2-3-23）。

表 2-3-23　5 个沙棘良种和 3 个沙棘品种茎段继代培养基筛选

品种	培养基	激素/（mg/L)		接种数/个	腋芽诱导率/%	腋芽诱导系数	愈伤诱导率/%	不定芽诱导率/%	平均诱导不定芽数/个	增殖系数
		6-BA	IAA							
新棘1号	1/4MS	0.3		90	23.30	1.24	74.40	41.10	1.22	2.46
		0.5		90	20.00	0.60	76.67	36.67	1.83	2.43
		0.3	0.2	90	10.00	0.30	58.89	6.67	0.33	0.63
		0.3	0.3	90	7.78	0.23	56.67	7.78	0.39	0.62
		0.5	0.2	90	12.22	0.37	71.11	13.33	0.67	1.03
		0.5	0.3	90	8.89	0.27	75.56	10.00	0.50	0.77
新棘2号	1/4MS	0.3		90	58.89	1.77	47.78	7.78	0.39	2.16
		0.5		90	53.33	1.60	52.22	8.89	0.44	2.04
		0.3	0.2	90	28.89	0.87	68.89	14.44	0.72	1.59
		0.3	0.3	90	34.44	1.03	72.22	16.67	0.83	1.87
		0.5	0.2	90	57.78	1.73	87.78	33.33	1.67	3.40
		0.5	0.3	90	54.44	1.63	90.00	30.00	1.50	3.13
	1/2MS	0.3		90	17.78	0.53	0	0	0	0.53
		0.5		90	14.44	0.43	0	0	0	0.43
		0.3	0.2	90	2.22	0.07	78.89	0	0	0.07
		0.3	0.3	90	3.33	0.10	87.78	0	0	0.10
		0.5	0.2	90	0	0	84.44	0	0	0
		0.5	0.3	90	0	0	88.89	0	0	0
新棘3号	1/4MS	0.3		90	23.33	0.70	68.89	35.56	1.78	2.48
		0.5		90	17.78	0.53	72.22	30.00	1.50	2.03
		0.3	0.2	90	7.78	0.23	58.89	12.22	0.61	0.84
		0.3	0.3	90	8.89	0.27	60.00	15.56	0.78	1.04
		0.5	0.2	90	18.89	0.57	98.89	83.33	4.17	4.73
		0.5	0.3	90	14.44	0.43	96.67	63.33	3.17	3.60

品种	培养基	激素/（mg/L）		接种数/个	腋芽诱导率/%	腋芽诱导系数	愈伤诱导率/%	不定芽诱导率/%	平均诱导不定芽数/个	增殖系数
		6-BA	IAA							
辽阜1号	1/4MS	0.3		90	80.00	2.40	88.89	25.56	1.28	3.68
		0.5		90	68.89	2.07	91.11	21.11	1.06	3.12
		0.3	0.2	90	23.33	0.70	82.22	10.00	0.50	1.20
		0.3	0.3	90	25.56	0.77	84.44	12.22	0.61	1.38
		0.5	0.2	90	34.44	1.03	92.22	16.67	0.83	1.87
		0.5	0.3	90	36.67	1.10	93.33	13.33	0.67	1.77
	1/2MS	0.3		90	18.89	0.57	7.78	0	0	0.57
		0.5		90	14.44	0.43	8.89	0	0	0.43
		0.3	0.2	90	0	0	75.56	5.56	0.28	0.28
		0.3	0.3	90	0	0	81.11	7.78	0.39	0.39
		0.5	0.2	90	0	0	84.44	6.67	0.33	0.33
		0.5	0.3	90	0	0	88.89	4.44	0.22	0.22
新棘4号	1/4MS	0.3		90	51.11	1.53	96.67	68.89	3.44	4.98
		0.5		90	43.33	1.30	97.78	63.33	3.17	4.47
		0.3	0.2	90	16.67	0.50	82.22	23.33	1.17	1.67
		0.3	0.3	90	18.89	0.57	84.44	30.00	1.50	2.07
		0.5	0.2	90	34.44	1.03	97.78	34.44	1.72	2.76
		0.5	0.3	90	41.11	1.23	98.89	28.89	1.44	2.68
深秋红	1/4MS	0.3		90	24.44	0.73	95.56	64.44	3.22	3.96
		0.5		90	18.89	0.57	97.78	56.67	2.83	3.40
		0.3	0.2	90	6.67	0.20	78.89	12.22	0.61	0.81
		0.3	0.3	90	10.00	0.30	83.33	18.89	0.94	1.24
		0.5	0.2	90	12.22	0.37	98.89	26.67	1.33	1.70
		0.5	0.3	90	13.33	0.40	98.89	25.56	1.28	1.68

品种	培养基	激素/（mg/L）		接种数/个	腋芽诱导率/%	腋芽诱导系数	愈伤诱导率/%	不定芽诱导率/%	平均诱导不定芽数/个	增殖系数
		6-BA	IAA							
新棘5号	1/4MS	0.3		90	76.67	2.30	97.78	95.56	4.78	7.08
		0.5		90	60.00	1.80	96.67	82.22	4.11	5.91
		0.3	0.2	90	30.00	0.90	84.44	23.33	1.17	2.07
		0.3	0.3	90	34.44	1.03	90.00	25.56	1.28	2.31
		0.5	0.2	90	47.78	1.43	93.33	37.78	1.89	3.32
		0.5	0.3	90	50.00	1.50	97.78	35.56	1.78	3.28
辽阜2号	1/4MS	0.3		90	30.00	0.90	65.56	23.33	1.17	2.07
		0.5		90	24.44	0.73	67.78	18.89	0.94	1.68
		0.3	0.2	90	14.44	0.43	57.78	14.44	0.72	1.16
		0.3	0.3	90	15.56	0.47	61.11	13.33	0.67	1.13
		0.5	0.2	90	23.33	0.70	76.67	51.11	2.56	3.26
		0.5	0.3	90	21.11	0.63	78.89	40.00	2.00	2.63

由表2-3-23筛选出5个沙棘良种和3个沙棘品种茎段适宜的继代培养基,见表2-3-24。

表2-3-24　5个沙棘良种和3个沙棘品种茎段适宜的继代培养基

品种	适宜继代培养基	接种数/个	腋芽诱导率/%	腋芽诱导系数	愈伤诱导率/%	不定芽诱导率/%	平均诱导不定芽数/个	增殖系数	40 d后长势
新棘1号	1/4MS+6-BA 0.3 mg/L	90	23.30	1.24	74.40	41.10	1.22	2.46	分化芽较多,长势健壮
新棘2号	1/4MS+6-BA 0.5 mg/L+IAA0.2 mg/L	90	57.78	1.73	87.78	33.33	1.67	3.40	分化芽较多,长势健壮,靠近培养基叶片也分化愈伤成芽
新棘3号	1/4MS+6-BA 0.5 mg/L+IAA0.2 mg/L	90	18.89	0.57	98.89	83.33	4.17	4.73	分化芽较多,长势健壮,靠近培养基叶片也分化愈伤成芽

品种	适宜继代培养基	接种数/个	腋芽诱导率/%	腋芽诱导系数	愈伤诱导率/%	不定芽诱导率/%	平均诱导不定芽数/个	增殖系数	40 d后长势
辽阜1号	1/4MS+6-BA 0.3 mg/L	90	80.00	2.40	88.89	25.56	1.28	3.68	分化芽多，长势健壮
新棘4号	1/4MS+6-BA 0.3 mg/L	90	51.11	1.53	96.67	68.89	3.44	4.98	分化芽多，长势健壮，基部有根生成
深秋红	1/4MS+6-BA 0.3 mg/L	90	24.44	0.73	95.56	64.44	3.22	3.96	分化芽较多，长势健壮
新棘5号	1/4MS+6-BA 0.3 mg/L	90	76.67	2.30	97.78	95.56	4.78	7.08	分化芽多，长势健壮，基部有根生成
辽阜2号	1/4MS+6-BA 0.5 mg/L + IAA0.2 mg/L	90	23.33	0.70	76.67	51.11	2.56	3.26	分化芽较多，长势健壮

在适宜培养基中，茎段接种 7 d 后基部开始出现淡绿色非透明的愈伤组织，15 d 后愈伤组织开始有绿色芽点突起，20 d 后绿色突起分化出不定芽，30 d 不定芽可长至 1.5 cm。部分茎段接种 7 d 后叶腋处出现明显的芽苞，侧芽开始萌动，15 d 后侧芽开始伸长生长，30 d 可达 2.5 cm。接种茎段有侧芽萌发的，其基部愈伤组织分化能力减弱，并逐渐褐化，基本不分化不定芽（图 2-3-33）。

（a）腋芽　　　　　　　　　　　（b）既有腋芽又有不定芽生成

（c）愈伤组织生成不定芽 　　　（d）愈伤组织生成不定芽，基部有根形成

图 2-3-33　沙棘茎段继代增殖培养情况

（3）沙棘无菌苗愈伤组织继代培养

将初代苗形成的愈伤组织切成块接种到增殖培养基中，经培养基筛选，获得沙棘愈伤组织适宜的继代培养基，见表 2-3-25。

表 2-3-25　5 个沙棘良种和 3 个沙棘品种愈伤组织适宜的继代培养基筛选

品种	基本培养基	激素/（mg/L）		接种数/个	不定芽诱导率/%	平均诱导不定芽数/个
		6-BA	IAA			
新棘 1 号	1/4MS	0.3		90	57.78	1.73
		0.5		90	60.00	1.80
		0.3	0.2	90	63.33	1.90
		0.3	0.3	90	67.78	2.03
		0.5	0.2	90	92.22	3.79
		0.5	0.3	90	87.78	3.34
新棘 2 号	1/4MS	0.3		90	96.67	4.32
		0.5		90	90.00	3.78
		0.3	0.2	90	56.67	2.38
		0.3	0.3	90	62.22	2.61
		0.5	0.2	90	68.89	2.89
		0.5	0.3	90	71.11	2.99

品种	基本培养基	激素/（mg/L）		接种数/个	不定芽诱导率/%	平均诱导不定芽数/个
		6-BA	IAA			
新棘 2 号	1/2MS	0.3		90	0	0
		0.5		90	0	0
		0.3	0.2	90	0	0
		0.3	0.3	90	0	0
		0.5	0.2	90	0	0
		0.5	0.3	90	0	0
新棘 3 号	1/4MS	0.3		90	56.67	1.30
		0.5		90	60.00	1.38
		0.3	0.2	90	63.33	2.41
		0.3	0.3	90	67.78	2.58
		0.5	0.2	90	91.11	4.28
		0.5	0.3	90	97.78	5.89
	1/4MS	0.3		90	58.89	2.36
		0.5		90	62.22	2.49
		0.3	0.2	90	67.78	2.71
		0.3	0.3	90	74.44	2.98
		0.5	0.2	90	81.11	3.24
		0.5	0.3	90	91.11	3.66
辽阜 1 号	1/2MS	0.3		90	0	0
		0.5		90	0	0
		0.3	0.2	90	0	0
		0.3	0.3	90	0	0
		0.5	0.2	90	0	0
		0.5	0.3	90	0	0

新疆植物组培新技术的研究应用——以花卉、沙棘为例

品种	基本培养基	激素/（mg/L）		接种数/个	不定芽诱导率/%	平均诱导不定芽数/个
		6-BA	IAA			
新棘 4 号	1/4MS	0.3		90	95.56	5.28
		0.5		90	92.22	3.97
		0.3	0.2	90	52.22	2.25
		0.3	0.3	90	54.44	2.34
		0.5	0.2	90	70.00	3.01
		0.5	0.3	90	71.11	3.06
深秋红	1/4MS	0.3		90	60.00	2.58
		0.5		90	63.33	2.72
		0.3	0.2	90	67.78	2.91
		0.3	0.3	90	70.00	3.01
		0.5	0.2	90	94.44	4.14
		0.5	0.3	90	91.11	3.28
新棘 5 号	1/4MS	0.3		90	98.89	5.96
		0.5		90	90.00	4.59
		0.3	0.2	90	75.56	3.85
		0.3	0.3	90	78.89	4.02
		0.5	0.2	90	84.44	4.31
		0.5	0.3	90	85.56	4.36
辽阜 2 号	1/4MS	0.3		90	46.67	1.26
		0.5		90	48.89	1.32
		0.3	0.2	90	56.67	1.53
		0.3	0.3	90	62.22	1.68
		0.5	0.2	90	72.22	2.78
		0.5	0.3	90	68.89	2.14

由表 2-3-25 筛选出 5 个沙棘良种和 3 个沙棘品种愈伤组织适宜的继代培养基，见表 2-3-26。

表 2-3-26　5 个沙棘良种和 3 个沙棘品种愈伤组织适宜的继代培养基

品种	适宜继代培养基	接种数/个	不定芽诱导率/%	平均诱导不定芽数/个	30 d 后长势
新棘 1 号	1/4MS+6-BA0.5 mg/L+IAA0.2 mg/L	90	92.22	3.79	愈伤组织分化能力较强,分化植株健壮
新棘 2 号	1/4MS+6-BA0.3 mg/L	90	96.67	4.32	愈伤组织分化能力强,植株健壮,分化芽生长快
新棘 3 号	1/4MS+6-BA0.5+IAA0.3 mg/L	90	97.78	5.89	愈伤组织分化能力强,芽点多,茎长度较短
辽阜 1 号	1/4MS+6-BA0.5+IAA0.3 mg/L	90	91.11	3.66	愈伤组织分化能力较强,分化植株健壮
新棘 4 号	1/4MS+6-BA0.3 mg/L	90	95.56	5.28	愈伤组织分化能力强,植株健壮,分化植株有些直接生根成苗
深秋红	1/4MS+6-BA0.5+IAA0.2 mg/L	90	94.44	4.14	愈伤组织分化能力强,植株健壮
新棘 5 号	1/4MS+6-BA0.3 mg/L	90	98.89	5.96	愈伤组织分化能力强,植株健壮,分化植株有些直接生根成苗
辽阜 2 号	1/4MS+6-BA0.5 mg/L+IAA0.2 mg/L	90	72.22	2.78	愈伤组织分化能力强,分化植株健壮

在适宜培养基中,接种愈伤组织后,本就带有绿色突起或芽点的愈伤组织 5 d 就可以明显看见芽点突起膨大,7 d 就能分化出不定芽,不定芽生长较快,25 d 左右就可以进行再次转接(图 2-3-34)。

经过多次试验发现,使用生长素 IBA,接种前期茎尖、茎段等生长较快,15 d 后茎尖停止生长,部分苗开始变黄,基部褐化严重,继续培养,苗成活率低;使用生长素 NAA,接种后,芽停止生长,基部产生大量的愈伤组织,部分会有根形成,15 d 后上部茎尖死亡,基部愈伤组织褐化死亡,植株整体死亡。

（a）愈伤组织直接生成不定芽

（b）愈伤组织直接生成不定芽

（c）愈伤组织直接生成不定芽

（d）愈伤组织生成不定芽，基部有根形成

图 2-3-34　沙棘茎段继代增殖培养情况

（4）沙棘组培继代增殖小结

试验表明，5 个沙棘良种和 3 个沙棘品种适宜的继代增殖培养基如下。

新棘 1 号：适宜茎尖培养基为 1/4MS+6-BA0.3 mg/L+蔗糖 3%+琼脂 0.6%，增殖系数 1.17；适宜茎段培养基为 1/4MS+6-BA0.3 mg/L+蔗糖 3%+琼脂 0.6%，增殖系数 2.46；适宜愈伤组织培养基为 1/4MS+6-BA0.5 mg/L +IAA0.2 mg/L+蔗糖 3%+琼脂 0.6%，增殖系数 3.79。

新棘 2 号：适宜茎尖培养基为 1/4MS+6-BA0.3 mg/L+蔗糖 3%+琼脂 0.6%，增殖系数 1.43；适宜茎段培养基为 1/4MS+6-BA0.5 mg/L+IAA0.2 mg/L+蔗糖 3%+琼脂 0.6%，增殖系数 3.40；适宜愈伤组织培养基为 1/4MS+6-BA0.3 mg/L+蔗糖 3%+琼脂 0.6%，增

殖系数 4.32。

新棘 3 号：适宜茎尖培养基为 1/4MS+6-BA0.5 mg/L+IAA0.2 mg/L+蔗糖 3%+琼脂 0.6%，增殖系数 1.69；适宜茎段培养基为 1/4MS+6-BA0.5 mg/L+IAA0.2 mg/L+蔗糖 3%+琼脂 0.6%，增殖系数 4.73；适宜愈伤组织培养基为 1/4MS+6-BA0.5+IAA 0.3 mg/L+蔗糖 3%+琼脂 0.6%，增殖系数 5.89。

辽阜 1 号：适宜茎尖培养基为 1/4MS+6-BA0.3 mg/L+蔗糖 3%+琼脂 0.6%，增殖系数 1.31；适宜茎段培养基为 1/4MS+6-BA0.3 mg/L+蔗糖 3%+琼脂 0.6%，增殖系数 3.68；适宜愈伤组织培养基为 1/4MS+6-BA0.5+IAA0.3 mg/L+蔗糖 3%+琼脂 0.6%，增殖系数 3.66。

新棘 4 号：适宜茎尖培养基为 1/4MS+6-BA0.3 mg/L+蔗糖 3%+琼脂 0.6%，增殖系数 1.72；适宜茎段培养基为 1/4MS+6-BA0.3 mg/L+蔗糖 3%+琼脂 0.6%，增殖系数 4.98；适宜愈伤组织培养基为 1/4MS+6-BA0.3 mg/L+蔗糖 3%+琼脂 0.6%，增殖系数 5.28。

深秋红：适宜茎尖培养基为 1/4MS+6-BA0.3 mg/L+蔗糖 3%+琼脂 0.6%，增殖系数 1.79；适宜茎段培养基为 1/4MS+6-BA0.3 mg/L+蔗糖 3%+琼脂 0.6%，增殖系数 3.96；适宜愈伤组织培养基为 1/4MS+6-BA0.5+IAA0.2 mg/L+蔗糖 3%+琼脂 0.6%，增殖系数 4.14。

新棘 5 号：适宜茎尖培养基为 1/4MS+6-BA0.3 mg/L+蔗糖 3%+琼脂 0.6%，增殖系数 1.53；适宜茎段培养基为 1/4MS+6-BA0.3 mg/L+蔗糖 3%+琼脂 0.6%，增殖系数 7.08；适宜愈伤组织培养基为 1/4MS+6-BA0.3 mg/L+蔗糖 3%+琼脂 0.6%，增殖系数 5.96。

辽阜 2 号：适宜茎尖培养基为 1/4MS+6-BA0.3 mg/L+蔗糖 3%+琼脂 0.6%，增殖系数 1.28；适宜茎段培养基为 1/4MS+6-BA0.5 mg/L+IAA0.2 mg/L+蔗糖 3%+琼脂 0.6%，增殖系数 3.26；适宜愈伤组织培养基为 1/4MS+6-BA0.5 mg/L+IAA0.2 mg/L+蔗糖 3%+琼脂 0.6%，增殖系数 2.78。

沙棘继代增殖培养的适宜温度为 25℃，湿度为（60+2）%，光照强度为 2 000～3 000 lx，光照时间为 13～16 h/d。

3.2.1.4 沙棘生根培养

将长至 3～5 cm 的继代无根苗切下，转入以 1/4MS 为基本培养基的生根培养基中，添加不同含量的 6-BA、IBA，观察其对无根苗生根的影响（表 2-3-27），再从中筛选出 5 个沙棘良种和 3 个沙棘品种适宜的生根培养基。

表 2-3-27　5 个沙棘良种和 3 个沙棘品种生根培养基筛选

| 品种 | 培养基 | 激素/（mg/L） | | 接种数/个 | 生根数/条 | 生根率/% |
		6-BA	IBA			
新棘 1 号	1/4MS	0.3		90	8	8.9
		0.2		90	6	6.7
		0.1		90	5	5.6
			1.5	90	2	2.2
			1.0	90	34	37.8
			0.5	90	31	34.4
			0.3	90	27	30.0
		0.1	1.0	90	74	82.2
		0.1	0.5	90	61	67.8
新棘 2 号	1/4MS	0.3		90	15	16.7
		0.2		90	9	10.0
		0.1		90	7	7.8
			1.5	90	8	8.9
			1.0	90	43	47.8
			0.5	90	64	71.1
			0.3	90	83	92.2
		0.1	1.0	90	57	63.3
		0.1	0.5	90	51	56.7
新棘 3 号	1/4MS	0.3		90	9	10.0
		0.2		90	8	8.9
		0.1		90	6	6.7
			1.5	90	5	5.6
			1.0	90	35	38.9

品种	培养基	激素/（mg/L）		接种数/个	生根数/条	生根率/%
		6-BA	IBA			
新棘 3 号	1/4MS		0.5	90	56	62.2
			0.3	90	79	87.8
		0.1	1.0	90	39	43.3
		0.1	0.5	90	45	50.0
		0.3		90	9	10.0
		0.2		90	7	7.8
		0.1		90	4	4.4
辽阜 1 号	1/4MS		1.5	90	6	6.7
			1.0	90	41	45.6
			0.5	90	38	42.2
			0.3	90	35	38.9
		0.1	1.0	90	85	94.4
		0.1	0.5	90	77	85.6
		0.3		90	64	71.1
		0.2		90	82	91.1
		0.1		90	43	47.8
新棘 4 号	1/4MS		1.5	90	0	0
			1.0	90	0	0
			0.5	90	0	0
			0.3	90	0	0
		0.1	1.0	90	0	0
		0.1	0.5	90	0	0
		0.3		90	8	8.9
		0.2		90	6	6.7
深秋红	1/4MS	0.1		90	5	5.6
			1.5	90	8	8.9
			1.0	90	55	61.1

新疆植物组培新技术的研究应用——以花卉、沙棘为例

品种	培养基	激素/（mg/L）		接种数/个	生根数/条	生根率/%
		6-BA	IBA			
深秋红	1/4MS		0.5	90	62	68.9
			0.3	90	77	85.6
		0.1	1.0	90	58	64.4
		0.1	0.5	90	65	72.2
新棘5号	1/4MS		0.3	90	76	84.4
			0.2	90	84	93.3
			0.1	90	43	47.8
			1.5	90	0	0
			1.0	90	0	0
			0.5	90	0	0
			0.3	90	0	0
		0.1	1.0	90	0	0
		0.1	0.5	90	0	0
辽阜2号	1/4MS		0.3	90	7	7.8
			0.2	90	6	6.7
			0.1	90	3	3.3
			1.5	90	28	31.1
			1.0	90	54	60.0
			0.5	90	69	76.7
			0.3	90	78	86.7
		0.1	1.0	90	47	52.2
		0.1	0.5	90	59	65.6

　　由表 2-3-27 筛选出 5 个沙棘良种和 3 个沙棘品种适宜的生根培养基，见表 2-3-28。

表 2-3-28　5 个沙棘良种和 3 个沙棘品种适宜的生根培养基

品种	适宜生根培养基	接种数/个	生根率/%	45 d 后长势
新棘 1 号	1/4MS+6-BA0.1 mg/L+IBA1.0 mg/L	90	82.2	3~4 条根，无须根，细长，皮层生根，无愈伤，苗生长健壮
新棘 2 号	1/4MS+IBA0.3 mg/L	90	92.2	根系多，短小，粗壮，基部褐色物质多
新棘 3 号	1/4MS+IBA0.3 mg/L	90	87.8	3~4 条根，根长可达 3 cm 以上，无须根，粗壮，皮层生根，无愈伤，苗生长健壮
辽阜 1 号	1/4MS+6-BA0.1 mg/L+IBA1.0 mg/L	90	94.4	根系多，短小，粗壮，基部褐色物质多，根长可达 3 cm 以上，叶片肥厚，苗生长健壮
新棘 4 号	1/4MS+6-BA0.2 mg/L	90	91.1	4~6 条根，须根多，粗壮，基部愈伤少，苗生长健壮
深秋红	1/4MS+IBA0.3 mg/L	90	85.6	3~4 条根，须根少，细长，皮层生根，无愈伤
新棘 5 号	1/4MS+6-BA0.2 mg/L	90	93.3	4~6 条根，须根多，粗壮，基部愈伤少，苗生长健壮
辽阜 2 号	1/4MS+IBA0.3 mg/L	90	86.7	2~3 条根，须根少，细长，皮层生根，无愈伤，苗生长健壮

在适宜的生根培养基中，添加 6-BA 和 IBA 的生根培养基，接种的无根苗前期停止生长，7 d 后基部出现绿色非透明愈伤组织，15 d 后愈伤组织出现大量透明白色突起，继而，白色突起分化成根，上部茎尖开始伸长生长，45 d 后成苗可达 5 cm 以上，根部呈毛球状，根数量多，无明显主根。仅添加 IBA 的生根培养基，接种无根苗前期也停止生长，基部无明显愈伤，7 d 后接种无根苗基部皮层处长出白色根尖，继续培养 15 d 后，上部茎尖开始生长，根同时伸长生长，主根 2~3 条，须根少或无，45 d 后苗高可达 5 cm 以上，根长 5 cm 以上。在添加生长素的生根培养基中，部分无根苗长势弱，无根形成，后期基本枯黄死亡。在仅含有 6-BA 的生根培养基中，当 6-BA 含量高时，形成根的无根苗少，玻璃化、畸形苗多；含量低时，苗生长较弱；在 6-BA 浓度为 0.2 mg/L 时，接种的无根苗继续伸长生长，同时基部出现少量淡绿色愈伤组织，15 d 后，基部有大量的根形成，同时，部分苗有腋芽或不定芽分化，苗粗壮，45 d 后成苗，根部生出 4~6 条主根，有大量须根，部分苗有 2~3 个分枝（图 2-3-35）。

图 2-3-35　沙棘根系生长及成苗情况

沙棘瓶内生根小结如下。

试验表明，5 个沙棘良种和 3 个沙棘品种的瓶内生根率均达到了 80% 以上，适宜的生根培养基为：

新棘 1 号，适宜生根培养基为 1/4MS+6-BA0.1 mg/L+IBA1.0 mg/L+蔗糖 2%+琼脂 0.6%，生根率 82.2%；

新棘 2 号，适宜生根培养基为 1/4MS+IBA0.3 mg/L+蔗糖 3%+琼脂 0.6%，生根率 92.2%；

新棘 3 号，适宜生根培养基为 1/4MS+IBA0.3 mg/L+蔗糖 3%+琼脂 0.6%，生根率 87.8%；

辽阜 1 号，适宜生根培养基为 1/4MS+6-BA0.1 mg/L+IBA1.0 mg/L+蔗糖 2%+琼脂 0.6%，生根率 94.4%；

新棘 4 号，适宜生根培养基为 1/4MS+6-BA0.2 mg/L+蔗糖 3%+琼脂 0.6%，生根率 91.1%；

深秋红,适宜生根培养基为 1/4MS+IBA0.3 mg/L+蔗糖 3%+琼脂 0.6%,生根率 85.6%;

新棘 5 号,适宜生根培养基为 1/4MS+6-BA0.2 mg/L+蔗糖 3%+琼脂 0.6%,生根率 93.3%;

辽阜 2 号,适宜生根培养基为 1/4MS+IBA0.3 mg/L+蔗糖 3%+琼脂 0.6%,生根率 86.7%。

沙棘瓶内生根适宜的培养温度为 25℃左右,湿度为 50%～70%,光照强度为 2 000～3 000 lx,光照时间为 13～16 h/d。

3.2.1.5 沙棘炼苗、移栽

当生根的组培苗高度达到约 5.0 cm 时,整瓶移出培养室,置于阴凉处 4～5 d,揭开瓶盖,继续放置 4～5 d,将组培苗取出,用自来水洗去根部的琼脂,移栽到事先经高温灭过菌的基质(草炭土:珍珠岩=1:1)中,完全浇透后用薄膜覆盖,保持湿度,逐渐通风透光,白天温度控制在 25℃,夜间温度控制在 15～18℃。15 d 后,成活的幼苗浇施 1/4MS 大量元素营养液。组培苗移栽 30 d 后出苗,成活率可达 96%(图 2-3-36)。

图 2-3-36 沙棘组培瓶苗炼苗、移栽情况

炼苗、移栽小结：

对 5 个沙棘良种和 3 个沙棘品种的瓶内生根苗进行炼苗、移栽，成功的关键在于最初 7 d 内对湿度的控制，湿度应控制在 95%以上，逐渐延长通风和光照时间，15 d 左右才能完全通风见光。同时要注意温度控制。沙棘的根系在移栽过程中容易受到损伤，往往会影响苗的成活率。因此，在移栽沙棘苗木的过程中，应尽量保持根系完整，减少根系损伤。

3.2.2　沙棘无菌叶片快繁体系建立

前人以带腋芽的茎段、节间、茎尖等为材料对沙棘快速繁殖进行了初步研究，已有很多关于培养成功的报道，但是尚未出现以沙棘叶片为材料进行快速繁殖的方法。我们首次以选育出的 5 个沙棘良种和 3 个沙棘品种的无菌苗叶片为材料，选择适宜的无菌苗叶片诱导不定芽增殖培养基配方，实现了较高的幼苗成活率，为其工厂化生产以及种质资源的保存提供了技术手段和理论依据。

3.2.2.1　新棘 1 号无菌苗叶片增殖培养

取新棘 1 号无菌苗 30 日龄的叶片，剪成（2.8±0.2）cm² 的小块，接种到不同组合的无菌苗叶片增殖诱导培养基上。培养基以 1/4MS 为基本培养基，添加不同浓度的激素：细胞分裂素 6-BA、生长素 IAA 和 NAA，培养基 pH 均为 5.8，再加入琼脂 0.6%、蔗糖 3%。每个激素组合接种 150 片叶。培养条件：温度为 25℃，湿度为（60±2）%，光照强度为 2 000~3 000 lx，光照时间为 13~16 h/d。不同植物生长调节剂配比对新棘 1 号叶片不定芽诱导的影响见表 2-3-29。

表 2-3-29　不同植物生长调节剂配比对新棘 1 号叶片不定芽诱导的影响

激素/（mg/L）			接种叶片数/片	平均诱导不定芽数/个	不定芽诱导率/%
6-BA	IAA	NAA			
1.0	1.0	—	150	3.07	64.00
1.0	0.5	—	150	3.46	72.00
0.5	0.5	—	150	3.85	78.00
0.5	0.3	—	150	4.74	83.33
0.5	0.2	—	150	3.58	74.67

激素/（mg/L）			接种叶片数/片	平均诱导不定芽数/个	不定芽诱导率/%
6-BA	IAA	NAA			
0.3	0.1	—	150	2.66	55.33
1.0	—	1.0	150	0	0
1.0	—	0.5	150	0	0
0.5	—	0.5	150	0.17	8.67
0.5	—	0.3	150	0.11	5.33
0.5	—	0.2	150	0.27	1.33
0.3	—	0.1	150	0	0

　　由表 2-3-29 结合试验观察可知，新棘 1 号无菌苗叶片在 6-BA 与 IAA 的激素配比下均可产生不定芽，接种 7 d 后叶缘基部开始产生淡绿色的愈伤组织，15 d 后瘤状愈伤组织开始分化形成不定芽，在 6-BA0.5 mg/L 和 IAA0.3 mg/L 的激素配比下，分化的不定芽粗壮，但不伸长生长，切下的不定芽继代转接到前述新棘 1 号愈伤组织继代增殖培养基上生长迅速，很快成苗（图 2-3-37）。过高浓度的 6-BA 与 IAA 配合，在 20 d 后导致基部愈伤褐化，形成的芽点虽然多，但分化芽较少，且多为畸形芽或玻璃化芽。使用 6-BA 与 NAA 组合效果不理想，不定芽诱导率极低，接种叶片逐渐褐化死亡，部分叶片基部产生愈伤组织，但是愈伤组织褐化严重，基本不分化不定芽。综合分析，新棘 1 号适宜的叶片诱导培养基为：1/4MS+6-BA0.5 mg/L+IAA0.3 mg/L+蔗糖 3%+琼脂 0.6%。

（a）新接叶片　　　　　　　（b）无菌苗诱导情况　　　　　　　（c）再次转接情况

图 2-3-37　新棘 1 号叶片诱导不定芽情况

3.2.2.2 新棘 2 号无菌苗叶片增殖培养

取新棘 2 号无菌苗 30 日龄的叶片，剪成（2.8±0.2）mm² 的小块，接种到不同组合的无菌苗叶片增殖诱导培养基上。培养基以 1/4MS 为基本培养基，添加不同浓度的激素：细胞分裂素 6-BA、生长素 IAA 和 NAA，培养基 pH 均为 5.8，再加入琼脂 0.6%、蔗糖 3%。每个激素组合接种 150 片叶。培养条件：温度为 25℃，湿度为（60±2）%，光照强度为 2 000～3 000 lx，光照时间为 13～16 h/d。不同植物生长调节剂配比对新棘 2 号叶片不定芽诱导的影响见表 2-3-30。

表 2-3-30 不同植物生长调节剂配比对新棘 2 号叶片不定芽诱导的影响

激素/（mg/L）			接种叶片数/片	平均诱导不定芽数/个	不定芽诱导率/%
6-BA	IAA	NAA			
1.0	1.0	—	150	4.68	78.00
1.0	0.5	—	150	5.28	85.33
0.5	0.5	—	150	5.47	88.00
0.5	0.3	—	150	5.92	91.10
0.5	0.2	—	150	4.92	82.00
0.3	0.1	—	150	4.64	77.33
1.0	—	1.0	150	0	0
1.0	—	0.5	150	0	0
0.5	—	0.5	150	0	0
0.5	—	0.3	150	0	0
0.5	—	0.2	150	0	0
0.3	—	0.1	150	0	0

由表 2-3-30 可知，新棘 2 号无菌苗叶片在 6-BA 与 IAA 的激素配合下诱导叶片均可产生不定芽。试验观察可见，当 6-BA 浓度在 1.0 mg/L 时，分化出的不定芽形态明显异常，芽弱小，不饱满，叶片扭曲畸形；当 6-BA 浓度在 0.5 mg/L 时，诱导的不定芽效果

较好；IAA 在 0.5 mg/L 时诱导芽玻璃化现象明显增多。在 6-BA0.5 mg/L 和 IAA0.3 mg/L 激素配比下，培养 7 d，可见叶片叶缘切口处有绿色芽点形成，继续培养 15 d，芽点形成丛生芽，生长健壮，并开始伸长生长，30 d 后苗高可达 2.5 cm，此时可将丛生苗茎尖、茎段、愈伤组织剪切后，分别接种到前述新棘 2 号茎尖、茎段、愈伤组织继代增殖培养基中继续增殖培养（图 2-3-38）。使用 6-BA 与 NAA 组合效果不理想，接种叶片逐渐褐化死亡，个别叶片基部出现根，但无不定芽的分化，不定芽诱导率为零。综合分析，新棘 2 号适宜的叶片诱导培养基为：1/4MS+6-BA0.5 mg/L+IAA0.3 mg/L+蔗糖 3%+琼脂 0.6%。

（a）新接叶片　　　　　　　　（b）无菌苗诱导情况　　　　　　　　（c）再次转接情况

图 2-3-38　新棘 2 号叶片诱导不定芽情况

3.2.2.3　新棘 3 号无菌苗叶片增殖培养

取新棘 3 号无菌苗 30 日龄的叶片，剪成（2.8±0.2）mm² 的小块，接种到不同组合的无菌苗叶片增殖诱导培养基上。培养基以 1/4MS 为基本培养基，添加不同浓度的激素：细胞分裂素 6-BA、生长素 IAA 和 NAA，培养基 pH 均为 5.8，再加入琼脂 0.6%、蔗糖 3%。每个激素组合接种 110～150 片叶。培养条件：温度为 25℃，湿度为（60±2）%，光照强度为 2 000～3 000 lx，光照时间为 13～16 h/d。不同植物生长调节剂配比对新棘 3 号叶片不定芽诱导的影响见表 2-3-31。

表 2-3-31　不同植物生长调节剂配比对新棘 3 号叶片不定芽诱导的影响

激素/（mg/L）			接种叶片数/片	平均诱导不定芽数/个	不定芽诱导率/%
6-BA	IAA	NAA			
1.0	1.0	—	110	3.20	76.36
1.0	0.5	—	150	4.90	83.33
0.5	0.5	—	150	6.50	86.67
0.5	0.3	—	150	6.90	87.34
0.5	0.2	—	110	5.80	85.45
0.3	0.1	—	115	3.90	80.00
1.0	—	1.0	110	0	0
1.0	—	0.5	150	0	0
0.5	—	0.5	150	0.11	10.00
0.5	—	0.3	150	0.06	5.33
0.5	—	0.2	110	0	0
0.3	—	0.1	110	0	0

由表 2-3-31 可知，新棘 3 号无菌苗叶片在 6-BA 与 IAA 激素配合下诱导叶片均可产生不定芽，且诱导不定芽数是几个良种和品种中较多的。在 6-BA0.5 mg/L 和 IAA0.3 mg/L激素配比下不定芽诱导率达到了 87.34%，不定芽诱导数达到了 6.90 个，试验观察可见，培养 7 d，叶片基部膨大，有淡绿色愈伤组织生成，继续培养 20 d，该愈伤组织出现多个绿色芽点，40 d 后大部分的愈伤组织开始分化出 0.2～0.5 cm 的不定芽，可转接到前述新棘 3 号愈伤组织诱导培养基中进行继代增殖培养（图 2-3-39）。当 6-BA 浓度在1.0 mg/L 时，分化出的不定芽形态明显异常，芽弱小，不饱满，叶片扭曲畸形；当 6-BA浓度在 0.5 mg/L 时，诱导的不定芽效果较好；IAA 浓度在 0.5 mg/L 时诱导芽玻璃化现象明显增多。使用 6-BA 与 NAA 组合，有 64% 的叶片直接生成根，个别自根处长出新苗，但数量很少，最多不定芽分化数仅为 0.11 个。综合分析，新棘 3 号适宜的叶片诱导培养基为：1/4MS+6-BA0.5 mg/L+IAA0.3 mg/L+蔗糖 3%+琼脂 0.6%。

| （a）新接叶片 | （b）无菌苗诱导情况 | （c）再次转接情况 |

图 2-3-39　新棘 3 号叶片诱导不定芽情况

3.2.2.4　辽阜 1 号无菌苗叶片增殖培养

取辽阜 1 号无菌苗 30 日龄的叶片，剪成（2.8±0.2）mm² 的小块，接种到不同组合的无菌苗叶片增殖诱导培养基上。培养基以 1/4MS 为基本培养基，添加不同浓度的激素：细胞分裂素 6-BA、生长素 IAA 和 NAA，培养基 pH 均为 5.8，再加入琼脂 0.6%、蔗糖 3%。每个激素组合接种 150 片叶。培养条件：温度为 25℃，湿度为（60±2）%，光照强度为 2 000～3 000 lx，光照时间为 13～16 h/d。不同植物生长调节剂配比对辽阜 1 号叶片不定芽诱导的影响见表 2-3-32。

表 2-3-32　不同植物生长调节剂配比对辽阜 1 号叶片不定芽诱导的影响

激素/（mg/L）			接种叶片数/片	平均诱导不定芽数/个	不定芽诱导率/%
6-BA	IAA	NAA			
1.0	1.0	—	150	4.72	78.67
1.0	0.5	—	150	4.96	82.67
0.5	0.5	—	150	5.32	86.00
0.5	0.3	—	150	5.47	88.67
0.5	0.2	—	150	4.64	77.33
0.3	0.1	—	150	3.26	68.00
1.0	—	1.0	150	0	0
1.0	—	0.5	150	0	0

335

激素/（mg/L）			接种叶片数/片	平均诱导不定芽数/个	不定芽诱导率/%
6-BA	IAA	NAA			
0.5	—	0.5	150	0.15	7.33
0.5	—	0.3	150	0.09	4.67
0.5	—	0.2	150	0.03	1.33
0.3	—	0.1	150	0	0

由表 2-3-32 可知，辽阜 1 号无菌苗叶片在 6-BA 与 IAA 激素配合下诱导叶片均可产生不定芽。试验观察可见，接种 7 d，叶缘基部增厚，但未形成愈伤组织，15 d 后在切口处出现绿色小芽点，继续培养，芽点分化成芽，逐渐长大，不伸长生长，个别叶片有根生成，30 d 后将长出的 0.2～0.5 cm 的芽切下接入前述辽阜 1 号愈伤组织诱导继代增殖培养基中，可快速发育成丛生苗（图 2-3-40）。当 6-BA 与 IAA 浓度较高时，可以诱导出较多的不定芽，但畸形芽和玻璃化芽较多，转接到愈伤组织继代培养基中成苗比例低。低浓度的 6-BA 和 IAA 配合，获得的不定芽相对较少，且芽长势较弱。综合分析，辽阜 1 号适宜的叶片诱导不定芽培养基为：1/4MS+6-BA0.5 mg/L+IAA0.3 mg/L+蔗糖 3%+琼脂 0.6%。

（a）新接叶片　　　　　　　（b）无菌苗诱导情况　　　　　　　（c）再次转接情况

图 2-3-40　辽阜 1 号叶片诱导不定芽情况

3.2.2.5　新棘 4 号无菌苗叶片增殖培养

取新棘 4 号无菌苗 30 日龄的叶片，剪成（2.8±0.2）mm² 的小块，接种到不同组合的无菌苗叶片增殖诱导培养基上。培养基以 1/4MS 为基本培养基，添加不同浓度的激素：细胞分裂素 6-BA、生长素 IAA 和 NAA，培养基 pH 均为 5.8，再加入琼脂 0.6%、蔗糖 3%。每个激素组合接种 150 片叶。培养条件：温度为 25℃，湿度为（60±2）%，光照强度为 2 000～3 000 lx，光照时间为 13～16 h/d。不同植物生长调节剂配比对新棘 4 号叶片不定芽诱导的影响见表 2-3-33。

表 2-3-33 不同植物生长调节剂配比对新棘 4 号叶片不定芽诱导的影响

激素/（mg/L）			接种叶片数/片	平均诱导不定芽数/个	不定芽诱导率/%
6-BA	IAA	NAA			
1.0	1.0	—	150	3.96	81.33
1.0	0.5	—	150	4.88	87.33
0.5	0.5	—	150	5.68	92.00
0.5	0.3	—	150	6.12	94.67
0.5	0.2	—	150	4.64	84.00
0.3	0.1	—	150	3.48	79.33
1.0	—	1.0	150	0	0
1.0	—	0.5	150	0	0
0.5	—	0.5	150	0	0
0.5	—	0.3	150	0	0
0.5	—	0.2	150	0	0
0.3	—	0.1	150	0.07	3.33

由表 2-3-33 可知，将新棘 4 号叶片接入 6-BA 与 IAA 混合激素培养基中，诱导效果较好，在 6-BA0.5 mg/L 和 IAA0.3 mg/L 激素配比下，平均诱导不定芽的数量达到了 6.12 个。试验观察可见，接种 7 d，叶缘基部出现淡绿色的愈伤组织团，随后愈伤组织逐渐扩大，并形成多个绿色芽点，20 d 后绿色芽点逐渐分化出芽，40 d 后芽较多，长势粗壮，但不伸长生长，有 53%的芽愈伤团下有根形成。将长出的 0.2～0.5 cm 的芽切下接入愈伤组织诱导增殖培养基中可快速发育成丛生苗（图 2-3-41）。当 6-BA 与 IAA 浓度较高时，可以诱导出较多的不定芽，但畸形芽和玻璃化芽较多，低浓度的 6-BA 和 IAA 配合，

获得的不定芽相对较少，芽长势较弱。综合分析，新棘 4 号适宜的叶片诱导培养基为：
1/4MS+6-BA0.5 mg/L+ IAA0.3 mg/L+蔗糖 3%+琼脂 0.6%。

（a）无菌苗诱导情况　　　　　（b）叶片愈伤基部生根　　　　　（c）再次转接情况

图 2-3-41　新棘 4 号叶片诱导不定芽情况

3.2.2.6　深秋红无菌苗叶片增殖培养

取深秋红无菌苗 30 日龄的叶片，剪成（2.8±0.2）mm^2 的小块，接种到不同组合的
无菌苗叶片增殖诱导培养基上。培养基以 1/4MS 为基本培养基，添加不同浓度的激素：
细胞分裂素 6-BA、生长素 IAA 和 NAA，培养基 pH 均为 5.8，再加入琼脂 0.6%、蔗糖
3%。每个激素组合接种 150 片叶。培养条件：温度为 25℃，湿度为（60±2）%，光照
强度为 2 000～3 000 lx，光照时间为 13～16 h/d。不同植物生长调节剂配比对深秋红叶
片不定芽诱导的影响见表 2-3-34。

表 2-3-34　不同植物生长调节剂配比对深秋红叶片不定芽诱导的影响

激素/（mg/L）			接种叶片数/片	平均诱导不定芽数/个	不定芽诱导率/%
6-BA	IAA	NAA			
1.0	1.0	—	150	3.14	68.00
1.0	0.5	—	150	4.08	75.33
0.5	0.5	—	150	4.92	82.00
0.5	0.3	—	150	5.11	85.33
0.5	0.2	—	150	4.36	80.67

| 激素/（mg/L） | | | 接种叶片数/片 | 平均诱导不定芽数/个 | 不定芽诱导率/% |
6-BA	IAA	NAA			
0.3	0.1	—	150	3.68	72.67
1.0	—	1.0	150	0	0
1.0	—	0.5	150	0	0
0.5	—	0.5	150	0.25	12.67
0.5	—	0.3	150	0.15	7.33
0.5	—	0.2	150	0.04	2.00
0.3	—	0.1	150	0.01	0.67

由表 2-3-34 可知,深秋红无菌苗叶片在 6-BA 与 IAA 激素的配合下均可产生不定芽。试验观察可见,当 6-BA 与 IAA 浓度较高时,诱导的不定芽多为畸形芽和玻璃化芽,即使转接到愈伤组织继代培养基中能恢复成正常苗的也不多。当 6-BA 与 IAA 浓度较低时,分化的芽少,生长势弱。在 6-BA0.5 mg/L 和 IAA0.3 mg/L 激素配比下,接种 7 d,叶缘基部增厚,但未形成愈伤组织,15 d 后切口处出现绿色小芽点,继续培养,芽点分化成芽,逐渐长大,不伸长生长,30 d 后将长出的 0.2～0.5 cm 的芽切下接入前述深秋红愈伤组织诱导增殖培养基中,可快速发育成丛生苗(图 2-3-42)。6-BA 和 NAA 激素组合,接种 7 d,30%的叶片基部有白色芽点形成,15 d 后白色芽点分化成根,30 d 后个别叶片基部分化出芽,但芽的分化率较低。综合分析,深秋红适宜的叶片诱导培养基为:1/4MS+6-BA0.5 mg/L+IAA0.3 mg/L+蔗糖 3%+琼脂 0.6%。

（a）新接叶片 （b）无菌苗诱导情况 （c）再次转接情况

图 2-3-42　深秋红叶片诱导不定芽情况

3.2.2.7 新棘 5 号无菌苗叶片增殖培养

取新棘 5 号无菌苗 30 日龄的叶片,剪成(2.8±0.2)mm² 的小块,接种到不同组合的无菌苗叶片增殖诱导培养基上。培养基以 1/4MS 为基本培养基,添加不同浓度的激素:细胞分裂素 6-BA、生长素 IAA 和 NAA,培养基 pH 均为 5.8,再加入琼脂 0.6%、蔗糖 3%。每个激素组合接种 150 片叶。培养条件:温度为 25℃,湿度为(60±2)%,光照强度为 2 000~3 000 lx,光照时间为 13~16 h/d。不同植物生长调节剂配比对新棘 5 号叶片不定芽诱导的影响见表 2-3-35。

表 2-3-35 不同植物生长调节剂配比对新棘 5 号叶片不定芽诱导的影响

激素/(mg/L)			接种叶片数/片	平均诱导不定芽数/个	不定芽诱导率/%
6-BA	IAA	NAA			
1.0	1.0	—	150	3.22	63.33
1.0	0.5	—	150	3.80	70.67
0.5	0.5	—	150	5.72	90.67
0.5	0.3	—	150	6.33	95.33
0.5	0.2	—	150	5.44	87.33
0.3	0.1	—	150	4.24	74.67
1.0	—	1.0	150	0	0
1.0	—	0.5	150	0.08	4.00
0.5	—	0.5	150	0.29	14.67
0.5	—	0.3	150	0.47	23.33
0.5	—	0.2	150	0.36	18.00
0.3	—	0.1	150	0.19	9.33

由表 2-3-35 可知,将新棘 5 号叶片接入 6-BA 与 IAA 混合激素培养基中,诱导效果较好,在 6-BA0.5 mg/L 和 IAA0.3 mg/L 激素配比下,平均诱导不定芽的数量达到了 6.33 个。试验观察可见,接种 7 d 时,叶缘基部出现淡绿色的愈伤组织团,随后愈伤组织逐渐扩大,并形成多个绿色芽点,15 d 后绿色芽点逐渐分化出芽,20 d 后芽逐渐伸长生长,形成丛生苗,40 d 后,苗高可达 3 cm 左右,此时可继续转接到前述新棘 5 号茎尖、茎

段或愈伤组织继代增殖培养基中进行继代培养,长根的苗也可直接移栽成苗(图 2-3-43)。接种到 6-BA 与 NAA 的培养基中,7 d 后在叶片基部也形成愈伤组织,部分可以继续分化成不定芽,但总体比例低于 6-BA 与 IAA 混合激素的诱导比例。综合分析,新棘 5 号适宜的叶片诱导培养基为:1/4MS+6-BA0.5 mg/L+IAA0.3 mg/L+蔗糖 3%+琼脂 0.6%。

  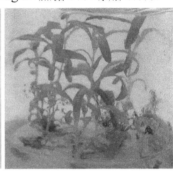

(a)无菌苗诱导情况　　　　　　　　　　(b)　(c)再次转接情况

图 2-3-43　新棘 5 号叶片诱导不定芽情况

3.2.2.8　辽阜 2 号无菌苗叶片增殖培养

取辽阜 2 号无菌苗 30 日龄的叶片,剪成(2.8±0.2)cm² 的小块,接种到不同组合的无菌苗叶片增殖诱导培养基上。培养基以 1/4MS 为基本培养基,添加不同浓度的激素:细胞分裂素 6-BA、生长素 IAA 和 NAA,培养基 pH 均为 5.8,再加入琼脂 0.6%、蔗糖 3%。每个激素组合接种 150 片叶。培养条件:温度为 25℃,湿度为(60±2)%,光照强度为 2 000~3 000 lx,光照时间为 13~16 h/d。不同植物生长调节剂配比对辽阜 2 号叶片不定芽诱导的影响见表 2-3-36。

表 2-3-36　不同植物生长调节剂配比对辽阜 2 号叶片不定芽诱导的影响

激素/(mg/L)			接种叶片数/片	平均诱导不定芽数/个	不定芽诱导率/%
6-BA	IAA	NAA			
1.0	1.0	—	150	1.92	48.00
1.0	0.5	—	150	2.72	64.00
0.5	0.5	—	150	3.07	71.33
0.5	0.3	—	150	3.98	76.67

激素/（mg/L）			接种叶片数/片	平均诱导不定芽数/个	不定芽诱导率/%
6-BA	IAA	NAA			
0.5	0.2	—	150	2.85	68.00
0.3	0.1		150	1.81	45.33
1.0	—	1.0	150	0	0
1.0		0.5	150	0	0
0.5		0.5	150	0	0
0.5		0.3	150	0	0
0.5		0.2	150	0	0
0.3		0.1	150	0	0

由表 2-3-36 可知，将辽阜 2 号叶片接入 6-BA 与 IAA 混合激素培养基中，诱导效果在几个良种和品种中较低，但是不定芽诱导率也达到了 76% 以上，平均分化不定芽达到了 3.98 个。试验观察可见，接种 7 d 后，叶缘基部出现淡绿色的愈伤组织，20 d 后愈伤组织分化成芽，芽不伸长生长，30 d 即可继代转接到前述辽阜 2 号愈伤组织诱导继代增殖培养基中继续增殖培养。6-BA 与 IAA 浓度较高时或较低时规律同上述良种及品种。6-BA 和 NAA 激素组合，接种 7 d 后，98% 以上的叶片基部出现白色的芽点，15 d 后白色芽点分化出根，上部叶片叶尖开始变成褐色，随着培养时间的延长，根部伸长生长，叶片仅基部呈绿色，未有不定芽或苗形成（图 2-3-44）。综合分析，辽阜 1 号的叶片诱导培养基为：1/4MS+6-BA0.5 mg/L+IAA0.3 mg/L+蔗糖 3%+琼脂 0.6%。

（a）无菌苗诱导情况　　　　　（b）再次转接情况　　　　　（c）NAA 激素使用后仅基部长根，叶片枯死

图 2-3-44　辽阜 2 号叶片诱导不定芽情况

在 5 个沙棘良种和 3 个沙棘品种的无菌苗叶片诱导不定芽试验中，我们发现幼嫩叶片愈伤组织容易诱导，40 d 后老叶较难形成愈伤组织，生成的愈伤组织再次分化不定芽能力减弱，褐化严重。叶片在诱导分化不定芽过程中可通过叶缘切口处直接分化成芽，也可分化成瘤状愈伤组织后再分化成不定芽，但前者分化速度快，成芽比例大。

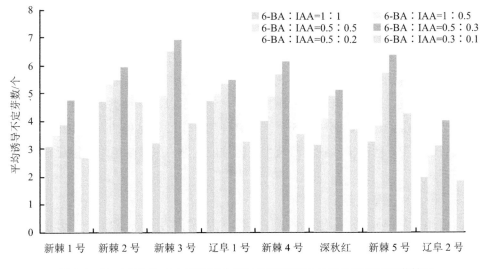

图 2-3-45　6-BA 和 IAA 激素组合下沙棘无菌苗叶片平均诱导不定芽情况

由图 2-3-45 可以看出，在 6-BA 和 IAA 激素组合使用的情况下，5 个沙棘良种和 3 个沙棘品种无菌苗叶片均可诱导产生不定芽，诱导不定芽数均随着 6-BA 和 IAA 浓度的升高而降低，且生成的不定芽随浓度的升高玻璃化芽和畸形芽也随之增多。当 6-BA 浓度为 0.5 mg/L 及以下、IAA 浓度为 0.2 mg/L 及以下时，愈伤形成的时间延长，诱导不定芽减少，激素浓度越低，诱导出的不定芽长势越弱。综合分析，5 个沙棘良种和 3 个沙棘品种无菌苗叶片诱导适宜培养基均为：1/4MS+6-BA0.5 mg/L+IAA0.3 mg/L+蔗糖 3%+琼脂 0.6%。因此，我们分析认为，该培养基可以作为不考虑品种差异下的沙棘无菌苗叶片诱导不定芽通用培养基。

3.2.2.9　沙棘无菌叶片快繁体系小结

以沙棘无菌苗叶片为外植体诱导不定芽，进而培养成植株，获得了 5 个沙棘良种和 3 个品种适宜的无菌苗叶片诱导不定芽增殖培养基配方，实现了较高的幼苗成活率。

初代培养的培养基为：1/4MS+6-BA0.3 mg/L+蔗糖 3%+琼脂 0.6%。

继代培养和生根同步完成，培养基均为：1/4MS+6-BA0.5 mg/L+ IAA0.3 mg/L+蔗糖3%+琼脂0.6%。

3.2.3　沙棘瓶外生根技术

瓶外生根技术是近几年发展起来的一项组培生根先进技术。Debergh 等认为诱导组培苗生根过程的费用占组培总费用的 35%～75%，采用瓶外生根技术能够有效地节省生产成本，将无菌苗生根与驯化相结合，简化了育苗的程序，更利于规模化生产。但目前国内外尚没有沙棘的瓶外生根报道。我们首次研发了沙棘组培苗瓶外生根技术，从沙棘无性繁殖特性出发，选择适合的瓶外生根基质，设计了以激素种类、激素浓度、激素浸泡时间为试验条件的试验，探讨了 5 个沙棘良种和 3 个沙棘品种的瓶外生根技术、移栽及苗木成活率情况，解决了沙棘组培苗生根困难的问题，为沙棘组培规模化快繁提供了新方法。

3.2.3.1　沙棘瓶外生根处理

我们选择激素种类、激素浓度、浸泡时间 3 个因素作为变量。激素种类分别为 IBA、IAA、IBA+NAA，激素浓度分别设为 50 mg/L、100 mg/L、200 mg/L、300 mg/L，浸泡时间分别设为 10 min、20 min、30 min。另外，设置了分别用根宝原液、50%根宝原液和 30%根宝原液浸泡 3s 的试验组，以无激素浸泡的为对照（CK）组。每组 40 株试验苗，共设 40 组试验，重复 3 次。

选取增殖 30 d、长 3～5 cm 生长状况良好的 5 个沙棘良种和 3 个沙棘品种继代组培苗作为瓶外生根材料。用清水洗净根部培养基，将丛生苗剪成单株，将组培苗中下部叶片去除，只保留茎顶端的 2～3 片叶片，插入生根基质中，插入深度为 1～2 cm。瓶外生根沙棘苗的固定基质为育苗盘中的珍珠岩。试验环境为恒温恒湿的组织培养室，培养温度为 27℃，相对湿度为 85%～95%，光照强度为 2 500 lx，光照时间为 14 h/d，用塑料薄膜搭建帘幕棚架，单侧可活动。

3.2.3.2　各种处理对沙棘组培苗瓶外生根率的影响

（1）各种处理对新棘 1 号瓶外生根率的影响

不同的激素种类、激素浓度、浸泡时间对新棘 1 号瓶外生根率的影响见表 2-3-37。由表 2-3-37 可以看出，IBA 100 mg/L 浸泡 10 min 的新棘 1 号生根率最高，为 90.0%，明显优于其他方式处理。其次为 IBA 100 mg/L 浸泡 20 min 的，生根率为 86.7%。组培苗剪切插入苗盘后，通过观察发现，苗根部 7 d 后有白点冒出，出根时间依次如下：IBA 100 mg/L 浸泡 10 min 和根宝处理，出根时间为 8～9 d；激素 IAA 处理的几种方式生根最慢，出根时间为 18～20 d，出根晚且少，其余处理方式的出根时间均为 10 d 左右。

表 2-3-37　激素种类、激素浓度以及浸泡时间对新棘 1 号瓶外生根率的影响

编号	激素	激素浓度/（mg/L）	浸泡时间/min	无根苗数/棵	生根率/%	编号	激素	激素浓度/（mg/L）	浸泡时间/min	无根苗数/棵	生根率/%
1	IBA	50	10	90	75.6	21	IAA	200	30	90	10.00
2	IBA	50	20	90	80.0	22	IAA	300	10	90	6.70
3	IBA	50	30	90	84.4	23	IAA	300	20	90	2.20
4	IBA	100	10	90	90.0	24	IAA	300	30	90	0
5	IBA	100	20	90	86.7	25	IBA+NAA	50	10	90	35.60
6	IBA	100	30	90	77.8	26	IBA+NAA	50	20	90	26.70
7	IBA	200	10	90	81.1	27	IBA+NAA	50	30	90	16.70
8	IBA	200	20	90	74.4	28	IBA+NAA	100	10	90	12.20
9	IBA	200	30	90	68.9	29	IBA+NAA	100	20	90	8.89
10	IBA	300	10	90	71.1	30	IBA+NAA	100	30	90	5.56
11	IBA	300	20	90	56.7	31	IBA+NAA	200	10	90	5.56
12	IBA	300	30	90	51.1	32	IBA+NAA	200	20	90	2.22
13	IAA	50	10	90	13.3	33	IBA+NAA	200	30	90	0
14	IAA	50	20	90	15.6	34	IBA+NAA	300	10	90	1.11
15	IAA	50	30	90	16.7	35	IBA+NAA	300	20	90	0
16	IAA	100	10	90	24.4	36	IBA+NAA	300	30	90	0
17	IAA	100	20	90	23.3	37	根宝	100%根宝原液	2s	90	68.90
18	IAA	100	30	90	18.9	38	根宝	50%根宝原液	2s	90	78.90
19	IAA	200	10	90	21.1	39	根宝	30%根宝原液	2s	90	71.10
20	IAA	200	20	90	17.8	40	CK	0	0	90	15.60

　　从植物生长形态上看，IBA 浸泡的根系为 1～3 条，根系较短，主根上有少量短小须根，根系略微发黄，其中 IBA 50 mg/L 和 100 mg/L 处理的生根苗地上部分颜色为绿色，植株高度有所增加（图 2-3-46）；IBA 200 mg/L 和 300 mg/L 处理的生根苗地上部分颜色初期为绿色，随着生长逐渐变黄，浓度越高，植株变黄程度也就越高，部分植株最终枯黄死亡；IBA 200 mg/L 处理的根系较 100 mg/L 处理的略粗、短，根系偏淡褐色。根宝浸泡的根系是多条须根，根系上半部为白色，根系末梢发黑，地上部分发黄，植株高度未变，植株变黄或枯死程度随浓度升高而增加。IAA 低浓度、短时间浸泡处理的植株地上部分也都是绿色，但地下部分出根较少，即使出根也多短、黑。IBA+NAA 处理的植株生根效果不理想，远低于 IBA 与根宝处理的结果，诱导出的根系短，而且根系出现黑褐色等情况。

图 2-3-46　新棘 1 号瓶外生根情况

　　对瓶外生根产生影响的 3 个因素进行方差分析，见表 2-3-38。方差分析结果表明，激素种类、激素浓度和浸泡时间均达到了极显著水平，三者都与生根率有密切的关系。激素对新棘 1 号组培无根苗生根影响程度依次为激素种类＞激素浓度＞浸泡时间。在各激素浓度与浸泡时间的比较中，IAA 与 IBA+NAA 的生根率都明显劣于 IBA 与根宝的生根率。浸泡时间对生根率高低的影响也呈现规律分布，随着浸泡时间的延长，生根率显著下降。综上分析，新棘 1 号适宜的沙棘继代无菌苗瓶外生根处理激素为 IBA 100 mg/L 浸泡 10 min。

表 2-3-38　激素对新棘 1 号瓶外生根影响方差分析

变异来源	Ⅲ型平方和	df	MS	F	Sig.
激素种类	27 481.362	2	13 740.681	291.195	0
激素浓度	2 552.191	5	510.438	10.817	0
浸泡时间	680.868	2	340.434	7.215	0.003
误差	1 321.242	28	47.187		
总计	32 035.663	37			

注：df 为自由度；MS 为均方；F 为两个配方的比值；Sig. 为显著性。

（2）各种处理对新棘 2 号瓶外生根率的影响

不同的激素种类、激素浓度、浸泡时间对新棘 2 号瓶外生根率的影响见表 2-3-39。从表中可以看出，IBA 100 mg/L 浸泡 10 min 的新棘 2 号生根率最高，达到了 95.6%，明显优于其他方式处理；其次为 IBA 50 mg/L 浸泡 10 min 的，生根率达到了 91.1%；其余激素处理也都有生根苗。组培苗剪切插入苗盘后，通过观察发现，新棘 2 号出根较快，多数苗在第 7 d 就有白点出现，出根时间依次如下：IBA 50 mg/L 浸泡 30 min、IBA 100 mg/L 三种浸泡方式、IBA 200 mg/L 浸泡 10 min、根宝处理，出根时间均为 7～9 d；IAA 处理的几种方式生根较慢，出根时间为 18～20 d；其余处理方式的出根时间均为 10 d 左右。

表 2-3-39　激素种类、激素浓度以及浸泡时间对新棘 2 号瓶外生根率的影响

编号	激素	激素浓度/（mg/L）	浸泡时间/min	无根苗数/棵	生根率/%	编号	激素	激素浓度/（mg/L）	浸泡时间/min	无根苗数/棵	生根率/%
1	IBA	50	10	90	91.1	21	IAA	200	30	90	12.20
2	IBA	50	20	90	87.8	22	IAA	300	10	90	10.00
3	IBA	50	30	90	83.3	23	IAA	300	20	90	4.44
4	IBA	100	10	90	95.6	24	IAA	300	30	90	1.11
5	IBA	100	20	90	85.6	25	IBA+NAA	50	10	90	45.60
6	IBA	100	30	90	81.1	26	IBA+NAA	50	20	90	37.80

编号	激素	激素浓度/（mg/L）	浸泡时间/min	无根苗数/棵	生根率/%	编号	激素	激素浓度/（mg/L）	浸泡时间/min	无根苗数/棵	生根率/%
7	IBA	200	10	90	88.9	27	IBA+NAA	50	30	90	21.10
8	IBA	200	20	90	73.3	28	IBA+NAA	100	10	90	35.60
9	IBA	200	30	90	70.0	29	IBA+NAA	100	20	90	17.80
10	IBA	300	10	90	66.7	30	IBA+NAA	100	30	90	13.30
11	IBA	300	20	90	55.6	31	IBA+NAA	200	10	90	18.90
12	IBA	300	30	90	47.8	32	IBA+NAA	200	20	90	12.20
13	IAA	50	10	90	11.1	33	IBA+NAA	200	30	90	7.78
14	IAA	50	20	90	16.7	34	IBA+NAA	300	10	90	6.67
15	IAA	50	30	90	18.9	35	IBA+NAA	300	20	90	2.22
16	IAA	100	10	90	38.9	36	IBA+NAA	300	30	90	0
17	IAA	100	20	90	31.1	37	根宝	100%根宝原液	2s	90	78.90
18	IAA	100	30	90	21.1	38	根宝	50%根宝原液	2s	90	84.40
19	IAA	200	10	90	28.9	39	根宝	30%根宝原液	2s	90	87.80
20	IAA	200	20	90	15.6	40	CK	CK	0	90	14.40

从植物生长形态上看，IBA 浸泡的根系为两条主根，根系较长，主根上有多条短小须根，根毛多，根系为白色，略微发黄（图 2-3-47）。用 IBA 50 mg/L 三种方式浸泡时，植株地上部分色泽偏淡绿色，植株生长瘦弱。用 IBA 200 mg/L 及以上浓度浸泡时，激素浓度越高或是处理时间越长，植株地上部分变黄或枯死的就越多。IAA 几种浸泡方式也有根生成，但生根所需时间长，生根量低，根系为黑褐色，脆弱易断。IBA+NAA 处理的生根较其余几个良种和品种多，但最高也只达到 45.6%，且生根苗上部叶片偏黄，移栽不易成活。用根宝处理新棘 2 号，低浓度的生根率优于高浓度的，生根率仅次于 IBA 的处理方式，生的根短、粗，根系为黄褐色，上部叶片也略微发黄。

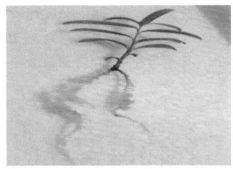

图 2-3-47　新棘 2 号瓶外生根情况

　　对瓶外生根产生影响的 3 个因素进行方差分析，见表 2-3-40。方差分析结果表明，激素种类、激素浓度和浸泡时间均达到了极显著水平，三者都与生根率有密切的关系，影响程度依次为激素种类＞激素浓度＞浸泡时间。在各激素浓度与浸泡时间的比较中，IAA 与 IBA+NAA 的生根率都明显劣于 IBA 与根宝的生根率。浸泡时间对生根率高低的影响也呈现规律分布，随着浸泡时间的延长，生根率显著下降。综上分析，新棘 2 号适宜的沙棘继代无菌苗瓶外生根处理激素为 IBA 100 mg/L 浸泡 10 min。

表 2-3-40　激素对新棘 2 号瓶外生根影响方差分析

变异来源	Ⅲ型平方和	df	MS	F	Sig.
激素种类	28 189.818	2	14 094.909	295.121	0
激素浓度	3 718.911	5	743.782	15.573	0
浸泡时间	1 087.749	2	543.875	11.388	0
误差	1 337.272	28	47.760		
总计	34 333.750	37			

（3）各种处理对新棘 3 号瓶外生根率的影响

　　不同的激素、激素浓度、浸泡时间对新棘 3 号瓶外生根率的影响见表 2-3-41。从表中可以看出，IBA 100 mg/L 浸泡 10 min 的新棘 3 号无根苗生根率最高，达到了 93.3%，明显优于其他方式处理；其次为 IBA 200 mg/L 浸泡 10 min 的，生根率达到了 90.0%；30%的根宝原液生根率也达到了 87.8%。将组培苗剪切插入苗盘，通过观察发现，苗根部 7 d 后有白点冒出，出根时间依次如下：IBA 100 mg/L 浸泡 10 min、IBA 200 mg/L 浸泡 10 min 和根宝处理，出根时间为 8～10 d；激素 IAA 处理的几种方式的出根时间为 18～20 d；其余处理方式的出根时间均为 12 d 左右。

表 2-3-41　激素种类、激素浓度以及浸泡时间对新棘 3 号瓶外生根率的影响

编号	激素	激素浓度/(mg/L)	浸泡时间/(min)	无根苗数/棵	生根率/%	编号	激素	激素浓度/(mg/L)	浸泡时间/min	无根苗数/棵	生根率/%
1	IBA	50	10	90	88.9	21	IAA	200	30	90	2.22
2	IBA	50	20	90	85.6	22	IAA	300	10	90	0
3	IBA	50	30	90	83.3	23	IAA	300	20	90	0
4	IBA	100	10	90	93.3	24	IAA	300	30	90	0
5	IBA	100	20	90	84.4	25	IBA+NAA	50	10	90	30.0
6	IBA	100	30	90	78.9	26	IBA+NAA	50	20	90	23.3
7	IBA	200	10	90	90.0	27	IBA+NAA	50	30	90	20.0
8	IBA	200	20	90	81.1	28	IBA+NAA	100	10	90	26.7
9	IBA	200	30	90	76.7	29	IBA+NAA	100	20	90	17.8
10	IBA	300	10	90	73.3	30	IBA+NAA	100	30	90	10.0
11	IBA	300	20	90	64.4	31	IBA+NAA	200	10	90	12.2
12	IBA	300	30	90	57.8	32	IBA+NAA	200	20	90	3.33
13	IAA	50	10	90	14.4	33	IBA+NAA	200	30	90	0
14	IAA	50	20	90	12.2	34	IBA+NAA	300	10	90	1.11
15	IAA	50	30	90	10.0	35	IBA+NAA	300	20	90	0
16	IAA	100	10	90	18.9	36	IBA+NAA	300	30	90	0
17	IAA	100	20	90	13.3	37	根宝	100%根宝原液	2s	90	75.6
18	IAA	100	30	90	6.67	38	根宝	50%根宝原液	2s	90	82.2
19	IAA	200	10	90	11.1	39	根宝	30%根宝原液	2s	90	87.8
20	IAA	200	20	90	7.78	40	CK	0	0	90	18.9

从植物生长形态上看，IBA 浸泡的根系为 1～2 条主根，从基部茎秆处生根，根粗壮短小，根系为白色偏淡黄。IBA 100 mg/L 浸泡 10 min 所育成的苗，茎秆绿色粗壮，植株健壮，叶片肥厚，苗较插入时有所增高（图 2-3-48）。当 IBA 为 50 mg/L 时，生根率也较高，但生根所需时间略长，植株长势较弱，叶偏淡绿色，根系较脆弱。IBA 200 mg/L 浸泡 10 min 时，所成苗也较为健壮，根系较粗，移栽成活率高。当 IBA 浓度为 300 mg/L 或浸泡时间在 20 min 及以上时，所成苗叶片黄色偏多，部分即使生根，上部苗也枯死。IAA 几种浸泡方式也有根生成，但生根所需时间长，生根量较低，根系为黑褐色，脆弱易断。IBA+NAA 处理的生根效果不理想，插入的无根苗易发黄、枯死。根宝处理生的根短、粗，根系为黄褐色，移栽后易成活。

图 2-3-48　新棘 3 号瓶外生根情况

对瓶外生根产生影响的 3 个因素进行方差分析，见表 2-3-42。方差分析结果表明，激素种类、激素浓度和浸泡时间均达到了极显著水平，三者都与生根率有密切的关系，影响程度依次为激素种类＞激素浓度＞浸泡时间。在各激素浓度与浸泡时间的比较中，IAA 与 IBA+NAA 的生根率都明显劣于 IBA 与根宝的生根率。浸泡时间对生根率高低的影响也呈现规律分布，随着浸泡时间的延长，生根率显著下降。综上分析，新棘 3 号适宜的沙棘继代无菌苗瓶外生根处理激素为 IBA 100 mg/L 浸泡 10 min。

表 2-3-42　激素对新棘 3 号瓶外生根影响方差分析

变异来源	III型平方和	df	MS	F	Sig.
激素种类	39 034.118	2	19 517.059	1 088.011	0
激素浓度	2 075.897	5	415.179	23.145	0

新疆植物组培新技术的研究应用——以花卉、沙棘为例

变异来源	Ⅲ型平方和	df	MS	F	Sig.
浸泡时间	549.6	2	274.8	15.319	0
误差	502.272	28	17.938		
总计	42 161.887	37			

（4）各种处理对辽阜 1 号瓶外生根率的影响

不同的激素种类、激素浓度、浸泡时间对辽阜 1 号瓶外生根率影响较大,见表 2-3-43。从表中可以看出,IBA 100 mg/L 浸泡 10 min 的辽阜 1 号生根率最高,达到 96.7%,明显优于其他方式处理的。组培苗栽入育苗盘后,通过观察发现,苗根部 7 d 后有白点冒出,出根时间依次如下:IBA 100 mg/L 浸泡 10 min,出根时间为 8～10 d;IBA200 mg/L 浸泡 10 min,出根时间为 10 d 左右;IBA50 mg/L 浸泡 10 min、IBA100 mg/L 浸泡 20 min 和 IBA200 mg/L 浸泡 20 min,出根时间均为 12 d 左右;其他处理的出根时间为 13～18 d。

表 2-3-43　激素种类、激素浓度以及浸泡时间对辽阜 1 号瓶外生根率的影响

编号	激素	激素浓度/（mg/L）	浸泡时间/min	无根苗数	生根率/%	编号	激素	激素浓度/（mg/L）	浸泡时间/min	无根苗数	生根率/%
1	IBA	50	10	90	88.9	21	IAA	200	30	90	11.1
2	IBA	50	20	90	86.7	22	IAA	300	10	90	2.22
3	IBA	50	30	90	81.1	23	IAA	300	20	90	0
4	IBA	100	10	90	96.7	24	IAA	300	30	90	0
5	IBA	100	20	90	87.8	25	IBA+NAA	50	10	90	46.7
6	IBA	100	30	90	83.3	26	IBA+NAA	50	20	90	36.7
7	IBA	200	10	90	88.9	27	IBA+NAA	50	30	90	26.7
8	IBA	200	20	90	78.9	28	IBA+NAA	100	10	90	21.1
9	IBA	200	30	90	66.7	29	IBA+NAA	100	20	90	18.9
10	IBA	300	10	90	61.1	30	IBA+NAA	100	30	90	17.8
11	IBA	300	20	90	56.7	31	IBA+NAA	200	10	90	15.6
12	IBA	300	30	90	54.4	32	IBA+NAA	200	20	90	13.3

编号	激素	激素浓度/（mg/L）	浸泡时间/min	无根苗数	生根率/%	编号	激素	激素浓度/（mg/L）	浸泡时间/min	无根苗数	生根率/%
13	IAA	50	10	90	15.6	33	IBA+NAA	200	30	90	11.1
14	IAA	50	20	90	17.8	34	IBA+NAA	300	10	90	4.4
15	IAA	50	30	90	25.6	35	IBA+NAA	300	20	90	0
16	IAA	100	10	90	27.8	36	IBA+NAA	300	30	90	0
17	IAA	100	20	90	21.1	37	根宝	100%根宝原液	2s	90	76.7
18	IAA	100	30	90	15.6	38	根宝	50%根宝原液	2s	90	78.9
19	IAA	200	10	90	18.9	39	根宝	30%根宝原液	2s	90	83.3
20	IAA	200	20	90	13.3	40	CK	0	0	90	13.3

从植物生长形态上看，IBA 浸泡的根系为 1～2 条主根，主根上分布有根毛，根系均为白色，根尖略偏黄（图 2-3-49），其中 IBA 50 mg/L 和 100 mg/L 处理的植株地上部分颜色为绿色，植株高度有所增高；IBA 200 mg/L 和 300 mg/L 处理的植株地上部分颜色开始变黄，浓度越高，变黄程度也就越高。根宝浸泡的根系是多条须根，根系上半部为白色，根系末梢发黑，地上部分发黄，植株高度未变，植株变黄程度随浓度升高而增加。IAA 50 mg/L 和 100 mg/L 浸泡处理的植株地上部分也都是绿色，但地下部分出根极少，即使出根也多短、黑。IAA 200 mg/L 和 300 mg/L 浸泡处理的植株地上部分轻微变黄。IBA+NAA 处理的生根效果也远低于 IBA 与根宝处理的，诱导出的根系短，而且根系出现黑褐色等情况。

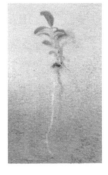

图 2-3-49　辽阜 1 号瓶外生根情况

对瓶外生根产生影响的 3 个因素进行方差分析，见表 2-3-44。方差分析结果表明，激素种类、激素浓度和浸泡时间均达到了极显著水平，三者都与生根率有密切的关系，影响程度依次为激素种类＞激素浓度＞浸泡时间。在各激素浓度与浸泡时间的比较中，IAA 与 IBA+NAA 的生根率都明显劣于 IBA 与根宝的生根率。浸泡时间对生根率高低的影响也呈现有规律分布，随着浸泡时间的延长，生根率显著下降。综上分析，辽阜 1 号适宜的沙棘继代无菌苗瓶外生根处理方式为 IBA 100 mg/L 浸泡 10 min。

表 2-3-44　激素对辽阜 1 号瓶外生根影响方差分析

变异来源	III型平方和	df	MS	F	Sig.
激素种类	30 432.029	2	15 216.014	430.353	0
激素浓度	4 085.002	5	817	23.107	0
浸泡时间	357.067	2	178.534	5.049	0.013
误差	989.997	28	35.357		
总计	102 862.78	39			

（5）各种处理对新棘 4 号瓶外生根率的影响

不同的激素种类、激素浓度、浸泡时间对新棘 4 号瓶外生根率的影响见表 2-3-45。从表中可以看出，IBA 100 mg/L 浸泡 10 min 的新棘 4 号生根率最高，达到 86.7%，明显优于其他方式处理的，但其生根率明显低于其余 4 个沙棘良种和 3 个沙棘品种。组培苗栽入育苗盘后，通过观察发现，苗根部 8 d 后有白点冒出，出根时间依次如下：IBA 100 mg/L 浸泡 10 min，出根时间为 10～11 d；IAA 出根时间为 17～19 d；其他处理方式的出根时间为 13～15 d。

从植物生长形态上看，IBA 浸泡的根系发达，有 4 条根，根系较长，主根上有多条较长的须根，根系为白色，上部植株长势健壮，略有增高（图 2-3-50）。IAA 激素处理的无根苗地上部分也都是绿色，但地下部分出根极少，即使出根也多短、黑，高浓度的 IAA 激素处理生根率为 0。IBA+NAA 低浓度、短时间处理的有个别生出了根，所生根段，根系色泽偏褐色，上部茎叶偏黄，生根率极低；高浓度处理的，插入无根苗后，很快苗叶片变黄，随后干枯死亡，茎根部珍珠岩变成褐色。根宝所生根系粗短，有多条须根，根系上半部为白色，末梢发黑，部分生根苗地上部分发黄。

表 2-3-45　激素种类、激素浓度以及浸泡时间对新棘 4 号瓶外生根率的影响

编号	激素	激素浓度/（mg/L）	浸泡时间/min	无根苗数/棵	生根率/%	编号	激素	激素浓度/（mg/L）	浸泡时间/min	无根苗数/棵	生根率/%
1	IBA	50	10	90	83.3	21	IAA	200	30	90	0
2	IBA	50	20	90	81.1	22	IAA	300	10	90	0
3	IBA	50	30	90	73.3	23	IAA	300	20	90	0
4	IBA	100	10	90	86.7	24	IAA	300	30	90	0
5	IBA	100	20	90	76.7	25	IBA+NAA	50	10	90	6.67
6	IBA	100	30	90	72.2	26	IBA+NAA	50	20	90	3.33
7	IBA	200	10	90	82.2	27	IBA+NAA	50	30	90	0
8	IBA	200	20	90	70	28	IBA+NAA	100	10	90	14.4
9	IBA	200	30	90	63.3	29	IBA+NAA	100	20	90	7.78
10	IBA	300	10	90	65.6	30	IBA+NAA	100	30	90	1.11
11	IBA	300	20	90	48.9	31	IBA+NAA	200	10	90	0
12	IBA	300	30	90	35.6	32	IBA+NAA	200	20	90	0
13	IAA	50	10	90	18.9	33	IBA+NAA	200	30	90	0
14	IAA	50	20	90	12.2	34	IBA+NAA	300	10	90	0
15	IAA	50	30	90	6.67	35	IBA+NAA	300	20	90	0
16	IAA	100	10	90	14.4	36	IBA+NAA	300	30	90	0
17	IAA	100	20	90	8.89	37	根宝	100%根宝原液	2s	90	67.8
18	IAA	100	30	90	4.44	38	根宝	50%根宝原液	2s	90	76.7
19	IAA	200	10	90	7.78	39	根宝	30%根宝原液	2s	90	78.9
20	IAA	200	20	90	0	40	CK	0	0	90	12.2

图 2-3-50　新棘 4 号瓶外生根情况

　　对新棘 4 号瓶外生根产生影响的 3 个因素进行方差分析，见表 2-3-46。方差分析结果表明，激素种类、激素浓度和浸泡时间均达到了极显著水平，三者都与生根率有密切的关系，影响程度依次为激素种类＞激素浓度＞浸泡时间。在各激素浓度与浸泡时间的比较中，IAA 与 IBA+NAA 的生根率都明显劣于 IBA 与根宝的生根率。浸泡时间对生根率高低的影响也呈现有规律分布，随着浸泡时间的延长，生根率显著下降。综上分析，新棘 4 号适宜的沙棘继代无菌苗瓶外生根处理方式为 IBA 100 mg/L 浸泡 10 min。

表 2-3-46　激素对新棘 4 号瓶外生根影响方差分析

变异来源	Ⅲ型平方和	df	MS	F	Sig.
激素种类	34 355.018	2	17 177.509	349.791	0
激素浓度	1 502.08	5	300.416	6.117	0.001
浸泡时间	375.178	2	187.589	3.82	0.034
误差	1 375.02	28	49.108		
总计	37 607.296	37			

　　（6）各种处理对深秋红瓶外生根率的影响

　　不同的激素种类、激素浓度、浸泡时间对深秋红瓶外生根率的影响见表 2-3-47。从表 2-3-47 中可以看出，以 100 mg/L 的 IBA 浸泡 10 min 的生根率最高，高达 95.0%，明显优于其他方式处理的。组培苗栽入育苗盘后，通过观察发现，IBA 100 mg/L 浸泡 10 min 的出根时间最早，为 8～9 d，在基部出现白色的突起，随后突起处伸出白色的根尖，20 d

后根长可达 2 cm；IAA 激素处理的生根较晚，出根时间为 15～16 d；其余处理出根时间为 12 d。

表 2-3-47　激素种类、激素浓度以及浸泡时间对深秋红瓶外生根率的影响

编号	激素	激素浓度/（mg/L）	浸泡时间/min	无根苗数	生根率/%	编号	激素	激素浓度/（mg/L）	浸泡时间/min	无根苗数	生根率/%
1	IBA	50	10	90	87.5	21	IAA	200	30	90	12.5
2	IBA	50	20	90	85.0	22	IAA	300	10	90	2.50
3	IBA	50	30	90	80.0	23	IAA	300	20	90	0
4	IBA	100	10	90	95.0	24	IAA	300	30	90	0
5	IBA	100	20	90	87.5	25	IBA+NAA	50	10	90	45.0
6	IBA	100	30	90	82.5	26	IBA+NAA	50	20	90	35.0
7	IBA	200	10	90	82.5	27	IBA+NAA	50	30	90	25.0
8	IBA	200	20	90	77.5	28	IBA+NAA	100	10	90	20.0
9	IBA	200	30	90	75.0	29	IBA+NAA	100	20	90	17.5
10	IBA	300	10	90	70.0	30	IBA+NAA	100	30	90	17.5
11	IBA	300	20	90	65.0	31	IBA+NAA	200	10	90	17.5
12	IBA	300	30	90	62.5	32	IBA+NAA	200	20	90	12.5
13	IAA	50	10	90	30.0	33	IBA+NAA	200	30	90	10.0
14	IAA	50	20	90	25.0	34	IBA+NAA	300	10	90	5.00
15	IAA	50	30	90	25.0	35	IBA+NAA	300	20	90	0
16	IAA	100	10	90	25.0	36	IBA+NAA	300	30	90	0
17	IAA	100	20	90	20.0	37	根宝	100%根宝原液	2s	90	75.0
18	IAA	100	30	90	15.0	38	根宝	50%根宝原液	2s	90	77.5
19	IAA	200	10	90	17.5	39	根宝	30%根宝原液	2s	90	82.5
20	IAA	200	20	90	12.5	40	CK	0	0	90	12.5

　　从植物生长形态来看，IBA 浸泡的根系发达，是 5 个沙棘良种和 3 个品种中根系最为发达的，有多条根系，须根多，根系为白色，上部茎段较粗，叶尖略有干尖现象（图 2-3-51）。IBA 200 mg/L 浸泡 10 min 和根宝处理时，在裸露在珍珠岩表层的茎段处也可看见有根系生成，根短，呈针尖状，黄褐色，个别紧贴珍珠岩的叶片也有类似根系生成。经 IAA 和 IBA+NAA 处理的生根效果不理想，生根率极低，没有生根的苗很快干枯死亡。

图 2-3-51　深秋红瓶外生根情况

　　对深秋红瓶外生根产生影响的 3 个因素进行方差分析，见表 2-3-48。表 2-3-48 表明，激素种类、激素浓度、浸泡时间都与生根率有密切的关系，三者对生根率的影响均达到了极显著水平，其影响程度依次为激素种类＞激素浓度＞浸泡时间。比较不同激素浓度与浸泡时间各处理的生根率可知，IAA 与 IBA+NAA 的生根率均明显低于 IBA 与根宝处理的生根率，在浸泡时间影响下生根率的高低也呈现规律分布特点，随着浸泡时间的延长，生根率显著下降。综上分析，深秋红适宜的沙棘继代无菌苗瓶外生根处理方式为 IBA 100 mg/L 浸泡 10 min。

表 2-3-48　激素对深秋红瓶外生根影响方差分析

变异来源	Ⅲ型平方和	df	MS	F	Sig.
激素种类	31 684.722	2	15 842.361	880.447	0
激素浓度	3 333.333	5	666.667	37.05	0
浸泡时间	367.014	2	183.507	10.198	0
误差	503.819	28	17.994		
总计	35 888.888	39			

（7）各种处理对新棘 5 号瓶外生根率的影响

不同的激素种类、激素浓度、浸泡时间对新棘 5 号瓶外生根率影响见表 2-3-49。从表中可以看出，IBA 100 mg/L 浸泡 10 min 的新棘 5 号无根苗生根率最高，达到了 94.4%，明显优于其他方式的处理；其次为 IBA200 mg/L 浸泡 10 min，生根率达到了 91.1%；IBA 50 mg/L 浸泡 10 min，也达到了 90.0%。总体来说，新棘 5 号瓶外生根较易成活。组培苗剪切插入苗盘后，通过观察发现，苗根部 7 d 后有白点冒出，出根时间依次如下：IBA 100 mg/L 浸泡 10 min、IBA 200 mg/L 浸泡 10 min 和根宝处理，出根时间为 8～9 d；激素 IAA 处理的几种方式的出根时间为 15～16 d；其余处理方式的出根时间均为 12 d 左右。

表 2-3-49　激素种类、激素浓度以及浸泡时间对新棘 5 号瓶外生根率的影响

编号	激素	激素浓度/（mg/L）	浸泡时间/min	无根苗数/棵	生根率/%	编号	激素	激素浓度/（mg/L）	浸泡时间/min	无根苗数/棵	生根率/%
1	IBA	50	10	90	90.0	21	IAA	200	30	90	10.0
2	IBA	50	20	90	86.7	22	IAA	300	10	90	8.89
3	IBA	50	30	90	81.1	23	IAA	300	20	90	5.56
4	IBA	100	10	90	94.4	24	IAA	300	30	90	1.11
5	IBA	100	20	90	83.3	25	IBA+NAA	50	10	90	24.4
6	IBA	100	30	90	76.7	26	IBA+NAA	50	20	90	20.0
7	IBA	200	10	90	91.1	27	IBA+NAA	50	30	90	10.0
8	IBA	200	20	90	84.4	28	IBA+NAA	100	10	90	21.1
9	IBA	200	30	90	76.7	29	IBA+NAA	100	20	90	7.78
10	IBA	300	10	90	72.2	30	IBA+NAA	100	30	90	3.33
11	IBA	300	20	90	67.8	31	IBA+NAA	200	10	90	4.44
12	IBA	300	30	90	63.3	32	IBA+NAA	200	20	90	0
13	IAA	50	10	90	23.3	33	IBA+NAA	200	30	90	0
14	IAA	50	20	90	40.0	34	IBA+NAA	300	10	90	1.11
15	IAA	50	30	90	47.8	35	IBA+NAA	300	20	90	0
16	IAA	100	10	90	42.2	36	IBA+NAA	300	30	90	0

编号	激素	激素浓度/（mg/L）	浸泡时间/min	无根苗数/棵	生根率/%	编号	激素	激素浓度/（mg/L）	浸泡时间/min	无根苗数/棵	生根率/%
17	IAA	100	20	90	27.8	37	根宝	100%根宝原液	2s	90	78.89
18	IAA	100	30	90	18.9	38	根宝	50%根宝原液	2s	90	84.44
19	IAA	200	10	90	21.1	39	根宝	30%根宝原液	2s	90	88.89
20	IAA	200	20	90	12.2	40	CK	CK	0	90	12.2

从植物生长形态上看，新棘 5 号用 IBA 100 mg/L 浸泡 10 min，其根系发达，有 3～5 条根，须根多，20 d 后根长可达 2.5 cm，根系为白色偏黄，上部茎段较粗壮，略有长高，叶片肥厚，长势较壮（图 2-3-52）。IBA200 mg/L 浸泡 10 min 的，在裸露于珍珠岩表层的茎秆处有根形成，且比茎秆切口处先形成根，所成根系较 IBA 100 mg/L 浸泡10 min 的短，但粗壮，上部叶片略微偏黄。IBA50 mg/L 浸泡 10 min 的，所成苗上部茎秆较为细弱，叶片呈淡绿色，根系为白色、脆弱，根系须根少，但根系较其余的处理长。IAA 和 IBA+NAA 处理的也有一定比例的生根苗，但总体低于其他处理。根宝处理可以获得较高的生根苗，所成苗根系发达，须根较多，茎秆粗壮。

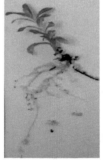

图 2-3-52　新棘 5 号瓶外生根情况

对新棘 5 号瓶外生根产生影响的 3 个因素进行方差分析，见表 2-3-50。表 2-3-50 表明，激素种类、激素浓度、浸泡时间都与生根率有密切的关系，且对生根率的影响均达到了极显著水平，其影响程度依次为激素种类＞激素浓度＞浸泡时间。比较不同激素浓度与浸泡时间各处理的生根率可知，IAA 与 IBA+NAA 处理的生根率均明显低于 IBA 与根宝处理的生根率，在浸泡时间影响下，生根率的高低也呈现规律分布特点，随着浸泡时间的延长，生根率显著下降。综上分析，新棘 5 号适宜的沙棘继代无菌苗瓶外生根处理方式为 IBA 100 mg/L 浸泡 10 min。

表 2-3-50　激素对新棘 5 号瓶外生根影响方差分析

变异来源	Ⅲ型平方和	df	MS	F	Sig.
激素种类	36 022.592	2	18 011.296	362.669	0
激素浓度	2 693.073	5	538.615	10.845	0
浸泡时间	464.037	2	232.019	4.672	0.018
误差	1 390.571	28	49.663		
总计	40 570.273	37			

（8）各种处理对辽阜 2 号瓶外生根率的影响

不同的激素种类、激素浓度、浸泡时间对辽阜 2 号瓶外生根率影响见表 2-3-51。从表中可以看出，以 IBA 100 mg/L 浸泡 10 min 的生根率最高，达 88.9%，明显优于其他方式处理的。试验观察发现，辽阜 2 号瓶外生根出根时间较晚，第 9 天才见有无根苗基部出现白色突起，随后发育成根，伸长生长。出根时间依次如下：IBA 100 mg/L 浸泡 10 min、IBA 200 mg/L 浸泡 10 min 和根宝处理的出根时间为 10～11 d；激素 IAA 处理的几种方式的出根时间为 18～20 d；其余处理方式的出根时间均为 14 d 左右。

表 2-3-51　激素种类、激素浓度以及浸泡时间对辽阜 2 号瓶外生根率的影响

编号	激素	激素浓度/（mg/L）	浸泡时间/min	无根苗数/棵	生根率/%	编号	激素	激素浓度/（mg/L）	浸泡时间/min	无根苗数/棵	生根率/%
1	IBA	50	10	90	86.7	21	IAA	200	30	90	8.89
2	IBA	50	20	90	83.3	22	IAA	300	10	90	5.56
3	IBA	50	30	90	78.9	23	IAA	300	20	90	0
4	IBA	100	10	90	88.9	24	IAA	300	30	90	0
5	IBA	100	20	90	83.3	25	IBA+NAA	50	10	90	21.10

编号	激素	激素浓度/（mg/L）	浸泡时间/min	无根苗数/棵	生根率/%	编号	激素	激素浓度/（mg/L）	浸泡时间/min	无根苗数/棵	生根率/%
6	IBA	100	30	90	71.1	26	IBA+NAA	50	20	90	14.40
7	IBA	200	10	90	84.4	27	IBA+NAA	50	30	90	6.67
8	IBA	200	20	90	73.3	28	IBA+NAA	100	10	90	16.67
9	IBA	200	30	90	67.8	29	IBA+NAA	100	20	90	10.09
10	IBA	300	10	90	57.8	30	IBA+NAA	100	30	90	2.22
11	IBA	300	20	90	54.4	31	IBA+NAA	200	10	90	5.56
12	IBA	300	30	90	41.1	32	IBA+NAA	200	20	90	0
13	IAA	50	10	90	25.6	33	IBA+NAA	200	30	90	0
14	IAA	50	20	90	20	34	IBA+NAA	300	10	90	0
15	IAA	50	30	90	12.2	35	IBA+NAA	300	20	90	0
16	IAA	100	10	90	23.3	36	IBA+NAA	300	30	90	0
17	IAA	100	20	90	16.7	37	根宝	100%根宝原液	2s	90	72.20
18	IAA	100	30	90	14.4	38	根宝	50%根宝原液	2s	90	81.10
19	IAA	200	10	90	22.2	39	根宝	30%根宝原液	2s	90	84.40
20	IAA	200	20	90	13.3	40	CK	CK	0	90	26.67

从植物生长形态上看，辽阜 2 号用 IBA 100 mg/L 浸泡 10 min，其根系发达，多条根，须根多，根系为白色略偏黄，上部茎段较粗壮，略有长高，叶片绿色，长势较壮（图 2-3-53）。IBA 200 mg/L 浸泡 10 min 和根宝处理的，在裸露于珍珠岩表层的茎段处也有根系生成，根短，呈针尖状，黄褐色，个别紧贴珍珠岩的叶片也有类似根系生成。激素浓度过高或是处理时间过长，会造成上部叶片发黄，脱落，茎秆基部褐化死亡。IAA 和 IBA+NAA 处理的生根能力较弱，所成苗上部茎叶多为黄色，长势弱。

图 2-3-53　辽阜 2 号瓶外生根情况

对辽阜 2 号瓶外生根产生影响的 3 个因素进行方差分析，见表 2-3-52。表 2-3-52 表明，激素种类、激素浓度、浸泡时间都与生根率有密切的关系，三者对生根率的影响均达到了极显著水平，其影响程度依次为激素种类＞激素浓度＞浸泡时间。比较不同激素浓度与浸泡时间各处理的生根率可知，IAA 与 IBA+NAA 处理的生根率都明显低于 IBA 与根宝处理的生根率，在浸泡时间影响下，生根率的高低也呈现规律分布特点，随着浸泡时间的延长，生根率显著下降。综上分析，辽阜 2 号适宜的沙棘继代无菌苗瓶外生根处理方式为 IBA 100 mg/L 浸泡 10 min。

表 2-3-52　激素对辽阜 2 号瓶外生根影响方差分析

变异来源	Ⅲ型平方和	df	MS	F	Sig.
激素种类	31 689.536	2	15 844.768	606.03	0
激素浓度	2 477.774	5	495.555	18.954	0
浸泡时间	754.06	2	377.03	14.421	0
误差	732.065	28	26.145		
总计	35 653.435	37			

瓶外生根是一种能降低成本、缩短育苗周期、节省时间、提高移栽成活率、简单易行的有效技术，本试验针对沙棘的生长特性，分析总结了 5 个沙棘良种和 3 个品种使用不同激素种类、浓度和浸泡时间对沙棘组培无根苗生根所产生的影响。我们通过多次应用试验证实，5 个沙棘良种和 3 个品种均在 IBA100 mg/L 浸泡 10 min 的条件下，生根效

果最为理想，生根率最高，所生根系健壮，植株长势健壮。为此，可将 IBA100 mg/L 浸泡 10 min 作为不考虑品种差异下的沙棘无根苗瓶外生根通用处理方法。

3.2.3.3 温度和湿度对 5 个沙棘良种和 3 个品种的瓶外生根影响

（1）试验处理

将淘洗过的珍珠岩装入底部透气的育苗盘中，使基质湿度保持在 80% 左右，表层均匀喷施 1 000 倍的 80% 多菌灵溶液。将试验苗按照标签标示的试验组别，等距插入育苗盘中对应的区域内。待整个育苗盘插满后，在苗上方 20 cm 处均匀喷施 1 遍多菌灵，在管理期间，多菌灵喷施 1 周 1 次即可。最后，将塑料薄膜覆盖于育苗盘之上，快速移入用塑料薄膜搭建好的棚架之中，并且放置温湿度计用以监控空气温湿度。

通过设置（19±1）℃、（21±1）℃、（23±1）℃、（25±1）℃、（27±1）℃、（29±1）℃共 6 个温度梯度和（75±2）%、（80±2）%、（85±2）%、（90±2）%、（95±2）%共 5 个湿度梯度，确定瓶外生根时最佳的培养温度和培养湿度。每个梯度和湿度插入 5 个沙棘良种和 3 个沙棘品种无根苗各 150 棵，扦插使用激素为 IBA 100 mg/L，浸泡 10 min。光照时间设定为 10 h。前 1~3 d 尽可能不施加外部干预措施（若相对空气湿度低于 75% 可适当喷水），由于基质湿度大，容易导致空气湿度过高，故需要密切监控，使温湿度都保持在适当的范围内。

（2）温度对 5 个沙棘良种和 3 个品种的瓶外生根影响

温度是影响沙棘组培无根苗瓶外生根成活与否的关键因素之一，温度过高或过低都会对植株造成不可逆的伤害，影响其生根率。温度对 5 个沙棘良种和 3 个沙棘品种的影响结果见表 2-3-53。可以看出，温度对 5 个沙棘良种和 3 个沙棘品种影响较大，温度高于 29℃后，组培无根苗在扦插 1 周后就陆续死亡，没有死亡的根大多腐烂或是根生长细长、瘦弱，可能是由于高温使组培无根苗失水过快，叶片不能及时补水，造成苗茎叶干枯，即使有根形成的，高温高湿也易使根腐烂。当温度低于 23℃后，组培无根苗扦插后生根率明显降低，出根时间延长，苗长势较弱。综合分析，5 个沙棘良种和 3 个沙棘品种最适宜的沙棘瓶外生根培养温度为（27±1）℃，此温度下，生根率均达到了最大值，且所生根生长健壮，生根苗质量较好。

表 2-3-53　不同温度对沙棘瓶外生根率的影响

品种	温度/℃					
	19±1	21±1	23±1	25±1	27±1	29±1
新棘 1 号	47.3	67.3	80.7	87.3	90.7	78.7
新棘 2 号	48.7	83.3	90.7	92.7	96	80.7
新棘 3 号	46.7	62.7	81.3	90	92.7	79.3
辽阜 1 号	52.7	70.7	82.7	94	97.3	81.3
新棘 4 号	34.7	61.3	69.3	82.7	87.3	74.7
深秋红	56.7	68.7	83.3	90.7	95.3	77.3
新棘 5 号	50.7	66.7	71.3	89.3	94.7	74
辽阜 2 号	46.7	59.3	72.7	84.7	88	73.3

（3）湿度对 5 个沙棘良种和 3 个品种的瓶外生根影响

湿度也是影响沙棘组培无根苗瓶外生根成活与否的关键因素之一，湿度过高易造成无根苗腐烂死亡，湿度过低，苗木干枯较快，为此，我们设置了 5 个湿度梯度，在（27±1）℃、光照时间设定为 12 h 的条件下，对 5 个沙棘良种和 3 个沙棘品种进行瓶外生根苗培养，以确定瓶外生根最佳的培养湿度，结果见表 2-3-54。由表 2-3-54 可以看出，湿度对 5 个沙棘良种和 3 个沙棘品种的影响极显著，当湿度高于（95±2）%时，沙盘基部水分过大，插入的组培无根苗贴近珍珠岩的茎秆基部逐渐变褐，7 d 后茎秆倒伏，苗木基部腐烂，即使生根后，根系也易腐烂，苗木倒伏，部分还会出现真菌感染。当湿度低于（85±2）%时，插入的组培无根苗叶片易失去水分，造成苗木变黄干枯，不易生根。尤其是刚插入时，如果湿度过低，组培的无根苗极易萎缩，超过 24 h 后，即使恢复适宜的湿度，无根苗也无法恢复生长，最终萎缩死亡。综合分析，5 个沙棘良种和 3 个沙棘品种最适宜的沙棘瓶外生根培养湿度为（90±2）%，此湿度下生根率均达到了最大值，且所生根生长健壮，生根苗质量较好。

表 2-3-54　不同湿度对沙棘瓶外生根率的影响

品种	湿度/%				
	75±2	80±2	85±2	90±2	95±2
新棘 1 号	33.3	66.7	82.7	89.3	73.3
新棘 2 号	40.7	70.7	85.3	95.3	75.3
新棘 3 号	39.3	72.7	88.7	94	76
辽阜 1 号	47.3	73.3	86.7	96	79.3
新棘 4 号	34.7	67.3	81.3	86	74.7
深秋红	43.3	74.7	89.3	94.7	80.7
新棘 5 号	52	77.3	87.3	93.3	82.7
辽阜 2 号	29.3	52.7	74.7	88.7	77.3

3.2.3.4　移栽

将沙盘中已经生根的 5 个沙棘良种和 3 个沙棘品种苗进行移栽，移栽基质为草炭土∶珍珠岩=1∶7，移栽完成后，浇水放置于培养室中 1～2 d，再放置于培养室外过渡 1～2 d，最后放置于室外向阳处生长，依据基质湿度适量浇水，增加抗逆性，尽快适应外界环境，等到苗冒出一两片叶片后即可移栽至大棚。经试验，5 个沙棘良种和 3 个沙棘品种移栽成活率达到了 90%以上，并且成活苗在 20 d 左右长出新叶，可移栽至大棚，说明此种移栽方式对于沙棘瓶外生根苗的后续培养管理效率较高（图 2-3-54）。

（a）移栽 7 d 长势

（b）移栽 20 d 后长势

图 2-3-54　沙棘瓶外生根苗移栽成活情况

3.2.3.5 瓶外生根小结

使用瓶外生根技术对沙棘进行工厂化育苗，不仅简化了生产程序，使大规模生产沙棘成为可能，而且降低了生产成本，提高了沙棘组培苗的经济效益。本试验首次确定了5个沙棘良种和3个沙棘品种瓶外生根合适的激素种类、激素浓度和浸泡时间，确定了合适的环境温湿度，为沙棘工厂化快繁提供了一条省时、节能、低成本的简便易行的生产途径。

1）不同的激素种类、激素浓度、浸泡时间对沙棘瓶外生根率均有影响，大量试验表明，5个沙棘良种和3个沙棘品种采用 IBA 100 mg/L 浸泡 10 min 处理的生根率最高，生根效果最好，均达到85%以上；可将 IBA 100 mg/L 浸泡 10 min 作为不考虑品种差异下沙棘无根苗瓶外生根的通用处理方法。

2）为提高沙棘瓶外生根率，需确保实验环境在恒温恒湿的情况下进行，开始培养的1～7 d，培养温度需控制在（27±2）℃，相对湿度控制在（90±2）%，光照强度为2500 lx，光照时间为 12 h/d。逐渐延长通风透光时间，直到沙盘苗生根后适应外界环境。温湿度在瓶外生根时应结合实际情况进行适度调控。

3）瓶外生根苗根系较脆弱，移栽时注意操作，防止断根，移栽前期加强水分管理，以增强其抗逆性，尽快适应外界环境。经试验，5个沙棘良种和3个沙棘品种移栽成活率达到了90%以上，并且成活苗在 20 d 左右长出新叶，可移栽至大棚。大量试验表明，幼苗冒出一两片叶片后即可移栽至大棚。

4）组培苗在继代增殖到一定数量后，就要将部分分化苗转入生根培养，本研究改进的关键是将沙棘组培苗的生根阶段和移栽驯化合二为一，这可使沙棘组培苗的生根周期缩短 20 d 左右，且生根率普遍略高于瓶内生根率。该技术的应用可缩短沙棘组培育苗时间，降低成本，提高成活率。

3.2.4 沙棘组培体系优化

3.2.4.1 沙棘组织培养技术体系

本研究通过对沙棘多个品种初代培养、继代增殖培养、生根培养和炼苗移栽等组培关键技术的研究，建立了沙棘组织培养技术体系（表 2-3-55），培育了沙棘组培苗4万株。

表 2-3-55 沙棘组织培养技术体系

培养阶段	外植体	品种	适宜培养基	蔗糖	琼脂	培养条件
初代培养	茎尖	新棘 1 号	1/4MS+6-BA0.3 mg/L	3%	0.6%	培养温度为 25℃左右，湿度为 50%～70%，光照强度为 2 000～3 000 lx，光照时间为 13～16 h/d
		新棘 2 号	1/2MS+6-BA0.3 mg/L			
		新棘 3 号	1/4MS+6-BA0.5 mg/L			
		辽阜 1 号	1/2MS+6-BA0.3 mg/L			
		新棘 4 号	1/4MS+6-BA0.3 mg/L			
		深秋红	1/4MS+6-BA0.5 mg/L			
		新棘 5 号	1/4MS+6-BA0.3 mg/L			
		辽阜 2 号	1/4MS+6-BA0.5 mg/L			
继代培养	无菌苗茎尖	新棘 1 号	1/4MS+6-BA0.3 mg/L	3%	0.6%	培养温度为 25℃左右，湿度为 50%～70%，光照强度为 2 000～3 000 lx，光照时间为 13～16 h/d
		新棘 2 号	1/4MS+6-BA0.3 mg/L			
		新棘 3 号	1/4MS+6-BA0.5 mg/L+IAA0.2 mg/L			
		辽阜 1 号	1/4MS+6-BA0.3 mg/L			
		新棘 4 号	1/4MS+6-BA0.3 mg/L			
		深秋红	1/4MS+6-BA0.3 mg/L			
		新棘 5 号	1/4MS+6-BA0.3 mg/L			
		辽阜 2 号	1/4MS+6-BA0.3 mg/L			
	无菌苗茎段	新棘 1 号	1/4MS+6-BA0.3 mg/L			
		新棘 2 号	1/4MS+6-BA0.5 mg/L+IAA 0.2 mg/L			
		新棘 3 号	1/4MS+6-BA0.5 mg/L+IAA 0.2 mg/L			
		辽阜 1 号	1/4MS+6-BA0.3 mg/L			
		新棘 4 号	1/4MS+6-BA0.3 mg/L			
		深秋红	1/4MS+6-BA0.3 mg/L			
		新棘 5 号	1/4MS+6-BA0.3 mg/L			
		辽阜 2 号	1/4MS+6-BA0.5 mg/L+IAA 0.2 mg/L			

培养阶段	外植体	品种	适宜培养基	蔗糖	琼脂	培养条件
继代培养	无菌苗愈伤组织	新棘 1 号	1/4MS+6-BA0.5 mg/L+IAA0.2 mg/L	3%	0.6%	培养温度为 25℃左右，湿度为 50%～70%，光照强度为 2 000～3 000 lx，光照时间为 13～16 h/d
		新棘 2 号	1/4MS+6-BA0.3 mg/L			
		新棘 3 号	1/4MS+6-BA0.5+IAA0.3 mg/L			
		辽阜 1 号	1/4MS+6-BA0.5+IAA0.3 mg/L			
		新棘 4 号	1/4MS+6-BA0.3 mg/L			
		深秋红	1/4MS+6-BA0.5+IAA0.2 mg/L			
		新棘 5 号	1/4MS+6-BA0.3 mg/L			
		辽阜 2 号	1/4MS+6-BA0.5 mg/L+IAA0.2 mg/L			
	无菌苗叶片	新棘 1 号	1/4MS+6-BA0.5 mg/L+IAA0.3 mg/L			
		新棘 2 号				
		新棘 3 号				
		辽阜 1 号				
		新棘 4 号				
		深秋红				
		新棘 5 号				
		辽阜 2 号				
生根培养	瓶内生根 3 cm 无根苗	新棘 1 号	1/4MS+6-BA0.1 mg/L+IBA1.0 mg/L	0.2%	0.6%	培养温度为 25℃左右，湿度为 50%～70%，光照强度为 2 000～3 000 lx，光照时间为 13～16 h/d
		新棘 2 号	1/4MS+IBA0.3 mg/L	0.3%		
		新棘 3 号	1/4MS+IBA0.3 mg/L	0.3%		
		辽阜 1 号	1/4MS+6-BA0.1 mg/L+IBA1.0 mg/L	0.2%		
		新棘 4 号	1/4MS+6-BA0.2 mg/L	0.3%		
		深秋红	1/4MS+IBA0.3 mg/L	0.3%		
		新棘 5 号	1/4MS+6-BA0.2 mg/L	0.3%		
		辽阜 2 号	1/4MS+IBA0.3 mg/L	0.3%		

培养阶段	外植体	品种	适宜培养基	蔗糖	琼脂	培养条件
生根培养	瓶外生根	3 cm 无根苗 新棘 1 号 新棘 2 号 新棘 3 号 辽阜 1 号 新棘 4 号 深秋红 新棘 5 号 辽阜 2 号	IBA 100 浸泡 10 min	—	—	培养温度为 27～28℃，湿度为 85%～95%，光照强度为 2 500 lx，光照时间为 14 h/d，逐渐通风透光至完全室外培养
移栽炼苗	生根苗		移栽基质为草炭土和珍珠岩，瓶内移栽成活率达 96% 以上，瓶外移栽成活率达 90% 以上			最初 7 d 湿度在 95% 以上，逐渐延长通风透光时间至完全室外培养

3.2.4.2　影响沙棘组培苗规模化生产的关键因素

为优化沙棘组织培养技术，便于规模化生产和应用，我们对影响规模化生产的几个关键因素进行了试验。

褐化是沙棘组织培养中的常见问题，沙棘组织创伤分泌出的酚类物质一旦接触空气便被氧化成醌类有毒物质，这些有毒物质积累在培养基中会使培养材料死亡。我们研究了暗培养的时间、培养基的软硬度、光照时间和转接周期对沙棘褐化的影响，最终确定暗培养 3 d，7 g/L 琼脂，光照 2 000～3 000 lx、13～16 h/d，20 d 内转接可有效抑制褐化，确保植株生长旺盛，色泽正常。

玻璃化苗很难移栽成活，给沙棘离体快繁带来了极大的损失。我们认为，试管苗的玻璃化，主要是培养基中的细胞分裂素水平太高，碳源、琼脂含量太低，容器过分密闭等原因造成的。试验表明，培养基激素配比对沙棘苗玻璃化影响较大，高浓度的 6-BA 和 IAA 均会导致大量玻璃化苗的产生，降低激素用量能有效降低沙棘玻璃化苗的产生。本试验确定在初代培养中使用 6-BA0.3～0.5 mg/L 时玻璃化苗率最低。接种密度 8 棵/瓶，培养基蔗糖浓度为 30 g/L，温度为 25℃，光照强度为 2 000～3 000 lx，光照时间为 13～16 h/d，20 d 内转接可有效抑制沙棘苗玻璃化现象，确保植株生长旺盛，色泽正常。

沙棘初代苗尤其是大田茎尖在接种后，新长出的侧芽容易出现"干尖"现象，即新芽茎尖发黑，后蔓延至茎段，最终新萌发的侧芽全株变黑死亡。在本试验中，试验了 Ca^{2+} 浓度和转接周期对沙棘初代苗干尖现象的影响。确定保持 1/4MS 基本培养基中其他元素不变，提高 Ca^{2+} 浓度 2～3 倍，可有效抑制干尖现象，同时，在发现茎尖有变黑的迹象时及时进行转接，干尖苗可恢复成正常苗。

3.3 沙棘半木质化快繁技术

为了促使沙棘规模化生产，同时保证沙棘优良性状遗传稳定，就需要使用一些特定的繁殖方法。

（1）有性繁殖

所谓有性繁殖主要是指种子繁殖，虽然种子繁殖获得苗木的速度快，但是所获得的苗木分化较为严重，不能很好地保存原有植株的优良性状，而且沙棘种子繁殖所获得的雄株所占比例较大，占群体总数的 60%左右，栽后不易丰产。因此，生产中往往不采用种子繁殖，大多采用根蘖、绿枝和木质化硬枝插扦的方式进行无性繁殖，与此同时，组织培养的新技术也逐步开始应用。

（2）无性繁殖

植株的无性繁殖方法有很多种，沙棘常用的无性繁殖方式主要有绿枝扦插法、压条法、嫁接法、实生繁殖法和组织培养等。沙棘扦插繁殖是沙棘育苗中研究最多、应用最广的繁殖技术，不但能够弥补种子繁殖的不足，而且能够很好地保护稀有良种的繁育。然而沙棘扦插繁殖也有诸多缺点，主要表现在以下三点：第一，很容易受到母本材料数量的限制。如果沙棘母本材料数量有限，那么就不能快速大量生产。第二，很容易受到母本材料树龄的限制。随着沙棘树体年龄的增长，沙棘自身的枝条细胞所包含的营养成分逐年下降，而且分泌出的激素抑制会导致扦插枝条生根率降低，很容易感染病害，成活率会有所降低。第三，沙棘对于扦插环境也较为挑剔，主要包括光照、温度、土质等多个方面。我国的研究学者针对不同扦插技术的困难、问题进行不断的攻关，已经获得了较为显著的成果。据报道，沙棘如果用 100 mg/kg 的 ABT2 号生根粉处理 12 h，而且所扦插的深度为 12 cm，就能够提高扦插成活率，达到 50%左右。另有学者研究发现，沙棘扦插的土质如果按照 50%的森林土+30%的耕作土+20%的沙土来配制，那么扦插大果沙棘的成活率能够高达 96%左右。除此之外，沙棘扦插成活率也与插穗的木质化程度有着紧密的关系，沙棘插穗的木质化程度越高，扦插的成活率越低。多方的研究试验表明，如果采用接近半木质化程度的沙棘枝条段，并且将扦插的日期定在每年的 6 月下旬，那么沙棘扦插的成活率能够达到 95.6%左右。半木质化快繁技术即从采穗圃中的优良品种的母树或良种树木上采集生长健壮、半木质化的枝条进行扦插繁殖的一种育苗方法和技术。半木质化枝条扦插作为一种无性繁殖方法，能保持品种的优良特点，而且扦插材料来源广泛，育苗时间长（6—8 月都可繁殖），此方法简单，扦插成活率高，可以繁殖大量品种纯正的优质苗木，苗木造林后开花结果早。因此，优质、高效的半木质化枝条扦插繁育技术，对沙棘的良种繁育及进行高产、优质栽培具有重要意义。

3.3.1 材料与方法

3.3.1.1 试验地概况

试验地青河县位于阿勒泰东部，准噶尔盆地东北边缘，阿尔泰山的东南脉，其地理坐标为北纬 45°00′00″~47°20′27″、东经 89°47′51″~91°04′37″，属大陆性北温带干旱气候，高山高寒，四季变化不明显，空气干燥。青河县地处欧亚大陆中心，年降水量小（年均降水量为 161 mm）且主要分布在 6—9 月，占全年降水量的 47%。蒸发量大，尤其是夏季蒸发量占全年的 49.3%，空气干燥。冬季漫长而寒冷，风势较大，多为西北风，8级以上大风的年平均天数为 21.4 d，最高达 54 d。积雪时间长，从 11 月中旬至翌年 3月中旬，长达 4 个月左右，一般积雪厚度为 30 cm 左右。夏季凉爽，几乎无明显夏季，春、秋季相依，年平均气温在 0℃左右，最冷月（1 月）平均气温-23.5℃，最热月（7月）平均气温 18.3℃，≥10℃的积温为 2 016℃，年平均无霜期 103 d，年平均日照时数为 3 165.3 h，日照率为 71%。项目区土壤肥力高钾、缺氮少磷，适宜大果沙棘生长。从自然降水来说，项目区并不是理想的沙棘种植地区，但是项目区位于乌伦古河上游灌溉水源充沛区域，可以满足沙棘生长的基本需要。

青河全县 2013 年年末总人口 6.47 万人，其中非农业人口 24 082 人，占总人口数的 37.22%，农业人口 40 618 人，占总人口数的 62.78%。2014 年年末全县完成生产总值 14.84亿元，其中农林牧渔业总产值 3.68 亿元，城镇居民人均可支配收入 19 700 元，农村居民人均纯收入 7 337 元。

青河县是阿勒泰地区沙棘发展最早的县。沙棘相关收入是该县农民收入的重要来源之一，占农民人均收入的 30% 以上。多年来，该县县委、县政府出台了多项沙棘种植优惠政策，进一步推动了农牧民种植沙棘的积极性。截至 2021 年，该县累计营造大果沙棘林地 10 万余亩，其中挂果面积达 3 万余亩，年产鲜果约 4 000 t。落地加工企业 5 家，开发上市沙棘原汁、胶囊、茶叶等 10 余种产品并通过 QS 认证和有机产品认证。青河县域内分布有大量的蒙古野生沙棘种源，在新疆最为寒冷的阿勒泰地区，在极端气候中生长在清河县的沙棘最为出名。

3.3.1.2　试验材料

以青河县大果沙棘主栽品种深秋红为试材，育苗设备为微喷装置，所用插穗选择优株上 2 年生的带顶芽的萌生枝条，生根物质使用根宝 3 号原药，药剂选择 50% 多菌灵或百菌清可湿性粉剂、高锰酸钾。

3.3.1.3　试验方法

（1）试验设计

根据青河县的气候特点，将采穗时间设为 6 月 5 日、6 月 15 日、7 月 10 日、7 月 20 日 4 个时间点；扦插基质设园土、沙土、园土∶沙土=1∶1 的混合基质、腐殖质土 4 种土质；扦插密度设株行距为 3 cm×4 cm、4 cm×4 cm、5 cm×5 cm、6 cm×6 cm 共 4 个处理。每处理扦插 100 株插穗 3 次重复。

（2）苗床制作

半木质化扦插育苗床分为 3 层。最下一层为排水层，用直径为 3～5 cm 的卵石铺设，厚度为 10～15 cm；中间层为营养基质层，为腐殖土和细河沙的混合物，厚度为 10～15 cm；最上一层为扦插基质层，厚度为 10 cm 左右，用细河沙混合。扦插基质铺设好后，用清水喷洗，扦插前用 0.2% 的高锰酸钾液进行基质消毒。

（3）插穗的采集和制备

在 6 月上旬到 7 月上旬的 7:00—13:00，采集无病虫害、健壮的 2 年生的带顶芽梢的半木质化枝条作为插穗（分雌、雄株），根据枝条的生长情况，采集的枝条长度分为 45～55 cm、35～40 cm、25～30 cm 不等。插穗斜切，保持剪口平滑，摘去下部多余的叶片及侧芽，顶部留 10 片左右的叶。插穗采集后，每 100 株捆成一捆，并立即遮阴运回，放入浅水池中（或大盆中），防止穗条失水影响成活率。

（4）扦插

穗条带回室内进行修剪处理后，立即插入苗床或将修剪后的插穗在傍晚太阳落山之前进行集中扦插。扦插时根据不同试验处理方案分别进行。试验中，当某一因素为变量时，则其他因素均为生产中相关处理。试验中用生根粉，插穗速蘸即插。扦插深度为 5 cm 左右，扦插 0.5 h 左右后停止，喷水 15～20 min 后再扦插，以保持插穗的叶面湿润。

（5）插后管理

在扦插初期，插穗刚离开母体，插穗基部切口位置由于伤口吸收水分的能力很弱，而蒸腾强度很大，需通过相对频繁的间歇喷雾使叶片上保持一层水膜。喷水时间在 70s 左右，间歇时间 15 min 左右。在扦插 20～30 d 后，插穗基部普遍形成侧根，应逐渐减少喷水量，9 月下旬，即可开始进行控水炼苗。插条在生根前后对温湿度的要求不一样。插条在生根前，即 15 d 左右，湿度保持在 90%以上，温度保持在 25～30℃。15 d 后，插条基本形成不定根，生根后，插条对温湿度的要求逐渐变小。其间湿度保持在 70%～80%，温度在 20～25℃。扦插结束后，用 500 倍液多菌灵或甲基托布津进行喷洒，以防止病菌污染。扦插两周后开始进行叶面喷肥，选择 0.3%尿素和 0.2%磷酸二氢钾的混合溶液进行喷洒，在生根前 4～5 d 喷施 1 次，生根后每周喷施 1 次。

3.3.1.4　试验测定

移栽前即扦插 70～90 d 后，将苗木挖出，用清水清理干净根部，统计生根株数，计算生根率。移栽后 10 d 计算成活率，计算平均根数、根长。

3.3.2　结果与分析

3.3.2.1　不同采穗时间对扦插效果的影响

在试验中分别采集了 6 月 5 日、6 月 15 日、7 月 10 日、7 月 20 日 4 个时间的沙棘插条。在青河县，沙棘枝条 6 月初开始进入木质化期，后期木质化程度逐渐增强，6 月中旬至 7 月下旬沙棘大多枝条处于半木质化时期，这段时间内进行采条扦插，插条生根率高、根系质量好，移栽后成活率也高。

从表 2-3-56 可以看出，不同时间采条插穗对扦插效果的影响显著不同。6 月 5 日和 7 月 20 日的生根率均在 90%以下，6 月 15 日和 7 月 10 日的生根率均较高，分别为 95.33%和 97.33%，且能获得较多根数和较长根长，生根数均能达到 7 条及以上，根长在 7.0 cm

以上，移栽后的成活率也较 6 月 5 日和 7 月 20 日的高。6 月 5 日，沙棘枝条还未进入木质化期，插穗过嫩，不但生根率低，且易产生腐烂现象，同时其内部贮存的营养物质含量少，难以满足插条在生根过程中的养分需求，生根慢，生根率低，成活率也不高；7 月 20 日枝条木质化程度高，生根难，即使少量生根也易生长不良。此外，7 月 20 日进行扦插，在插穗生根后期气温下降，对生根也极为不利。6 月 15 日至 7 月 10 日的枝条正处于半木质化最佳时期，嫩枝中生长素含量及氮含量高，幼嫩的组织及旺盛的酶化反应对愈伤组织及生根都极为有利，且温度适宜，土温适宜，这段时间适宜对沙棘进行半木质化扦插工作。

表 2-3-56   不同采穗时间对沙棘扦插的影响

扦插时间	生根率/%				成活率/%				生根条数/条				生根长度/cm			
	I	II	III	平均	I	II	III	平均	I	II	III	平均	I	II	III	平均
6 月 5 日	87	82	88	85.67	81	79	78	79.30	4.9	5.5	5.3	5.23	5.26	5.57	5.64	5.49
6 月 15 日	93	97	96	95.33	93	94	92	93.00	7.6	7.2	7.1	7.30	6.78	7.13	7.08	6.97
7 月 10 日	97	99	96	97.33	95	98	92	95.00	7.3	7.9	7.6	7.60	7.82	7.22	7.03	7.36
7 月 20 日	89	87	84	86.67	84	80	78	80.67	5.6	5.4	5.2	5.40	5.78	5.45	6.23	5.82

3.3.2.2　不同扦插基质对扦插效果的影响

沙棘在扦插生根过程中需要充足的水分和养分供应，地下部分对氧气有着严格的要求，而通常情况下透气性和保水性呈负相关，因此，选择有良好保水性能和透气性的适宜扦插基质对扦插成功有着重要的影响。半木质化的苗木扦插：分别在园土、沙土、园土与沙土 1：1 的混合土壤、腐殖质土作为扦插基质的情况下生长并进行实验，对生根率、成活率等进行统计。

从表 2-3-57 中可以看出，不同扦插基质处理对扦插效果的影响很大。用腐殖质作为基质的插穗生根率及成活率均为最高，且根系较为发达。沙土也有着很好的扦插效果。园土的扦插效果最差，生根率及成活率分别为 78.33%、72.67%，生根数仅为 2.8 条，远低于其他基质。在沙棘半木质化插穗的扦插过程中，插穗生长对基质的通透性有着较高要求，园土土质较为紧密，通透性差，透水透气能力弱，不利于生根。沙土及腐殖质土疏松且有很好的透水透气性，有利于生根。但是腐殖质土的获得较难，成本也相对高一些，因此在能保证较高生根效果的前提下，建议使用来源广泛、成本低的河沙作为沙棘的扦插基质。

表 2-3-57 不同基质对沙棘嫩枝扦插的影响

基质类型	生根率/%				成活率/%				生根条数/条				生根长度/cm			
	I	II	III	平均	I	II	III	平均	I	II	III	平均	I	II	III	平均
园土	75	81	79	78.33	72	76	70	72.67	2.4	2.7	3.3	2.8	4.24	4.03	4.35	4.21
沙土	94	93	96	94.33	92	93	95	93.33	8.1	7.6	7.7	7.8	7.28	7.31	7.06	7.22
园土:沙土=1:1	89	83	85	85.67	79	81	84	81.33	4.5	5.2	4.7	4.8	5.89	5.86	6.23	5.99
腐殖质土	94	95	97	95.33	94	95	92	93.67	8.3	8.2	7.8	8.1	7.36	7.61	7.19	7.39

3.3.2.3 不同扦插密度对扦插效果的影响

合理密植对提高扦插的生根率有着重要作用。扦插的行间距过于稀疏，会造成土地的利用效率下降，喷灌后的水分也极易流入土壤中，造成土壤水分含量增加而叶片表面水分流失，不利于插条的生根。当扦插密度增大时，插条叶片之间相互连接，喷灌水可长期在叶片表面形成一层水膜，且能减慢地面水分的蒸发，有利于插条的生根。但当扦插过密时，会影响通风、透气，容易造成腐烂，用于插条生根的营养面积不足，易造成生根量多但根系细长的现象。本试验设定了不同的扦插密度，其结果见表 2-3-58。

由表 2-3-58 中可以看出，不同密度处理下，扦插的生根率、成活率及根系生长状况都有所不同。当扦插株数为 270 株/m^2 时，插穗间隙较大，在进行喷雾时，水分会流入基质中，叶片无法持续保持有水膜的状态，同时，基质中的含水量增加，影响基质的透气性，不利于插穗的生根。当试验密度为 800 株/m^2 时，扦插的行间距小，基部的营养供应少，上部叶片的营养面积也会减少，光合作用受限，有机物的积累减少，造成生根率较低。当试验密度为 400~600 株/m^2 时，插条的叶片几乎是相接的，喷水后叶片表面能保持持续水膜的状态，对插条生根极为有利，这种密度在保证扦插效果的前提下又很好地利用了土地资源，生产中可以推广利用。

表 2-3-58 不同密度对沙棘嫩枝扦插的影响

株行距/ cm	密度/ (株/m^2)	生根率/%				成活率/%				根数/ 条	根长/ cm	株高/ cm	地径/ cm
		I	II	III	平均	I	II	III	平均				
3×4	800	94	96	93	94.33	84	86	81	83.67	4.6	4.8	19.6	0.40
4×4	600	97	98	97	97.33	92	96	91	93.00	6.8	7.3	24.3	0.51
5×5	400	96	93	97	95.33	93	92	97	94.00	6.4	7.1	24.03	0.48
6×6	270	82	86	89	85.67	71	80	85	78.67	7.0	6.9	20.7	0.42

3.3.2.4 不同喷灌方式下不同插条长度对扦插效果的影响

本试验采用的两个因素完全为随机设计，试验在不同喷灌方式和不同插穗长度共同作用下的扦插效果。第一个因素 A 为插条长度，共设 25 cm（A$_1$）、35 cm（A$_2$）、45 cm（A$_3$）三个长度，第二个因素 B 为喷灌方式，共设间歇 3～5 min（B$_1$）、喷水 10 s，间歇 5～7 min、喷水 70～90 s（B$_2$），间歇 10 mim、喷水 30～40 s（B$_3$）三种不同喷灌方式。其结果见表 2-3-59。

由表 2-3-59 的试验结果可以看出，不同处理组合作用下的生根率、移栽成活率等都有差异。生根率最高的处理组合为 A$_3$B$_2$，生根率为 94.33%，其次为 A$_2$B$_2$ 组合，生根率为 93.00%。再比较两者的移栽成活率可以看出，A$_3$B$_2$ 组合的成活率更高一些，其生根量比 A$_2$B$_2$ 少，但根长度大于 A$_2$B$_2$。在插条长度一致的情况下，可以看出 B$_2$ 的生根率最大，B$_1$ 次之，B$_3$ 最小。在喷灌方式相同时，插条为 25 cm 和 35 cm 的生根率相差不大，但 35 cm 插条的成活率稍高于长度为 25 cm 的。将试验结果进行方差分析，结果显示，插条的长度、喷灌方式以及插条长度与喷灌方式共同作用对生根率均有显著性影响。进一步进行多重比较可以看出，插条长度为 35 cm 及以上时，生根率显著高于 25 cm 的生根率；而这几种不同喷灌方式下的生根率差异显著，B$_2$ 为最佳喷灌方式。综合分析，插条长度为 35～45 cm 时扦插效果最好，喷灌方式为 B$_2$ 时成活率最高。

表 2-3-59 不同喷灌方式和插条长度对扦插效果的影响

插条长度/ cm	喷灌 方式	生根率/%				成活率/%				根数/ 条	根长/ cm
		I	II	III	平均	I	II	III	平均		
A₁	B₁	71	75	72	72.67	71	73	70	71.33	4.8	4.7
A₁	B₂	89	79	85	84.33	82	79	84	81.67	6.2	5.4
A₁	B₃	55	60	68	61.00	54	58	58	56.67	4.1	6.2
A₂	B₁	86	82	76	81.33	83	81	72	78.67	7.1	6.1
A₂	B₂	96	94	89	93.00	96	92	89	92.33	8.4	7.3
A₂	B₃	69	72	78	73.00	66	70	75	70.33	6.4	7.9
A₃	B₁	85	81	79	81.67	85	81	76	80.67	6.3	6.7
A₃	B₂	96	95	92	94.33	94	95	91	93.33	7.2	7.9
A₃	B₃	72	79	87	79.33	72	76	87	78.33	5.6	8.4

图 2-3-55 展现了沙棘半木质化扦插的过程。

（a）扦插前处理　　　　　　　　　（b）（c）（d）扦插后生长情况

 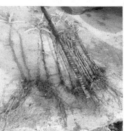  

（e）（f）（g）秋季起苗分级窖存　　　　　（h）移入大田后第 2 年生长情况

图 2-3-55 沙棘半木质化扦插

3.4　沙棘硬枝扦插快繁技术

沙棘硬枝扦插以采自 2～3 年生枝条的基部较好，直径＞0.8 cm、长 10～15 cm。同时，沙棘插穗（硬枝）为皮部生根类型，根原基起源于木射线薄壁细胞、形成层和韧皮部薄壁细胞，虽说生根容易，但对环境条件反应极为敏感。因此，除生长素外，扦插基质的特性以及水分、温度等均可影响插穗的生根与成活。苏联的研究表明，沙棘多数品种的插条生根的最佳条件：气温 20～30℃，基质的温度比气温高 1～3℃；在插条叶面有固定水膜的情况下，空气相对湿度为 90%～100%，基质湿度为干土重的 20%～25%；光照时长为外界光照时长的 60%～90%。国内研究结果表明，扦插基质以河沙、锯末、沙棘林下土比例为 10∶3∶1 或 10∶7∶0 较好。

扦插育苗的主要技术环节包括采集插穗、插穗处理、苗圃整地和扦插等。

1）采集插穗：嫩枝扦插在生长季进行，随采随插。对于硬枝扦插，在早春树液未流动时采集插穗最好，这时枝条中水分多，易成活。从选好的雌、雄株上，剪取中上部 1～2 年生光滑少刺、生长健壮、粗 0.6～1.2 cm 的枝条。采条时，要把雌雄枝条分开放置，防止混乱。将采下的枝条修枝、打捆、挂牌后放在阴凉处，用湿麻袋盖好备用。存放期间，要经常使麻袋保持湿润。育苗时把枝条剪成长 15～20 cm 的插穗，下端剪成马耳形，上端剪成圆面，在剪口下要保留一个饱满芽。插穗切面要平滑，否则会引起腐烂死亡。

2）插穗处理：把剪好的插穗整理好，每 50 根 1 捆，做好雌雄标记，在清水中浸泡（浸没长度 1/3～1/2）48 h 后，再进行倒置催根，如用 0.01% 吲哚丁酸溶液或 0.02% 吲哚乙酸溶液浸蘸，更有利于发根。催根时，应在背风向阳处挖深 30 cm 的土坑，坑底铺沙 10 cm，将捆好的插穗倒置于沙上，捆间用沙充实，上边覆沙 5 cm，沙子含水量约 60%；再用塑料薄膜覆盖，四周用土压紧，放置 20 d 左右，待普遍长出幼根即可。

3）苗圃整地：选择有灌溉条件、交通方便、距造林地较近的肥沃壤土地作为苗圃地，先施足农家肥，有条件时还可施入腐熟羊粪和锯末，然后作畦，畦宽 2 m、长 10～15 m，布设好灌溉渠道，渠垄宽 25～30 cm、高 10～15 cm。有条件的最好从沙棘林中采集一些沙棘菌土，施入苗圃地配合作垄。

4）扦插：把处理过的插穗，按种类、雌雄、粗细分类后，垂直插入畦内，插穗上端露 1 个芽。扦插行距 25~30 cm、株距 10～15 cm，每公顷插 22.5 万～30 万株。插穗周围要压紧踩实，然后立即灌水。为了提高地温，最好用塑料薄膜覆盖。当新枝长出 8 cm 时，保留一个健壮的新枝，其余全部清除。苗圃要及时松土、除草、适时灌水，并注意防止土壤板结，及时预防病虫害。

硬枝扦插是沙棘快速繁育的一种常用方法，它既能够完全保持母株的优良性状，获得知其雌雄性别的苗木，管理容易，又能快速提供优良沙棘品种的苗木，是一种很好的育苗方法。为了便于应用和推广，结合当地实际情况，我们对沙棘硬枝扦插中的枝条年龄、枝条部位、插穗长度、扦插基质和外源激素处理等进行了探索，揭示了沙棘繁育生长发育的动态规律，解决了实施细则中的关键技术问题，为实现沙棘苗木规模化生产、规范化种植及栽培标准的制定提供了科学依据。沙棘的硬枝扦插时间正值农闲时期，用工便宜，管理成本低，且苗木生长量大，当年苗的生长量相当于半木质化扦插两年苗，高度可达 40～60 cm，成枝分枝多，根系发达，提前成树，第 2 年挂果，在造林中使用成活率较高。

3.4.1　材料与方法

3.4.1.1　试验材料

试验地设在阿勒泰地区的青河县，极端最低气温达-38℃，年平均降水量很小。试验材料采自青河县国家级大果沙棘良种繁育基地，供试品种为深秋红。

3.4.1.2　插条准备

插条应在树木的休眠期采集，如秋、冬和早春，秋末冬初的枝条营养积累多，扦插时易生根，可结合冬剪收集插条。根据试验设置，在生长健壮、无病虫害、高产、抗病性强、已充分木质化的母树上截取插条，取粗壮的 1～3 年生的生长枝，粗度应在 0.8 cm 左右，按适当长度剪取 20～30 cm，斜剪成光滑斜面，上端距最上芽 2 cm 处平剪。按不同的枝龄段（1 年生、2 年生、3 年生）将插条每 50 株尾部对齐捆好，沙埋或窖藏，窖内温度保持在 0～3℃，空气湿度在 70%以上。以上方法是秋季采穗时所用，如在春季扦插，同样是在树木休眠、地温上升时进行。

3.4.1.3　插穗处理

地温达到 5℃时即可扦插，扦插前用清水流水浸泡 24 h 以上，按照试验方案用不同激素进行处理，把处理好的插条用清水冲洗干净，立即扦插。春季扦插直接取 2～3 年生的健康良种树上的枝条，采下后依据试验方案将插条截取成相应的插穗，用根宝原液直接快速蘸完立即插入地里。

3.4.1.4　整地做床

在温室内，苗床规格一般为长 8 m、宽 6 m，苗床基质分别采用河沙腐熟肥、珍珠岩、圃地土、炭灰等。做好床后，进行消毒处理，待插。

3.4.1.5　扦插方法

为防治病虫害，扦插前要用硫酸亚铁、高锰酸钾进行土壤消毒。试验设计中将插穗基部均垂直插入基质，扦插深度为 5 cm，株行距为 5 cm×10 cm，扦插深度为插穗的 1/3 以上，露地扦插要深一些，塑料大棚扦插浅一些。扦插时间根据不同地区的气候条件来决定，从 3 月 20 日前后开始，到 4 月中旬为止，每垄 100 株，一垄一个处理，3 次重复，到 6 月中旬撤棚。露天扦插每处理 100 株，均重复 3 次。试验期间塑料大棚内温度在 26℃左右，湿度在 55%左右。

3.4.1.6　插后管理

光和水的控制：硬枝扦插苗的培育最好在塑料大棚内或温床上进行，相对而言，裸地扦插也可以。扦插后立即灌水，每日喷水 2 次以保持湿度（早晚各 1 次）。在扦插前 3 周，土壤含水量控制在 25%～30%，插条上部叶芽开始生长便减少灌水量，9 月初开始控水。

温度和湿度控制：当插条萌发长叶、大致 5 月中旬时揭去遮阳棚。吐芽期的温度最好在 15～22℃，空气湿度在 80%以上，生根期的温度最好在 18～22℃，气温不高于 26℃，空气湿度以 65%～80%为宜。

叶面施肥：揭去棚膜后，适量喷施 1～2 次叶面肥，当年株高可达 70～100 cm，可实现当年出圃。

除草松土：有杂草即除，要常松土，深度为 3～5 cm。

移植及培育：秋季用落叶或炭灰覆盖，同时放置鼠药，并注意观察病虫害情况。根据初植株行距和生长量的不同，来年春季进行间苗和移植。

3.4.2　结果与分析

3.4.2.1　外源激素对沙棘硬枝扦插的影响

外源激素是人工合成的一类与植物激素具有相似生理和生物学效应的有机化合物。外源激素处理是促进难生根树种插穗生根的重要技术手段，对许多易生根树种的插穗有促进愈伤组织增殖的作用，尤其是可促进插穗诱生根原基的形成，对根原基形成的速度和数量都有明显提高。常见的生根激素有吲哚乙酸、吲哚丁酸、吲哚丙酸、萘乙酸和生根粉等。学者普遍认为生根剂种类、处理浓度、处理时间对生根的影响因不同树种而不同，外源激素对沙棘插穗生根效果影响显著。本试验在前人的基础上，选取 IAA、IBA 和根宝为试验激素，研究在不同激素、不同浓度和处理时间下对沙棘硬枝扦插的影响，确定沙棘硬枝扦插适宜激素。每处理 100 株，3 次重复。其结果见表 2-3-60。

表 2-3-60　激素对硬枝扦插生根的影响

激素种类	激素浓度/（mg/L）	处理时间	生根天数/d	生根率/%				生根条数/条				生根长度/cm			
				Ⅰ	Ⅱ	Ⅲ	平均	Ⅰ	Ⅱ	Ⅲ	平均	Ⅰ	Ⅱ	Ⅲ	平均
IAA	100	6 h	10	83	87	86	85.33	5.6	4.4	4.9	4.97	3.36	3.92	3.67	3.65
	200	6 h	10	82	86	79	82.33	5.9	4.7	5.2	5.27	4.63	4.24	3.97	4.28
NAA	100	6 h	11	81	83	71	78.33	3.6	4.6	5.3	4.50	5.54	6.23	5.34	5.70
	200	6 h	11	71	62	79	70.67	5.2	5.7	4.2	5.03	5.24	4.98	4.62	4.95
根宝	原液	速蘸	10	88	94	90	90.67	6.1	5.9	6.3	6.10	5.63	5.28	4.97	5.29
CK			10	52	59	64	58.33	2.9	3.7	3.5	3.36	3.02	3.23	4.28	3.51

用浓度为 100 mg/L 的 IAA 处理，浸泡 6 h 生根率达 85.33%，比未处理的高出 27%；用浓度 200 mg/L 的 IAA 处理 6 h，生根率为 82.33%，高于对照 24 个百分点。用浓度为 100 mg/L 的 NAA 处理，生根率为 78.33%，高出对照 20%，生根长度最长；用浓度 200 mg/L 的 NAA 处理，生根率为 70.67%，高出对照 12.34 个百分点；根宝原液处理的生根率为 90.67%，高出对照 32.34 个百分点，其生根率、生根数均高，生根长度较长，从节省成本和时间考虑，根宝为沙棘最适宜的扦插生根激素。

3.4.2.2 插穗年龄及采条部位对扦插生根的影响

一般来说，扦插繁殖中的年龄效应是受多种因素制约的，与插穗本身的遗传性、植物体内的激素水平和营养状况等均有密切关系。插穗生根能力随母树年龄的增加而降低。由于不同母枝的着生位置不同，其营养状况、阶段年龄有所不同，从而对扦插生根有一定的影响。学者普遍认为，扦插插穗年龄、枝条部位对生根和根的生长情况影响显著。插穗 2～3 年枝条容易成活，一般着生在主干基部的萌条比树干上部的枝条幼嫩，其生根力强，树冠阳面的枝条比阴面的枝条生根力强，同一枝条中下部粗壮，木质化程度高，生根能力比上部强。本试验对沙棘穗条年龄及不同的采条部位用根宝原液蘸根处理后扦插，每种处理 100 株，3 次重复，结果见表 2-3-61。

表 2-3-61 不同采条部位及插穗年龄对插穗硬枝扦插生根的影响

树冠部位	生根天数/d	生根率/%				生根条数/条				生根长度/cm			
		I	II	III	平均	I	II	III	平均	I	II	III	平均
上部	29	29	23	19	23.67	3.6	3.2	3.9	3.57	3.12	4.07	3.03	3.41
	17	52	51	57	53.33	3.9	4.1	4.5	4.17	3.73	3.98	4.53	4.08
	14	58	61	59	59.33	4.3	4.7	4.6	4.53	4.35	4.52	4.29	4.39
中部	29	24	19	16	19.67	2.1	1.9	3.1	2.36	2.98	3.01	3.12	3.04
	20	66	52	55	57.67	2.6	3.5	3.9	3.33	3.96	4.21	3.74	3.97
	15	71	79	72	74.00	3.8	3.5	4.9	4.07	5.29	5.14	5.36	5.26
下部	29	11	13	7	10.33	2.4	1.8	2.2	2.13	1.98	1.62	1.94	1.85
	19	79	82	89	83.33	5.6	4.7	4.9	5.07	5.36	4.54	4.86	4.92
	15	90	92	89	90.33	5.9	6.1	6.4	6.13	5.78	4.98	5.15	5.30

由表 2-3-61 可以看出，1 年生插穗与 2～3 年生插穗的生根率差异极显著。1 年生插穗生根率相对较低，仅为 10.33%，生根条数、生根长度均较低。2～3 年生枝条生根率相对较高。下部 3 年生枝条生根率达 90.33%，生出的根粗壮，根数最多，长度最长。下部 2～3 年生插穗的生根率高于中上部。经分析，可采用沙棘下部 2～3 年生枝条作为插穗。

3.4.2.3　基质对扦插生根的影响

扦插基质也称为生根基质。一般对于易生根的树种来说，任何扦插基质都可以成功，而对生根比较困难的树种，则受扦插基质的影响很大，基质中的水分、温度、养分含量不仅会影响插穗生根率，同时也影响生根数量与质量。理想的基质应具备无病菌感染的稳定条件，可以起到调节水肥气热、增强生根成活后生长势的作用，一般来说，土壤、珍珠岩、河沙等都可以用来做基质材料。本试验分析了河沙、珍珠岩、圃地土等不同扦插基质对沙棘硬枝扦插生根的影响。用根宝原液蘸根处理后扦插，每种处理 100 株，3 次重复，结果见表 2-3-62。

表 2-3-62　不同扦插基质对沙棘硬枝扦插生根的影响

基质	生根天数/d	生根率/%				生根条数/条				生根长度/cm			
		Ⅰ	Ⅱ	Ⅲ	平均	Ⅰ	Ⅱ	Ⅲ	平均	Ⅰ	Ⅱ	Ⅲ	平均
河沙：腐熟肥 2：1	12	89	87	93	89.67	6.0	6.2	5.6	5.93	5.1	4.9	5.6	5.20
珍珠岩：圃地土 1：2	10	62	69	54	61.67	3.9	3.2	3.5	3.53	5.7	5.4	6.0	5.70
炭灰：圃地土 1：2	10	58	61	56	58.33	2.6	3.1	2.9	2.87	3.6	4.9	4.2	4.23
对照（圃地土）	10	49	47	42	46.00	2.1	2.7	2.5	2.43	4.1	3.9	4.5	4.17

不同扦插基质中所含营养物质不同，对插穗生根过程中所需营养的供给也不同，影响着插穗生根效果的好坏。由表 2-3-62 可以看出，扦插在河沙、腐熟肥基质中的插穗生根率最高，生根多，粗壮，生根长度较长。扦插在珍珠岩、圃地土基质中的插穗生根长度最长，这可能与珍珠岩透气性强有关，但总体生根率和生根数低于河沙、腐熟肥。综合分析认为，沙棘硬枝扦插的适宜基质为：河沙：腐熟肥 2：1。

3.4.2.4　扦插环境对扦插生根的影响

硬枝扦插易受时间限制、气候不确定性等因素的影响。温度、水分等外部环境直接影响插穗的碳水化合物的代谢变化、内源激素含量变化和酶活性变化等，是扦插能否成功的关键因素。大田环境与塑料大棚环境下，温度和湿度的差异性较大，因此，本试验以根宝原液蘸根处理后，扦插到河沙：腐熟肥 2：1 的基质中，将沙棘硬枝扦插分在两个不同的环境中进行。扦插环境对硬枝扦插生根的影响结果见表 2-3-63。

表 2-3-63　扦插环境对硬枝扦插生根的影响

基质	生根天数/d	生根率/%				生根条数/条				生根长度/cm			
		I	II	III	平均	I	II	III	平均	I	II	III	平均
大棚内	10	91	92	89	90.67	5.9	5.7	6.3	5.97	5.71	5.26	4.98	5.32
大棚外	28	86	79	85	83.33	5.4	6.1	5.9	5.80	5.40	5.23	5.16	5.26

　　由表 2-3-63 可以看出，在大棚外的大田环境中，插穗生根天数为 28 d，比在塑料大棚内的生根天数多了 18 d，两者在生根率、生根条数和生根长度上差异较小。本试验结果表明，大棚内外的扦插效果差异较小，因此，冬末初春，可在大棚内进行硬枝扦插，天气转暖后，可直接在大田进行硬枝扦插，再配合有效的管理措施，均可获得较高的沙棘幼苗成活率，见图 2-3-56、图 2-3-57。

（a）（b）硬枝扦插初期　　　　　　（c）（d）扦插后生长情况

　（e）扦插后生长情况　　　　（f）（g）秋季起苗分级窖存　　　（h）第 2 年移入大田生长情况

图 2-3-56　沙棘大棚内的硬枝扦插

（a）室外搭建遮阳小棚　　（b）扦插后生长情况　　　（c）（d）大田扦插根系生长情况

图 2-3-57　沙棘大棚外的硬枝扦插

3.4.3　沙棘硬枝扦插技术小结

1）试验表明，根宝蘸根处理生根率可达 90%以上，该方式成本低，操作简便，用时短，节省成本，且有很高的生根成活率，可为实际生产提高利润。

2）采用 2～3 年生枝条扦插成活率高，插穗形成愈伤组织、生根数、生根长度均较好，生根率可达 90%以上。

3）插穗长度以 15～20 cm 为宜。

4）扦插圃地土壤要求：保水和透气性好的壤土或沙壤土，肥力较高。

5）扦插地点可选择保护地和露天，露天要求覆膜。

6）灌溉管理，采用滴灌，灌溉要求见干见湿。

3.5　三种苗木繁育技术的优缺点及效益评估

沙棘的适应性很强，林木繁育的常规方法都可以采用，但在保证品质前提下的规模化生产只能选择特定的繁殖方法进行育苗。有性繁殖通常指的是种子繁殖，一般在杂交育种时应用。生产上由于采种困难，种子的异质性大，产生的苗木变异大、苗木雌雄株比例不能控制，苗木不能保持原有母本稳定的优良性状，且雄株所占比例较大，影响结实，不易丰产，因此，种子繁殖苗木的方式不适宜在生产上使用。为了完全保持原有亲本稳定的优良性状，生产上通常采用无性繁殖，即硬枝扦插、半木质化扦插和组织培养三种繁育技术。

3.5.1　三种无性繁育苗木的技术优点

硬枝扦插育苗：沙棘硬枝扦插繁育技术是沙棘育苗中应用最多、最广的繁殖技术，能够保持亲本的优良性状。硬枝扦插育苗时间短，生根率较高，对扦插条件要求不严格，直接进行露地扦插也可成活，苗木当年可以出圃，生产周期短，管理成本低，技术要求不高，成枝率高，不容易发生徒长，造林成林快，栽培后易于丰产，挂果早。幼苗根系粗壮，生长势和抗逆性强，同时可节约育苗费用。硬枝扦插属无性繁殖中比较好的一种方法。

半木质化插穗扦插育苗：作为一种无性繁殖方法，半木质化扦插能保持品种的优良特点，且扦插材料来源广泛、育苗时间长（6—8 月都可繁殖）。半木质化枝条的形成层细胞具有很强的分裂能力，受品种、类型、枝条的年龄、采条时间、基质等因素的影响，扦插后可很快形成根原基，进一步分化成不定根，成活率高，可以繁殖大量品种纯正的优质苗木，苗木造林后开花结果早。

沙棘组培繁殖育苗：沙棘组织培养主要是利用沙棘的枝条、茎尖、种子等器官，或是胚乳、细胞等组织，在无菌条件下进行培养。我国早在 20 世纪 70 年代就开始对沙棘进行组织培养研究，而且在沙棘多个器官为外植体的组培试验上均获得了初步成功，其中主要包括根瘤、茎段、幼茎、根尖和茎尖等。此外，我国研究人员还发现了对沙棘进行组织培养的最佳时间——5 月末至 6 月初：一是繁殖速度快，繁殖系数大，对优良母树取材用量少，不损伤原材料。二是培育出的后代整齐一致，能够保持原有品种的优良特性，对保质、保纯有着特殊作用。可获得大量统一规格、高质量的沙棘苗木，苗木商品性好。三是可获得脱毒苗木，提高抗逆能力。四是可进行周年工厂化生产。能够通过人工去控制培养条件，不受天气、季节等难控因素的限制。在确定沙棘品种合适的培养基后可进行全年连续生产，生产效率高。五是可进一步培育新品种。通过深入的沙棘花培和单倍体育种、离体培养和杂种植株获得、体细胞诱变和突变体筛选、细胞融合和杂种植株的获得等方式进行新品种选育、改良母树育种价值和选择优良基因型的育种。六是可以进行沙棘野生品种、濒危沙棘品种、良种的种质资源保存，还可进一步用于人工种子和次生物质工业化生产。

3.5.2　三种无性繁育苗木的技术缺点

硬枝扦插育苗：一是很容易受到亲本材料数量的限制，不能快速大量生产。扦插前提是要有截取插穗的优良母树或采穗圃。二是很容易受到母本材料树龄的限制，因为随着沙棘树体年龄的增长，沙棘自身的枝条细胞所包含的营养成分逐年下降，而且分泌出的激素抑制会使得扦插枝条生根率较低，很容易感染病害，成活率会有所降低。

半木质化插穗扦插育苗：扦插要求至少 2～3 年生以上的枝条，一枝只能繁殖出一株。对于品种优良的母株需求量多。插后对温湿度等条件要求高，技术含量要求较高，管理难度较大，对季节、穗条的等要求严格。

沙棘组培繁殖育苗：外植体的选择比较单一，沙棘愈伤组织继代增殖过程中褐化、玻璃化现象严重，各品种对于适宜培养基存在差异，这些都制约着沙棘组织培养的工厂化生产。组织培养繁殖技术需要在无菌条件下进行，相比于扦插、嫁接育苗，需要具备的条件更高，对操作环境要求更严格，且在短期内只是培育出了植株的幼苗，到成苗还需要很长一段时间。另外，在成本上也需要更多的投入，广泛普及组织培养技术存在诸多困难，现阶段对于沙棘组织培养技术依旧处于试验阶段，尚未真正投入实际生产中。

3.5.3　三种繁育方法的成本核算

3.5.3.1　数据采集

沙棘组培苗：在培养全流程——培养基的配制→培养基的分装→高压蒸汽消毒→无菌苗的接、转、接→无菌苗的培养→炼苗→移栽→苗木可出圃，统计每一环节的所有费用（注：以 50 万株沙棘组培苗的生产计算成本）。

沙棘半木质化插穗扦插和硬枝插穗扦插育苗：从穗条的获取一直到苗木可出圃，统计每一环节的所有费用（注：半木质化插穗扦插以 40 万株、硬枝插穗扦插以 26 万株育苗的生产计算成本）。

3.5.3.2　沙棘硬枝扦插育苗成本

由表 2-3-64 可知，硬枝扦插育苗从采穗条开始到苗木可出圃所需要的成本合计为 0.381 5 元/株。

表 2-3-64　硬枝扦插育苗费用　　　　　　　　　　单位：元/株

平整土地	地膜费	扦插费	起苗费	水电费	管理费	药剂费	不可预见费	合计
0.002 65	0.000 16	0.10	0.10	0.013 7	0.123 5	0.006 264	0.035 29	0.381 5

注：①1 m² 扦插 400 株沙棘穗条，成活率以 85% 计，每亩出苗 26.667 8 万株。

②扦插费包括穗条的采集、修剪和扦插。

3.5.3.3　沙棘半木质化扦插育苗成本

插穗采自青河县沙棘良种基地采穗圃深秋红当年生枝条。插穗长度为 35～40 cm，由表 2-3-65 可知，半木质化插穗扦插育苗从采穗条开始到温室苗木可出圃所需要的成本合计为 0.411 5 元/株。

表 2-3-65　半木质化扦插育苗费用　　　　　　　　单位：元/株

苗床	穗条	扦插	起苗	水电费	管理费用	药剂	折旧费	不可预见费	合计
0.014 47	0.18	0.02	0.10	0.012 32	0.047 37	0.001 895	0.019 7	0.015 79	0.411 5

注：①1 m² 扦插 600 株沙棘穗条，成活率以 95% 计，每亩出苗 38 万株。

②起苗费包括苗木的采挖、假植和装车费。

③采用自动化喷雾装置定期喷水，无水资源费的每天 5～8 元/亩，有水资源费的 20～30 元/亩。

④管理费包括抹芽、锄草、病虫害的防治及人工工资等开支。

3.5.3.4　沙棘组培苗生产成本（不同实验室的核算成本略有不同）

（1）从瓶苗生产至炼苗成活的成本

以新棘 4 号为例：初代增殖系数为 3.41，继代平均增殖系数为 4.255（茎尖 1.86，茎段 3.76，愈伤 5.28，叶片 6.12），生根率为 91.1%，移栽成活率为 96%。

表 2-3-66　沙棘瓶苗主要费用　　　　　　　　　　单位：元/瓶

化学试剂	激素	糖	琼脂	水电费	酒精	工人工资	折旧费
0.008 098	0.003 44	0.033 6	0.091 2	0.403 04	0.055 0	0.369 1	0.380 8

合计：1.344 3 元/瓶

注：①工厂化育苗过程中容易受不确定因素的影响，加之机械化程度不高的限制，这都增加了组培苗的成本。随着生产强度的增加、使用设备的完善，组培快繁育苗成本会进一步下降。

②使用琼脂条或卡拉胶、白砂糖、自来水、国产激素等代替分析纯琼脂、蔗糖、蒸馏水、进口激素也可降低一定成本。

③减少人员的使用（如减少清洗器皿、浇水等的人员）也可降低成本。

（2）从组培苗炼苗成活后移栽至出圃阶段的费用

表 2-3-67　组培苗炼苗成活后移栽费用　　　　　　　　　　单位：元/株

育苗容器	基质	人工费用	合计
0.008 75	0.096 25	0.037 5	0.142 5

注：①移栽至营养钵中，每个营养钵栽 2 株。
　　②基质采用草炭土和珍珠岩。

表 2-3-68　移栽至温室费用　　　　　　　　　　单位：元/株

苗床	供水	人工费用	肥料	合计
0.013 75	0.008 55	0.042 5	0.000 1	0.064 9

注：人工费用包括移栽、起苗和管理三个方面。

由表 2-3-66～表 2-3-68 可知，一株沙棘组培苗从培养基配置开始到温室出圃所需要的成本合计为 0.51 元/株。

3.5.3.5　三种快繁方式育苗经济效益比较

经测算，硬枝扦插投产比为 1∶3.931 8，在三种育苗方式中最高，生产 50 万株沙棘苗，其经济效益最好。

3.5.4　三种苗木繁育技术的优缺点及效益评估小结

1）经核算，硬枝扦插育苗从采穗条开始到苗木可出圃所需要的成本合计为 0.381 5 元/株。

2）半木质化插穗扦插育苗从采穗条开始到温室苗木可出圃所需要的成本合计为 0.411 5 元/株。半木质化扦插育苗与硬枝扦插育苗相比，成本仅相差 0.03 元，半木质化扦插材料来源广泛，6—7 月均可进行育苗繁殖，弥补了硬枝扦插的不足。

3）1 株沙棘组培苗从培养基配置到温室出圃所需要的成本合计为 0.51 元/株。组培快繁育苗成本高出硬枝扦插 0.128 5 元，但组培快繁育苗有诸多优点：培育出的后代整齐一致，能够保持原有品种的优良特性，对保质、保纯有着特殊作用；扩繁一个新品种，无须太多材料就可满足大规模生产的要求。

4）三种快繁方式育苗，其经济效益由高到低排序为组培快繁＞半木质化扦插＞硬枝扦插。在实际生产中，由于半木质化扦插材料来源广泛，育苗成本相对较低，在沙棘育苗中应广泛推广应用。在没有组培和保护地等设施条件下，硬枝扦插也是可行的。

3.6 沙棘优良品种快繁技术结论

本章总结出了一套沙棘诱导、增殖、生根、炼苗、移栽、嫩枝扦插、硬枝扦插等关键技术，分析比较了影响规模生产的关键因素；确定了沙棘基本培养基及激素种类和配比、移栽基质的最佳组合，优化了规模化生产技术流程，为生产应用提供了理论依据和技术保障。我们在其中取得的关键技术和突破性创新成果如下。

1）创建了沙棘 5 个良种和 3 个品种组织培养的快速繁殖技术体系，初代无菌苗获得率达 95%以上，继代增殖倍数为 2～3 倍，生根率达 90%以上，移栽成活率达 90%以上。

2）首次建立了沙棘叶片快繁体系，形成了一项发明。

3）首次创建了沙棘瓶外生根技术，各品种生根率均达到 85%以上，移栽成活率达 90%以上，形成了一项发明。

4）优化了沙棘组培苗规模化生产的技术流程，建立了规模化生产优化方案和工艺流程，为生产应用提供了理论依据和技术保障，形成了一项发明。

优化了外植体的诱导、继代苗的增殖、无菌苗的生根、移栽驯化等整个沙棘组织培养技术的各个环节，同时研究分析了半木质化扦插、硬枝扦插育苗过程中影响扦插育苗成苗的各个因子，筛选出了适宜的扦插条件，建立了完整的沙棘育苗快繁体系，为大果沙棘实现规模化生产提供了理论依据。

5）我们以沙棘为主树种，开展了沙棘组织培养技术研究和沙棘规模化生产技术流程优化，与国内外同类技术相比，具有显著的先进性和创新性,达到国际同类领先水平。不同沙棘品种的离体培养存在较大差异，当前国内外均处于实验室阶段，未形成规模化生产。我们确定了沙棘优良品种的快繁体系，确定了工厂化育苗模式。